江苏省本科优秀培育教材

U0685756

高等学校工程应用型土建类系列教材

工程地质

（第 4 版）

主 编 臧秀平

中国教育出版传媒集团

高等教育出版社·北京

内容提要

　　本书是江苏省本科优秀培育教材，共分四个部分。第一部分分析工程场地的工程地质条件所需要的地质学知识，包括矿物、岩石、地层、地质构造、第四纪沉积物和地下水等；第二部分分析工程场地的工程地质条件的基础理论知识，包括岩土体的工程地质性质分析、水文地质条件分析和地质灾害分析的基础理论；第三部分是工程地质环境分析的基础知识；第四部分是工程地质勘察的基础知识。本书重点介绍了地质构造、岩土体的工程地质性质、地质灾害相关的基础知识，为土木工程的设计、施工及项目管理人员分析工程场地的工程地质条件、制定预防和治理地质灾害方案提供较为系统的工程地质基础知识，具有重点突出，密切结合我国本科专业人才培养及课程设置需求，充分反映岩土工程和工程地质学科的新成果和新进展的特点。

　　本书可作为土木工程、工程管理、港口与航道工程等本科专业工程地质课程的教材，也可作为水利工程、采矿工程等本科专业的教材或参考书，还可供各相关专业的工程技术人员参考使用。

图书在版编目（CIP）数据

工程地质／臧秀平主编. -- 4 版. -- 北京：高等
教育出版社，2023.7
　　ISBN 978-7-04-060558-7

　　Ⅰ.① 工⋯　Ⅱ.① 臧⋯　Ⅲ.① 工程地质-高等学校-
教材　Ⅳ.①P642

中国国家版本馆 CIP 数据核字（2023）第 098719 号

策划编辑　葛　心	责任编辑　葛　心	封面设计　杨立新	版式设计　马　云
责任绘图　于　博	责任校对　张慧玉　刁丽丽	责任印制　刘思涵	

GONGCHENG DIZHI

出版发行	高等教育出版社	网　　址	http://www.hep.edu.cn
社　　址	北京市西城区德外大街 4 号		http://www.hep.com.cn
邮政编码	100120	网上订购	http://www.hepmall.com.cn
印　　刷	三河市华骏印务包装有限公司		http://www.hepmall.com
开　　本	787mm×1092mm　1/16		http://www.hepmall.cn
印　　张	17	版　　次	2004 年 12 月第 1 版
字　　数	420 千字		2023 年 7 月第 4 版
购书热线	010-58581118	印　　次	2023 年 7 月第 1 次印刷
咨询电话	400-810-0598	定　　价	36.00 元

工程地质
（第4版）

1 计算机访问 https://abooks.hep.com.cn/1237615，或手机扫描二维码，访问新形态教材网小程序。

2 注册并登录，进入"个人中心"，点击"绑定防伪码"。

3 输入封底数字课程账号（20位密码，刮开涂层可见），或通过新形态教材网小程序，扫描封底防伪码，完成课程绑定。

4 单击"我的学习"按钮，找到相应课程即可开始学习。

首页 / 图书详情

工程地质（第4版）

作者 戚天平

出版单位 高等教育出版社

ISBN 978-7-04-060558-7

开始学习　收藏

工程地质（第4版）数字课程与纸质教材一体化设计，紧密配合。数字课程配置丰富的数字资源，内容涵盖彩图、模拟试卷及参考答案等，充分运用多种形式媒体资源，极大地丰富了知识的呈现形式，拓展了教材内容。

绑定成功后，课程使用有效期为一年。受硬件限制，部分内容无法在手机端显示，请按提示通过计算机访问学习。

如有使用问题，请发邮件至 abook@hep.com.cn。

扫描二维码
下载 Abook 应用

https://abooks.hep.com.cn/1237615

第 4 版前言

本教材自 2004 年在高等教育出版社出版以来,被国内 20 多个省、自治区和直辖市的 50 多所院校选用,同行认可度较高。第 2 版被评为普通高等教育"十一五"国家级规划教材、江苏省高等学校精品教材。第 3 版被列入"江苏省本科优秀培育教材"。为了进一步增加教材的实用性,现进行教材的第 4 次修订。

本次修订根据第 3 版的读者反馈意见、编者在使用过程中发现的一些不足和在教学过程中的新认识进行了修改和完善,突出了教材的直观性、逻辑性、实用性和创新性,其中直观性主要通过增加插图的方式体现,逻辑性和实用性通过对内容的顺序调整和优化体现,创新性主要通过介绍部分概念和理论知识的研究进展体现。

本次修订由国务院政府特殊津贴专家、徐州工程学院研究员级高级工程师臧秀平完成。徐州工程学院于洋博士对本次改版提出了很多意见和建议。徐州工程学院苑庆春副教授为修订过程中的资料收集和整理做了大量的工作。西南交通大学赵晓彦教授审阅了书稿,并提出了很多宝贵意见。

本教材的出版得到了徐州工程学院和高等教育出版社的关心、支持和帮助,受到了许多兄弟院校岩土工程类教材的启发,编者在此表示衷心的感谢。

由于编者水平有限,书中不妥之处在所难免,真诚地欢迎广大读者多提宝贵意见。

编 者
2022 年 8 月

第3版前言

本版是在第2版的基础上，根据读者反馈的意见和编者在教学实践中所发现的一些问题以及国家最新规范修订而成。这次修订删去了第2版第1章中与工程建设项目关系不大的相关内容，第4、5、9章则根据相关国家最新规范进行了修改，其他章节则以内容完善、改错和文字修改为主。通过本次修订，希望使本教材的内容更能紧跟国家规范，与实际工程的联系更加紧密，概念更加准确，文字更加通顺。

本教材的绪论，第1、3、4、5、6、8、9章及附录由国务院特殊津贴专家、徐州工程学院研究员级高级工程师臧秀平修改，第2章由吉林大学的博士生导师李广杰修改，第7章由江苏科技大学的刘保国修改，最后由臧秀平负责统稿。

本教材的出版得到了徐州工程学院、吉林大学和江苏科技大学各级领导和同事的关心、支持和帮助，受到了许多兄弟院校岩土工程类教材的启发，在此编者向以上单位的领导及相关人员表示衷心的感谢。

由于编者的水平有限，书中不妥之处在所难免，真诚地欢迎广大读者多提宝贵意见。

编　者
2016 年 4 月

第 2 版前言

本教材第 1 版(教育科学"十五"国家规划课题研究成果)出版后,得到了许多同行的认同,第 2 版被列入了"普通高等教育'十一五'国家级规划教材"。

本教材第 2 版根据第 1 版教材的读者反馈意见和编者在使用过程中所发现的一些不足进行了完善和修改。在绪论中加入了地质作用的简介,删去了第 1 版第 3 章中地貌方面的相关内容,其他章节则以内容完善、错误和文字修改为主。通过本次再版,希望使本教材对工程地质学基础理论知识的介绍更加系统,重点更加突出,与实际工程的联系更加紧密,概念更加准确、文字更加通顺。

本教材的绪论、第 3、4、5、8、9 章及附录中 A.1 由国务院特殊津贴专家、徐州工程学院研究员级高级工程师、江苏科技大学硕士生导师臧秀平修改,第 1、2 章由吉林大学的博士生导师李广杰修改,第 6 章由江苏大学的苗永红修改,第 7 章由江苏科技大学的刘保国修改,附录中除 A.1 以外的全部内容由安徽理工大学的姚兆明修改,最后由臧秀平负责统稿。

本教材的出版得到了徐州工程学院、江苏科技大学、吉林大学、江苏大学和安徽理工大学各级领导和同事的关心、支持和帮助,受到了许多兄弟院校岩土工程类教材的启发,在此编者向以上单位的领导及相关人员表示衷心的感谢。

由于编者的水平所限,书中不妥之处在所难免,真诚地欢迎广大读者多提宝贵意见。

编　者

2009 年 3 月

第1版前言

在新的《普通高等学校本科专业目录》实行之后，国内掀起了一股高等学校各专业教学改革的热潮，土建类专业也不例外，许多院校均编写了相应的教材，对土建类专业的教学改革起到了积极的推动作用。本教材在广泛学习、分析和研究兄弟院校的岩土工程类教材和最新国家规范的基础上，考虑到工程地质学内容繁多和课时偏少的实际情况，根据先基础知识、后专门问题研究的指导思想进行编写，以系统介绍土建类工程的设计、施工及项目管理人员分析和研究工程地质环境所必备的工程地质基础知识为目的，略去了传统工程地质教材中岩土工程稳定性分析知识的介绍，力求做到既全面系统，又为后续课程留有充分余地，具有重点突出和详略鲜明的特点。

本书的绪论和第4、5、8、9章及附录中A.1由江苏科技大学的臧秀平编写，第1、2章由吉林大学的李广杰编写，第3章及附录中除A.1以外的全部内容由安徽理工大学的姚兆明编写，第6章由江苏大学的苗永红编写，第7章由江苏科技大学的刘保国编写，最后由臧秀平负责统稿。

中国矿业大学的博士生导师吕恒林教授认真、细致地审阅了全部书稿，并提出了许多有益的建议，对本教材的最终定稿起到了很大的帮助作用，在此表示衷心的感谢。

本教材是在全国高等学校教学研究中心和高等教育出版社的大力支持、各参加院校各级领导的关心和协助以及兄弟院校的岩土工程类教材启发下完成的，在此编者向以上单位的领导及相关人员一并表示衷心的感谢，并真诚地欢迎广大读者多提宝贵意见。

由于编者的时间和水平有限，书中会有许多不妥和错误之处，恳请读者批评指正。

编　者

2004 年 6 月 30 日

目　　录

绪论 …… 1

第 1 章　矿物与岩石 …………………………………………………………………… 9

1.1　矿物 ……………………………………………………………………………………… 9

1.2　岩石 ……………………………………………………………………………………… 13

本章知识工程应用要点 ……………………………………………………………………… 31

思考题 ………………………………………………………………………………………… 31

第 2 章　地层与构造 …………………………………………………………………… 32

2.1　地层 ……………………………………………………………………………………… 32

2.2　褶皱 ……………………………………………………………………………………… 40

2.3　断裂 ……………………………………………………………………………………… 43

2.4　赤平极射投影 …………………………………………………………………………… 56

2.5　地质图 …………………………………………………………………………………… 62

2.6　地质构造对工程稳定性的影响 ………………………………………………………… 66

本章知识工程应用要点 ……………………………………………………………………… 67

思考题 ………………………………………………………………………………………… 67

第 3 章　第四纪沉积物 ………………………………………………………………… 69

3.1　概述 ……………………………………………………………………………………… 69

3.2　第四纪沉积环境 ………………………………………………………………………… 69

3.3　第四纪沉积层 …………………………………………………………………………… 71

本章知识工程应用要点 ……………………………………………………………………… 76

思考题 ………………………………………………………………………………………… 76

第 4 章　土体的工程地质特征 ………………………………………………………… 77

4.1　土的生成 ………………………………………………………………………………… 77

4.2　土的工程分类 …………………………………………………………………………… 77

4.3　土的物质组成 …………………………………………………………………………… 80

4.4　土的结构和构造 ………………………………………………………………………… 87

4.5　土的物理性质指标 ……………………………………………………………………… 89

4.6　土的力学性质 …………………………………………………………………………… 94

4.7　无黏性土 ………………………………………………………………………………… 103

4.8　黏性土 …………………………………………………………………………………… 109

4.9　粉土 ……………………………………………………………………………………… 113

本章知识工程应用要点 ……………………………………………………………………… 113

思考题 ………………………………………………………………………………………… 113

第 5 章　岩体的工程地质特性 ………………………………………………………… 115

5.1　概述 ……………………………………………………………………………………… 115

5.2　岩石的物理和水理性质 ………………………………………………………………… 115

5.3 岩石的力学性质 ·· 118
5.4 结构面的物理力学性质 ·· 128
5.5 岩体的力学性质 ·· 136
5.6 岩体质量评价 ··· 139
本章知识工程应用要点 ·· 153
思考题 ··· 154

第6章 地下水 ·· 155
6.1 地下水的物理性质和化学成分 ··································· 155
6.2 地下水的分类及各类地下水的特征 ····························· 158
6.3 地下水的运动规律 ·· 162
6.4 地下水对土木工程的影响 ······································ 164
本章知识工程应用要点 ·· 172
思考题 ··· 172

第7章 常见地质灾害 ·· 174
7.1 概述 ··· 174
7.2 滑坡 ··· 175
7.3 崩塌 ··· 182
7.4 泥石流 ·· 186
7.5 岩溶 ··· 192
7.6 地震 ··· 195
本章知识工程应用要点 ·· 198
思考题 ··· 198

第8章 工程地质环境 ·· 199
8.1 概述 ··· 199
8.2 岩土工程的稳定性 ·· 199
8.3 人类活动与地质环境 ·· 204
本章知识工程应用要点 ·· 208
思考题 ··· 208

第9章 岩土工程勘察 ·· 210
9.1 岩土工程勘察的要求和程序 ···································· 210
9.2 岩土工程勘察方法 ·· 217
9.3 岩土工程测试 ·· 220
9.4 岩土工程勘察设计 ·· 223
9.5 岩土工程勘察成果 ·· 224
本章知识工程应用要点 ·· 226
思考题 ··· 227

附录A 土的物理性质指标测定试验 ······························ 228
A.1 土的密度测定试验 ·· 228
A.2 土粒比重的测定试验 ·· 229
A.3 土的含水量测定试验 ·· 232
A.4 界限含水量测定试验 ·· 234

附录 B　土的压缩试验 ·· 239

附录 C　土的抗剪强度试验 ·· 243

    C.1　直接剪切试验 ·· 243

    C.2　三轴剪切试验 ·· 245

附录 D　土的渗透试验 ·· 253

参考文献 ·· 258

绪　　论

1. 工程地质学的含义

工程地质学是研究与工程建设有关的地质问题的科学。它需要解决的主要问题是如何在工程设计、施工和使用过程中合理地利用自然地质资源，正确地改造不良地质条件和最大限度地避免地质灾害。它是工程科学与地质科学相互交叉、渗透而形成的，直接服务于工程建设的一门边缘科学。

2. 地质环境的概念

地球是人类赖以生存和活动的场所。地球的表层称为地壳。地壳既是人类的矿产资源的埋藏地和工程建设的所在地，也是建设材料的主要来源地，所以，它是工程地质学的主要研究对象。

地壳主要由岩石圈组成。岩石圈和大气圈、水圈、生物圈的相互作用共同形成人类生活和活动的环境空间。工程中通常也将岩石圈和大气圈、水圈、生物圈统称为地质环境。

3. 工程地质学研究的基本问题

工程地质学研究的基本问题是地基工程、边坡工程和硐室工程的稳定性问题。

（1）地基工程稳定性问题

地基是指承受工程荷载的地质体。对于建筑、道路、桥梁等绝大多数的工程，都必须要解决地基工程的稳定性问题。只有地基稳定了才能够保证工程的安全。如图 0.1 所示，比萨斜塔就是由于地基的不均匀沉降造成了塔身的倾斜，如果不采取措施控制，地基的不均匀沉降必然会导致塔身倒塌。

图 0.1　比萨斜塔地基不均匀沉降

（2）边坡工程稳定性问题

边坡是各种自然和人工斜坡的总称。边坡失稳会引起基坑垮塌、道路损毁、房屋和农田被毁等问题，如图 0.2~图 0.4 所示。

图 0.2　边坡失稳引起的基坑垮塌

图 0.3　边坡失稳引起的道路损毁

图 0.4　边坡失稳引起的房屋和农田被毁

（3）硐室工程稳定性问题

地铁、人防、地下开采等很多工程的建设过程中经常需要开挖地下硐室。地下硐室的开挖过程中经常发生硐室垮塌、透水等事故（如图 0.5 和图 0.6 所示）。

图 0.5　地下硐室垮塌

图 0.6　地下硐室透水

工程地质学主要为地基工程、边坡工程和硐室工程的破坏机理、稳定性分析及工程地质勘察等提供理论基础。

4. 工程地质条件和工程地质问题的概念

工程地质条件是与工程建设有关的地质因素的综合。它包括地形地貌、地层和岩性、地质结构、地质构造、水文地质条件、不良地质现象、区域稳定性和天然材料等方面,如图 0.7 所示。

工程地质条件直接影响工程的安全、经济和正常使用。所以查明建设场地的工程地质条件并进一步指出其对工程建设有利和不利因素,是修建任何类型的工程所要解决的首要任务。

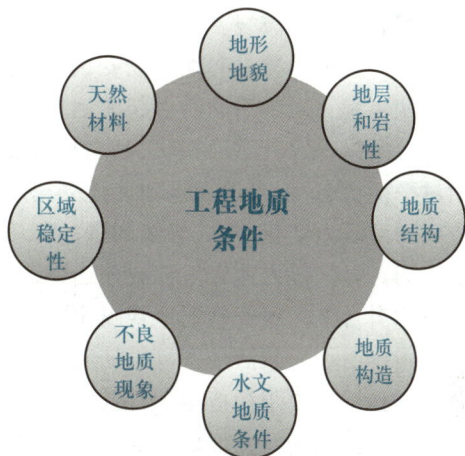

工程地质条件与工程建设之间所存在的矛盾称为工程地质问题。工程地质条件是自然界客观存在的,它能否适应工程建设的需要,则一定要联系工程的类型、结构形式和规模等进行综合分析。例如,从工程地质的角度讲,工程包括三种类型:第一类是将工程岩土作为地基利用的工程,如各种工业与民用建筑工程等,保证该类工程施工和使用过程中的安全所要解决的主要工程地质问题是地基承载力和变形问题;第二类是将边坡岩土作为利用

图 0.7 工程地质条件的构成

对象的工程,如露天采矿工程、港口工程、坝体工程等,保证该类工程施工和使用过程中的安全所要解决的主要工程地质问题是边坡岩土的重力稳定性问题;第三类是将地下硐室作为利用对象的工程,如人防工程、交通隧道工程等,保证该类工程施工和使用过程中的安全所要解决的主要工程地质问题则是整个硐室环境的稳定性问题。所以,工程地质问题是复杂多样的,在工程建设过程中一定要将工程地质条件和具体工程的建设要求两个方面紧密地联系起来,有针对性地开展工程地质工作,切不可在未查清建设场区的工程地质条件或对工程地质问题分析、评价不充分的情况下进行工程建设活动,以免造成不良影响或严重后果。

5. 地质作用的概念与分类

地球自形成以来就处在不停地运动之中。地球的演化包括了地表形态的改变和地球内部结构及物质成分的变化。由自然动力引起的地球和地壳物质组成、内部结构和地表形态不断变化和发展作用,称为地质作用。

地质作用的能量来自内能和外能两个方面。地质作用的内能是指来源于地球内部的能量,主要有地球自转产生的旋转能、重力作用产生的重力能、放射性元素蜕变产生的热能,以及物质结晶所产生的结晶能和化学反应所产生的化学能等。地质作用的外能是指来源于地球以外的能源,主要是恒星及行星之间的辐射能和引力能。

地质作用根据能量的来源可分为内力地质作用和外力地质作用两种类型。由内能引起的地质作用称为内力地质作用,由外能引起的地质作用称为外力地质作用。

（1）内力地质作用

内力地质作用往往遍及岩石圈甚至整个地球,它能引起整个岩石圈甚至整个地球的物质成分、内部结构、地表形态发生变化,主要包括构造运动、岩浆作用、变质作用和地震作用等。

构造运动　地球内部能量引起地球物质运移,并导致岩石圈或整个地球结构变化的地质作用称为构造运动。构造运动影响的深度非常大,常常会涉及整个地壳,因而也称为地壳运动。构造运动按方向可分为水平运动和垂直运动两种形式。同一地区构造运动的方向随着时间推移而不断变化,某一时期以水平运动为主,另一时期则以垂直运动为主,且水平运动的方向和垂直运动的方向也会发生更替。水平运动主要引起地表的破裂;垂直运动既可以引起地形的起伏变化,也可以引起地表的破裂。构造运动在地壳内所留下的各种痕迹称为地质构造,包括褶皱和断裂两大类。构造运动常引起地形改变,它是地貌形态形成和变化的主要原因。

岩浆作用　岩浆活动所引起的地质作用称为岩浆作用。岩浆是指高温高压导致岩石熔化而形成的熔融体,呈高温、动稠状,其主要成分是硅酸盐。岩浆一般在地下 $40\sim100$ km 深处,常处于相对平衡状态,但当地壳运动使地壳出现破裂带,或者其上覆岩层受外力地质作用发生物质转移造成局部压力变化,打破岩浆周围的环境平衡时,岩浆就会由高压向低压方向运动,从而产生岩浆作用。岩浆侵入地壳上部或喷出地表冷凝而成的岩石称岩浆岩。岩浆岩是构成岩石圈的主要岩石。当岩浆沿地壳软弱地带喷出到地表时,就形成火山喷发。火山喷发所引起的地质作用称为火山作用。岩浆活动既可以使其周围岩石发生成分变化,也可以引起地形的改变。

变质作用　由于构造运动、岩浆作用等引起地壳内物理和化学条件发生变化,引起岩石的成分、结构和构造改变,并形成新岩石的过程称为变质作用。由变质作用新形成的岩石称为变质岩。组成地壳的岩石都是在一定的地质作用和条件下形成和存在的。当岩石所处地质环境发生变化,并打破其周围的环境平衡时,在新的物理、化学条件下,岩石就会发生矿物成分、结构、构造等多方面的变化,并形成新的岩石。

地震作用　地震是地壳快速振动的现象。地壳运动、岩浆作用等地质作用发生时,岩石中蓄积的应变能以弹性波形式突然释放而引起地球内部的快速颤动引起地震。地震发源于地下深处,经传播而波及地表。地震是地内物质运动的表现之一。绝大多数地震是构造运动使岩石断裂而引起的。

（2）外力地质作用

由外能引起地表形态和物质成分变化的作用称为外力地质作用,包括风化作用、剥蚀作用、搬运作用和沉积作用等。外力地质作用广泛地发生在大气圈下部,水圈、生物圈及岩石圈上部,往往带来地球的物质成分、内部结构、地表形态的缓慢变化,其最终结果是使物质由高处向地势相对低洼处转移,使原先起伏较大的地形变得平缓,即所谓的"平原化"。外力地质作用对岩石的成分、结构、分布等性质均有影响。

风化作用　矿物和岩石在地表条件下发生机械碎裂和化学成分变化的过程称为风化作用。风化作用有物理风化、化学风化和生物风化三种类型。物理风化是指只改变岩石的颗粒大小与形状,不改变原来的矿物成分的风化。物理风化一般包括岩石经受风、霜、雨、雪等自然力的影响而发生的机械破碎作用,周围环境的温度、湿度发生变化引起的不均匀膨胀与收缩而产生的破裂作用等。化学风化是指岩石与周围环境中的水、氧气和二氧化碳等物质的长时间接触,其内部的化学成分逐渐发生变化,从而导致其矿物成分组成发生改变的风化。由化学风化而产生的一些新的矿物成分称为次生矿物。生物风化是指动物、植物和人类活动对岩石的破坏作用。

剥蚀作用　通过风、水流及冰等动力将风化产物搬离原地的过程称为剥蚀作用。剥蚀作用与风化作用在大自然中是相互促进的。当岩石被风化后,就易被剥蚀;而当岩石被剥蚀后,就会露出新鲜的岩石,使之易于被风化。

搬运作用　风化、剥蚀后的物质在各种外动力媒体的作用下沿一定的途径从原地搬运到最终沉积地点的过程称为搬运作用。重力、风、水流及冰等自然力是搬运作用的主要动力,也是搬运作用发生的根本原因。

沉积作用　物质在地表温度、大气压力等动力的作用下形成堆积物的过程称为沉积作用。它包括沉积物被埋藏以前的从风化、搬运到堆积的全过程。

6. 人类的工程活动与地质环境之间的关系

人类的工程活动与地质环境之间是相互依存、相互制约的关系。

首先,人类的所有工程都建造于地壳表层一定的地质环境中,人类的工程活动离不开地质环境,因而人类的工程活动依赖于地质环境。

其次,地质环境会以一定的方式从安全、经济和正常使用三个方面影响和制约人类的工程建设。例如,地球内部构造活动所导致的强烈地震,顷刻间可使较大区域内的各种工程受到破坏甚至毁灭,使人类生命财产遭受重大损失;地壳表面的岩土体的工程特性会使人类工程建设的规模等受到限制;各地质历史时期形成的岩溶等洞穴的严重渗漏,会使水库和水电站不能正常发挥效益,甚至完全丧失功能;难以治理的大规模的崩塌、滑坡使铁路改线;等等。因此,人类必须全面分析工程场地的地质环境,尤其是对工程建设有严重制约的地质作用和现象,一定要进行详细、深入的研究。

再次,人类工程活动又会反馈作用于地质环境,使自然地质环境发生变化。人类工程活动对地质环境的影响包括正面影响和负面影响两个方面。人类工程活动对地质环境的正面影响可以使原来不稳定的地质环境趋于稳定。例如,水利工程的修建可以减缓水动力的风化、剥蚀和搬运等作用。人类工程活动对地质环境的负面影响可以使原来稳定的地质环境趋于不稳定,从而影响工程自身的正常使用,甚至威胁到工程的安全及人类生存。例如,城市大量抽取地下水所引起的地面沉降,会造成海水入侵;大型水库的兴建,使河流上、下游大范围水文和工程地质条件发生变化,引起库岸再造、库周浸没、库区淤积、诱发地震等问题;生活和生产活动会使地下水受到污染,甚至使生态环境恶化;等等。因此,人类应充分预计一项工程的兴建,尤其是重大工程兴建对地质环境的影响,以便采取相应的对策保证自身的可持续发展。

7. 工程地质学的任务

工程地质学的基本任务是查明工程建设环境内的工程地质条件,发现工程建设过程中潜在的工程地质问题。因此,人类在开展工程活动之前应完成以下工作:

① 查明建设地区的地质环境对工程建设有利和不利的因素;

② 论证工程建设场地所存在的工程地质问题,并进行定性和定量的评价,作出确切的结论;

③ 选择地质条件优良的建设场地;

④ 研究工程兴建后对地质环境的影响,预测其发展演化趋势,提出利用和保护地质环境的对策和措施;

⑤ 根据所选定地点的工程地质条件和存在的工程地质问题,提出有关工程类型、规模、结构和施工方法等方面的合理化建议,以及保证工程的正常施工和使用所应注意的问题;

⑥ 为拟定改善和防治不良地质作用的方案和措施提供地质依据。

8. 工程地质学的研究内容及分支学科

工程地质学研究的内容是多方面的,由此也形成了它的许多分支学科。工程地质学的主要研究内容和分支学科如下:

(1)岩土的工程地质性质

建造于地壳表层的各类工程,无论是将岩土体作为工程建设的地基,还是将岩土体作为工程建设的环境,总是离不开岩土体的。因此,工程岩土的性质对工程建设的影响很大,它是人类工程活动与地质环境之间相互联系的基本要素。无论是工程地质条件分析,或者是工程地质问题的评价,首先要对工程岩土的成因、类别、空间分布规律、各项物理力学参数特征等进行研究和分析。研究该方面的工程地质分支学科有"工程岩土学""土质学"等。

(2)动力地质作用

作为工程地质条件要素之一的动力地质作用,包括地球的内力地质作用和外力地质作用,还有人类工程、经济活动所产生的各种动力作用。这些动力因素往往会对工程的稳定性、造价和正常使用有着重大的影响,有时甚至会起到制约的作用。因此,工程建设过程中应对动力地质作用的规模、形成机制、分布和发展演化规律及其可能产生的不良后果进行分析和评价,并提出有效的防治对策和措施。研究该方面的工程地质分支学科是"动力工程地质学"等。

(3)工程稳定性

影响工程的安全、经济和正常使用的最核心问题是工程稳定性问题。而影响工程稳定性的因素除了岩土的工程地质性质和动力因素外,还与岩土的应力-应变模型、变形和破坏机制、破坏模式、适用的物理力学模型等有关。对上述问题进行研究的工程地质分支学科是"土力学""岩体力学"等。

(4)岩土工程设计理论或方法

当自然工程地质条件无法满足工程建设的需要,而工程建设场地又别无选择时,就需要采取各种不同类型的人工结构对原有的工程地质环境进行改造。研究对原有的工程地质环境进行改造的人工结构的设计理论或方法的工程地质分支学科是"岩土工程学"。

(5)区域工程地质

不同地域的自然地质条件不同,因而工程地质条件和工程地质问题的分布特点和规律也有明显的区域性。为了资源开发利用和工程建设布局的优化,就必须对不同地域工程地质条件的形成和分布规律进行区别。我国国土面积广阔,自然地质条件复杂,因此开展这方面的研究更显重要。"区域工程地质学"即为研究这方面问题的工程地质分支学科。

(6)环境工程地质

随着人类工程经济活动对地质环境的影响越来越广泛,地质环境日趋恶化。频发的地质灾害已严重地威胁着人类的生存和生活,为了合理开发、利用和保护地质环境,科学地预测人类活动对地质环境的负面影响及其区域性变化,建立地质环境与人类活动之间和谐发展的关系,大力开展人类活动与地质环境之间的关系研究已成为现代工程地质学研究的热点,并形成了一门工程地质学的新兴分支学科——"环境工程地质学"。

(7)工程地质勘察理论和技术

工程地质学服务于工程建设的具体工作就是为工程建设的规划、设计、施工和使用提供所需的地质资料和基础数据。获得地质资料和基础数据的过程就是岩土工程勘察。由于不同的工程类型、结构和规模对工程地质条件的要求及所产生的工程地质问题不同，加上各工程建设场地地质环境的差异，导致勘察方法的选择和勘察方案的设计也不尽相同，因而要做好勘察工作，就要有先进的工程地质勘察理论作指导和先进的技术为基础。勘察理论和技术研究工作虽然一直都未停止，所取得的成果也非常显著，但目前仍处于初期研究阶段，尚未形成独立的分支学科。

9. 工程地质学与其他学科的关系

工程地质学所涉及问题的广泛性决定了它的多学科性。

首先，工程地质问题的认识是以认识地质环境为基础的，而要认识地质环境就必须学会辨别各种矿物、岩石、地质构造、地质作用、地貌和水文地质条件等。因此，动力地质学、矿物学、岩石学、构造地质学、沉积学、第四纪地质学、地貌学和水文地质学等许多地质学的分支学科都是工程地质学的基础学科。

其次，工程地质问题的研究、分析和解决要以数学、物理学、化学、力学等学科知识为基础，因而工程地质学与这些学科的关系十分密切。

此外，工程地质学的最终目的是保证人类与地质环境之间的和谐发展，而人类工程经济活动又不可避免地会对地质环境产生各种各样的影响。所以，工程地质学还与环境科学及许多工程应用技术科学之间存在较密切的联系。

10. 本书内容

本书是为土木类专业学生开设的综合工程地质课程编写的教材，考虑到土木类专业学生的特点，本教材内容安排如下：

① 土木类专业的学校一般不专门开设基础地质类课程，为了便于学生的学习，本教材的前几章对矿物、岩石、地质构造、第四纪地质和地下水等基础地质知识作了介绍。

② 工程地质学内容繁多而课时偏少，本教材以系统介绍土建类工程的设计、施工及项目管理人员分析和研究工程地质环境所必备的工程地质基础知识为目的，略去了传统的工程地质教材中的岩土工程稳定性分析知识的介绍，力求做到既全面系统，又为后续课程留有充分余地，具有重点突出和特色明显的特点。

③ 本教材涉及国家规范的部分均按照最新的国家规范进行编写。

11. 学习方法

本书编写的宗旨是帮助土木类专业学生掌握工程地质学最基本的原理与方法，学生在学习过程中，切忌死记硬背，主要应掌握分析研究问题的思路和方法，以便在以后的实际工作中用以解决所遇到的问题。

在我国的技术分工中，岩土工程勘察不是由土木类专业技术人员进行，而是由工程地质技术人员进行的。但是，土木类专业技术人员应当对于岩土工程勘察的任务、内容和方法有足够的知识储备。只有具备了工程地质方面的基础知识才能够正确地提出勘察任务和要求，才能正确地利用岩土工程勘察的成果，才能较完整地考虑建设中的地质条件和地质环境的因素，保证工程建设工作的顺利进行。

工程地质学的内容是相当广泛的，本书只着重介绍工程建设方面所涉及的最基本的工程地质理论和知识，对土木类专业的学生在学习本课程时的要求如下：

① 系统地掌握岩土工程的基本理论和知识，能够进行岩土工程勘察的基本内容、方法、要求和工程布置等方面的设计。

② 能根据工程地质的勘察成果,应用学过的工程地质理论和知识,进行一般的工程地质问题分析,特别是能够对工程地质环境中的不良地质现象进行分析和判断,并能够对工程地质环境中的不良地质现象可能引起的地质灾害进行科学预测。

③ 能正确地理解和应用岩土工程勘察数据和资料进行工程设计与指导施工。

④ 工程地质学所涉及的内容相当广泛,限于篇幅本教材无法对工程地质学理论和知识进行全面和系统的介绍,学生在学习本课程的同时还应该大量阅读相关的课外书籍,以便加深对所学知识的理解。

⑤ 本教材中凡涉及国家规范的部分虽然已按照最新的国家规范进行编写,但国家规范的修改和完善是在不断进行的,学生在学习和工作过程中应随时注意国家规范的变化。而且,在实际工作过程中,有些工程可能会有特殊要求,届时应按照具体工程的特殊要求进行工作,切不可生搬硬套。

第 1 章

矿物与岩石

1.1　矿　　物

矿物是地壳中由一种或几种化学元素所组成的、肉眼可见的最小的自然物质单元。矿物是地壳中各种地质作用的产物。由于自然界中化学元素及它们组合方式的多样性,以及地质作用的复杂性,矿物也是多种多样的。目前自然界中已知的矿物有 3 000 多种,但其中最主要的和最常见的不过百余种。

常见矿物多数是几种元素的化合物,常见的有含氧矿物,如石英、磁铁矿、褐铁矿等;硅酸盐矿物,如正长石、云母、角闪石等;碳酸盐矿物,如方解石、白云石;硫酸盐矿物,如石膏、重晶石等。此外,还有其他类型化学成分的矿物,如铁、铜、锌的硫化物等。

矿物通常以固态存在于地壳中,只有极少数是液态(如自然汞)和气态(如天然气、H_2S)。

每一种矿物都具有一定的外表形态、物理性质和化学性质。根据每种矿物特有的外表形态和物理、化学性质,可以将矿物区分开来。

任何一种矿物都只有在一定条件下才是稳定的,当外界条件改变至一定程度时,原有矿物就要发生变化,同时生成新矿物。例如,黄铁矿氧化可形成褐铁矿,而褐铁矿脱水则形成赤铁矿。因此,矿物的存在是和一定的自然条件相联系的,一种矿物只是表示组成这种矿物的元素在一定地质作用过程中一定阶段的产物。

综上所述,矿物是自然元素在地壳中经各种地质作用形成的,是在一定的地质条件下相对稳定的单质或化合物。

1.1.1　矿物的基本特征

1. 矿物的形态

矿物的形态是指矿物单体或集合体的形状。在自然界中,矿物多数呈集合体出现,但是发育较好的具有几何多面体形状的晶体也不少见。

具有一定成分和内部结构的矿物具有一定的晶体形态。矿物形态也受外部生成环境的影响,即形态也可反映矿物形成的自然过程(即成因)。在自然界经常出现的晶体形态见表 1.1.1。

对于某一种具体矿物,其本身能够长成什么样的形态是由其内部构造决定的。但是,自然界的矿物绝大多数呈不规则的外表形态,这是由于矿物在结晶时受到许多因素的控制,条件不适宜就不能形成完好的晶形,成为不规则的形状。影响晶体生长的主要外界因素是有足够的自由空间和充分的结晶时间。如果在一个有限的空间内,有许多个结晶中心同时快速结晶,它们必然互相争夺空间,导致矿物不能长成完好的晶形。在这种情况下,由于矿物内在因素的作用,它们的形态仍然具有一定的趋向性,一般称之为结晶习性。常见的矿物有三种结晶习性(表 1.1.2)。

表 1.1.1 常见晶体形态

序号	1	2	3	4	5	6			7
形态	立方体	八面体	五角十二面体	菱形十二面体	四角八面体	六方柱	柱状体、四方柱	斜方柱	片状与板状
代表性矿物	方铅矿、黄铁矿、食盐	磁铁矿、萤石	黄铁矿	石榴子石、磁铁矿	石榴子石	磁灰石、绿柱石	符山石、锆石	角闪石	石膏

表 1.1.2 矿物结晶习性

序号	形状	结晶习性	代表性矿物
1	柱状、针状或纤维状	一向延长	辉石、角闪石、石棉
2	片状或板状	二向延长	石膏、云母
3	粒状	三向等长或近等长	石榴子石、黄铁矿

矿物晶体的晶面上有各种花纹,这就是晶面花纹,如黄铁矿三个晶面上有互相垂直的晶面条纹,石英晶面上有垂直柱面的横纹,绿柱石晶面上有平行柱面的纵纹,等等(图 1.1.1)。这些晶面花纹是由各种原因形成的,它也是矿物成分和内部构造在矿物表面上的反映。

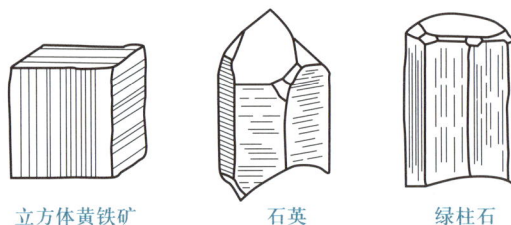

立方体黄铁矿　　　　石英　　　　绿柱石

图 1.1.1　晶体的晶面花纹

某些矿物的同种晶体以一定的规律连生在一起,这种特征称为双晶。如正长石的卡氏双晶和斜长石的聚片双晶(表 1.1.3)。

表 1.1.3　正长石及斜长石晶形和双晶对比

长石种类	单晶形状	双晶	
		理想的形状	解理面上的特征
正长石			
斜长石			

2. 矿物的物理性质

每种矿物均具有一定的物理性质,它主要取决于矿物本身的化学成分与内部结构。矿物的物理性质包括光学性质(颜色、条痕、光泽)和解理、断口、硬度、密度等。

(1) 矿物的光学性质

a. 颜色

每种矿物都有一定的颜色。矿物颜色取决于其化学成分。矿物本身固有的颜色称为自色。有的矿物的名称就直接反映了它的颜色,如黑云母为黑色,橄榄石为橄榄绿色,绿泥石为绿色,石墨为黑色等。矿物含杂质后呈现的颜色称为假色。如石英本为无色,含锰后呈紫色,含碳后呈黑色。因此,不能用假色来鉴定矿物。

b. 条痕

条痕是指矿物在白色无釉瓷板上划擦时所留下的粉末的颜色。有的矿物颜色和条痕相同,如石墨;也有的矿物颜色与条痕不相同,如黄铁矿呈黄色,但条痕为黑色。因此,条痕也是矿物的特征之一,可以用于矿物的鉴别。

c. 光泽

光泽是指矿物新鲜表面发光能力的特点,即矿物新鲜表面反射光的特征。光泽有强有弱,主要取决于矿物折光率的大小。矿物的光泽可以分为以下几种:

金属光泽:矿物表面反光较好,如同光亮的金属器皿表面所呈现的光泽。有些不透明的矿物,如金、黄铁矿、方铅矿、辉锑矿等,均具有金属光泽。

半金属光泽:比金属光泽稍暗,像没有磨亮的铁器上的那种暗淡而不刺目的光泽,如磁铁矿、赤铁矿等都为半金属光泽。

金刚光泽:反射较强,光泽闪亮耀眼,如金刚石、闪锌矿等。

玻璃光泽:反射较弱,像普通玻璃表面那样的光泽,如水晶、方解石、正长石等的表面都属玻璃光泽。

金刚光泽和玻璃光泽都属非金属光泽。矿物的光泽等级是相对的,都是用某些最常见的物质光泽来形象地描述矿物的反光强弱,除以上所讲到的以外,还有油脂光泽、珍珠光泽、丝绢光泽等。

（2）矿物的其他物理性质

矿物的其他物理性质是指矿物受外力作用(打击、刻划、挤压等)所产生的一些现象,主要有解理和断口、硬度、密度,其次还有脆性、延展性、弹性和挠性等。

a. 解理和断口

矿物晶体在外力作用(如敲打、挤压等)下沿着一定方向发生破裂并裂成光滑平面的性质称为解理,这些光滑平面称为解理面。如矿物受外力作用,在任意方向破裂并呈各种凸凹不平的断面(如贝壳状、锯齿状等),则这样的断面称为断口。

自然界的矿物受力后,不同的矿物所能产生解理或者断口的能力是各不相同的,有的只出现断口而不出现解理,也有的矿物在某一方向出现解理,而在另一方向则出现断口。所以,不同矿物的解理,可能有一个方向的,也可能有几个方向的。通常根据矿物晶体受力后出现解理的难易程度、解理面的大小及光滑程度、解理片的厚薄等,可将解理分为五级:

极完全解理:晶体可裂成薄片,解理面大而平整、光滑,这种矿物不出现断口,如云母。

完全解理:矿物常沿解理面裂成小块,解理面不大,该种矿物不易发现断口,如方解石。

中等解理:解理面小而不光滑,断口较容易出现,如普通辉石、角闪石等。

不完全解理:在外力作用下,不易裂开解理面,解理面不平整,易成断口,如磷灰石。

极不完全解理:矿物在外力作用下,极难出现解理面,其碎块常为断口,如石英、石榴子石等。

b. 硬度

矿物的硬度是指矿物对外力作用(刻划、压入、研磨)的抵抗能力。一般用两种不同矿物相互刻划,来比较矿物的相对硬度。1822年,德国的 Fredrich Moks 选择了10种硬度不同的矿物作为标准,将硬度分为10级,见表1.1.4。

表 1.1.4　矿物的 10 级硬度划分标准

等级	1	2	3	4	5	6	7	8	9	10
标准矿物	滑石	石膏	方解石	萤石	磷灰石	正长石	石英	黄玉	刚玉	金刚石

以上十种标准矿物硬度等级只表示硬度的相对大小,各级之间硬度的差异不是均等的。

在野外工作时,还可利用指甲(硬度2.5左右)、小刀(硬度5.5左右)等代替硬度计。据此,可以把矿物硬度粗略分成软(硬度小于指甲)、中(硬度大于指甲,小于小刀)、硬(硬度大于小刀)三等。

c. 密度

矿物的密度是指矿物单位体积的质量,单位为 g/cm^3。矿物密度的大小主要取决于矿物的化学成分和内部构造。矿物的化学成分及内部构造是一定的,因此每种矿物的密度也基本上是一定的。密度可作为区别矿物的指标之一。矿物可以按密度分为重、中等和轻三个相对等级:密度在 2.5 g/cm^3 以下者为轻矿物,如石墨(2.09~2.25 g/cm^3)、自然硫(2.05~2.08 g/cm^3)、石盐(2.1~2.5 g/cm^3)、石膏(2.3 g/cm^3)等;密度在 2.5~4 g/cm^3 之间者称为中等密度矿物,大多数矿物属于此级,如石英(2.65 g/cm^3)、斜长石(2.61~2.76 g/cm^3)、萤石(3.18 g/cm^3)、金刚石(3.52 g/cm^3)等;密度在 4 g/cm^3 以上者为重矿物,如重晶石(4.3~4.7 g/cm^3)、磁铁矿(4.8~

$5.2\ g/cm^3$)、方铅矿（$7.4\sim7.6\ g/cm^3$）、自然金（$14.6\sim18.3\ g/cm^3$）等。

d. 磁性

磁性是指矿物具有被磁铁吸引，或其本身能吸引铁屑等物体的性质。此性质常为含铁、钴、镍等矿物所特有，磁性的强弱与矿物中含这些元素的多少，特别是与含铁多少有关。

e. 导电性

导电性是指矿物对电流的传导能力。由于矿物内部构造不同，所以在导电性方面也不相同。根据导电性的大小，矿物分为良导体、半导体和非导体三种。金属矿物一般是良导体，如黄铁矿、磁黄铁矿、辉钼矿、方铅矿等；绝大多数非金属矿物属于非导体，其中云母为最好的非导体；介于二者之间属于半导体。

1.1.2 矿物分类

目前已发现的矿物大约有 3 000 多种。为了系统地研究矿物，必须对矿物进行分类。矿物的分类方法很多，有结晶分类、工业分类、成因分类、化学分类、晶体化学分类等，其中最常用的矿物分类是按晶体化学原则所作的分类（简称晶体化学分类）。按晶体化学原则所作的矿物分类体系如表 1.1.5 所示。

表 1.1.5　矿物的晶体化学分类

类别	划分依据	举例
大类	化合物类型，化学键	含氧盐大类
类	阴离子或络阴离子种类	硅酸盐类
（亚类）	络阴离子构造	架状结构硅酸盐亚类
族	晶体结构和阳离子性质	长石族
（亚族）	阳离子种类	正长石亚族
种	一定的结构和一定的成分	正长石 $K[AlSi_3O_8]$
（亚种）（异种）	晶体结构相同，成分或物性稍异	钠正长石$(Na,K)[AlSi_3O_8]$

1.2　岩　石

岩石是在各种不同地质作用下所产生的，由一种或多种矿物有规律组合而成的矿物集合体。如大理岩主要由方解石组成，花岗岩由长石、石英、云母等多种矿物所组成。根据成因，岩石可以分为岩浆岩、沉积岩和变质岩三大类。

1.2.1 岩浆岩

火山喷发时，可以看到从地壳深部喷出大量炽热气体和熔融物质，这些熔融物质就是岩浆。岩浆具有很高的温度（$800\sim1\ 300℃$）和很大的压力（大约在几百兆帕以上）。它从地壳深部向上侵入过程中，有的在地下即冷凝结晶成岩石，称为侵入岩；有的喷射或溢出地表后才冷凝而成岩石，称为喷出岩。这些由岩浆冷凝、固结而成的岩石统称岩浆岩。

1. 岩浆岩的产状、结构和构造

（1）岩浆岩的产状

岩浆岩产状是指岩体的大小、形状及其与围岩的接触关系（图 1.2.1）。由于岩浆侵入的深度、岩浆的规模与成分及围岩的产出状态不同，故岩浆岩的产状不一。

a. 喷出岩的产状

最常见的有火山锥和熔岩流。火山锥是岩浆沿着一个孔道喷出地面形成的圆锥形岩体，它由火山口、火山颈及火山锥状体组成。熔岩流是岩浆流出地表顺山坡和河谷流动冷凝而形成的层状或条带状岩体，大面积分布的熔岩流称为熔岩被。

b. 侵入岩的产状

侵入岩按距地表的深浅程度，又分为浅成岩（成岩深度<3 km）和深成岩。它们的产状多种多样。浅成岩一般为小型岩体，产状包括岩脉、岩床和岩盘；深成岩常为大型岩体，产状包括岩株和岩基等。

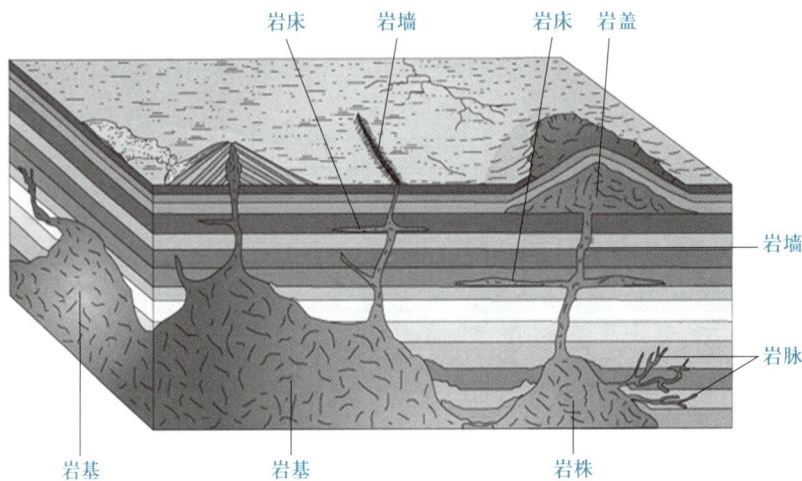

图 1.2.1 岩浆岩产状示意图

岩脉：岩浆沿着岩层裂隙侵入并切断岩层所形成的狭长形岩体。岩脉规模变化较大，宽可由几厘米（或更小）到数十米（或更大），长由数米（或更小）到数公里或数十公里。

岩床：流动性较大的岩浆顺着岩层层面侵入形成的板状岩体。形成岩床的岩浆成分常为基性。岩床规模变化也大，厚度常为数米至数百米。

岩盘：岩盘又称岩盖，是指黏性较大的岩浆顺岩层侵入，并将上覆岩层拱起而形成的穹隆状岩体。岩盘主要由酸性岩所构成，也有由中、基性岩浆构成的岩盘。

岩基：规模巨大的侵入体，其面积一般在 100 km^2 以上，甚至可超过几万平方公里。岩基的成分是比较稳定的，通常由花岗岩、花岗闪长岩等酸性岩组成。

岩株：面积不超过 100 km^2 的深层侵入体。其形态不规则，与围岩的接触面不平直。岩株的成分多样，但以酸性和中性较为普遍。

（2）岩浆岩的结构

岩浆岩的结构是指岩石中矿物的结晶程度、晶粒大小、晶体形状及矿物间的结合关系。由于岩浆的化学成分和冷凝环境不同,冷凝速度不一样,因此岩浆岩的结构也存在差异。

a. 显晶质结构(图 1.2.2)

岩石全部由肉眼能辨认的矿物晶体组成,一般见于侵入岩。按结晶颗粒大小,可进一步划分为粗粒结构(颗粒直径>5 mm)、中粒结构(2 mm<颗粒直径≤5 mm)和细粒结构(0.2 mm<颗粒直径≤2 mm)。颗粒越粗,反映岩浆冷却速度越慢,结晶的时间越充裕。

b. 隐晶质结构(图 1.2.3)

岩石由肉眼不能辨认的细小晶粒组成,颗粒一般小于 0.2 mm。岩石外观呈致密状,反映岩浆冷却速度较快,主要见于喷出岩。

3.5 cm

图 1.2.2　显晶质结构

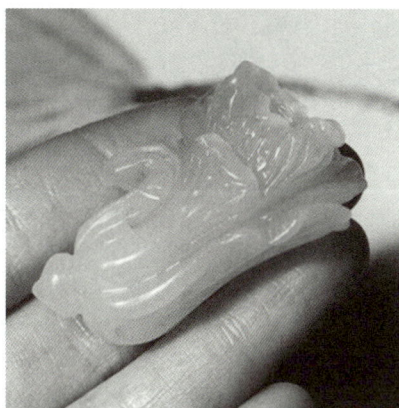

图 1.2.3　隐晶质结构

c. 玻璃质结构(图 1.2.4)

岩石由没有结晶的物质组成,常具贝壳状断口,性较脆。它反映了当时岩浆的急剧冷凝,来不及结晶,主要见于喷出岩。

d. 斑状结构(图 1.2.5)

一些较大的晶体分布在较细的物质(主要为隐晶质和玻璃质)当中的一种结构。大的晶体称为斑晶,较细的物质称为基质。这种结构反映了岩浆在经由地壳的不同深浅部位和喷出地表过程中,少部分先结晶形成斑晶,剩余部分较快冷凝形成基质,主要见于小型侵入体和喷出岩。

图 1.2.4　玻璃质结构

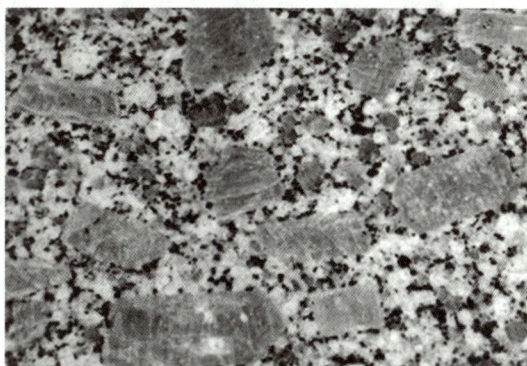

图 1.2.5　斑状结构

（3）岩浆岩的构造

岩浆岩的构造是指岩石中矿物集合体的形态、大小及其相互关系,它是岩浆岩形成条件的反映。常见的构造有如下几种:

a. 块状构造（图 1.2.6）

岩石各组成部分均匀分布,无定向排列。它是侵入岩特别是深成岩所具有的构造。

b. 流纹构造（图 1.2.7）

岩浆岩中由不同成分和颜色的条带及拉长气孔等定向排列所形成的构造,它反映了岩浆在流动冷凝过程中的物质分异和流动的痕迹,常见于酸性和中性熔岩,尤以流纹岩为典型。

图 1.2.6

图 1.2.7

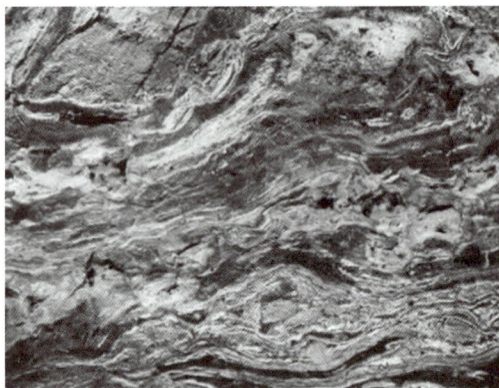

图 1.2.6　块状构造

图 1.2.7　流纹构造

c. 气孔构造（图 1.2.8）与杏仁构造（图 1.2.9）

喷出地表的岩浆迅速冷凝,其中所含气体和挥发成分因压力减小而逸出,因而在岩石中留下许多气孔,这种构造称为气孔构造。这些气孔被后期外来物质（方解石、蛋白石等）充填后,似杏仁状,称为杏仁构造。这种构造为某些喷出岩（如玄武岩）的特点。

图 1.2.8

图 1.2.9

图 1.2.8　气孔构造

图 1.2.9　杏仁构造

2. 岩浆岩的分类

自然界的岩浆岩是多种多样的,就目前所知的有一千余种,它们之间存在着矿物成分、结构、构造、产状及成因等方面的差异,而且在各种岩浆岩之间又有一系列过渡类型。为了掌握各种岩石的共性、特性及彼此之间的共生和成因关系,就必须对岩浆岩进行分类。表 1.2.1 为根据化学

表 1.2.1　岩浆岩综合分类简表

岩石类型		超基性岩 橄榄岩-苦橄岩类	基性岩 辉长岩-玄武岩类	中性岩 闪长岩-安山岩类	中性岩 正长岩-粗面岩类	酸性岩 花岗岩-流纹岩类	碱性岩 霞石正长岩-响岩类
颜色		黑、绿黑	黑、黑灰	黑灰、灰	灰、肉红	肉红、浅灰、灰	浅灰、肉红
SiO_2 含量		<45%	[45%,52%)	[52%,65%)	[52%,65%)	≥65%	[52%,65%)
矿物成分	石英含量	无	无	5%~10%	无或少量	>15%	无
	长石的种类	无	基性斜长石为主	中性斜长石为主,少量钾长石	钾长石为主,少量斜长石	钾长石和斜长石含量不等	碱性角闪石和似长石
	铁、镁暗色矿物的种类及含量	橄榄石75%~95%,辉石5%~25%;辉石>95%;橄榄石>95%	辉石、橄榄石、角闪石等总含量为55%~60%	角闪石为主,黑云母、辉石次之,总含量为20%~40%	角闪石为主,黑云母、辉石次之,总含量小于20%	黑云母为主,角闪石和辉石次之,总含量小于20%	碱性角闪石,黑云母和辉石,总含量小于20%
岩石的成因、产状、结构及构造	深成岩 粗、中、细粒结构块状构造 岩基、岩株、岩盆	纯橄榄岩、橄榄岩、辉石岩;金伯利岩	辉长岩	闪长岩	正长岩	花岗岩(钾长石含量大于斜长石)、花岗闪长岩(钾长石含量小于斜长石)	霞石正长岩
	中、细粒隐晶质结构 岩床、岩脉、岩盖		微晶辉长岩、辉绿岩	微晶闪长岩	微晶正长岩	微晶花岗岩	
	浅成岩 斑状结构 岩床、岩脉		辉绿玢岩	闪长玢岩	正长斑岩	花岗斑岩、花岗闪长斑岩	霞石正长斑岩
	斑状结构、微晶、细晶、煌斑、伟晶结构 岩脉		煌斑岩		细晶岩、伟晶岩		

续表

岩石类型		结构及构造	超基性岩 橄榄岩-苦橄玢岩类	基性岩 辉长岩-玄武岩类	中性岩 闪长岩-安山岩类	中性岩 正长岩-粗面岩类	酸性岩 花岗岩-流纹岩类	碱性岩 霞石正长岩-响岩类
岩石的成因、产状、结构及构造	超浅成岩（次火山岩） 产状：同侵入岩	结构特征介于喷出岩和浅成岩之间		次辉绿岩、次玄武岩	次闪长玢岩、次安山岩	次正长斑岩、次粗面岩	次花岗闪长斑岩、次花岗斑岩、次英安岩、次流纹岩	次响岩
	喷出岩 产状：熔岩流、岩被、熔岩堆	斑状结构（基质为隐晶质或玻璃质）气孔状、杏仁状、流纹状构造	苦橄玢岩	玄武岩、绿岩	安山岩	粗面岩	流纹岩、英安岩	响岩
		玻璃-隐晶质结构	火山玻璃岩（黑曜岩、松脂岩、珍珠岩、浮岩）					

成分、矿物成分、结构、构造和产状分类的岩浆岩综合分类的简表。表中列出了各岩石类型及代表性岩石种类。常见岩浆岩鉴定特征如表 1.2.2 所示。

表 1.2.2　常见岩浆岩鉴定特征表

岩石名称		颜色	所含矿物	结构	构造	产状	其他特征
超基性岩类	橄榄岩	黑绿～深绿	橄榄石、辉石、角闪石、黑云母	显晶质	块状	岩基、岩床等	易蚀变为蛇纹石
	金伯利（角砾云母橄榄岩）	黑～暗绿	橄榄石、蛇纹石、金云母镁铝榴石等	斑状	角砾	脉状等	偏碱性，含金刚石，岩石名称因矿物成分而异，种类繁多
基性岩类	辉长岩	黑～黑灰	辉石、基性斜长石、橄榄石、角闪石	显晶质	块状	岩基、岩床等	常呈小侵入体或岩盘、岩床、岩墙
	碱性辉长岩	暗	碱性长石、碱性辉石、普通辉石	显晶质	块状	岩基、岩床等	与霞石正长岩、基性岩共生
	辉绿岩	暗绿和黑色	辉石、基性斜长石，少量橄榄石和角闪石	显晶质		岩床、岩墙等	基性斜长石结晶程度比辉石好，易变为绿泥石
	玄武岩	黑、黑灰、暗褐色	基性斜长石、橄榄石、辉石	斑状、隐晶质、玻璃质	块状、气孔、杏仁	岩流、岩被、岩床等	柱状节理发育
	碱性玄武岩	暗	斜长石、钾长石、辉石	斑状、显晶质		岩流、岩被等	
中性岩类	闪长岩	浅灰～灰绿	中性斜长石、普通角闪石、黑云母	显晶质	块状	岩株、岩床或岩墙	和花岗岩、辉长岩呈过渡关系
	闪长玢岩	灰～灰绿	中性斜长石、普通角闪石	斑状	块状	岩床、岩墙	
	安山岩	红褐、浅紫灰、灰绿	斜长石、角闪石、黑云母、辉石	斑状	块状、气孔、杏仁	岩流等	斑晶为中～基性斜长石，多定向排列
酸性岩类	花岗岩	灰白～肉红	钾长石、酸性斜长石和石英，少量黑云母、角闪石	显晶质	块状	岩基、岩株等	在我国约占所有侵入岩面积的 80%
	流纹岩	灰白、粉红、浅紫、浅绿	石英、正长石斑晶，偶尔夹黑云母或角闪石	斑状	流纹、气孔	熔岩流、岩钟等	

1.2.2 沉积岩

沉积岩一般是指由地壳上原有的岩石遭风化、剥蚀作用破坏所形成的各种松散物质和溶解于水的化合物质经搬运、沉积和成岩作用而形成的层状岩石。此外,还有一些是由火山喷出的碎屑物质和由生物遗体组成的特殊沉积岩。

沉积岩分布很广,占大陆面积的四分之三左右。沉积岩是在地壳表面常温常压条件下形成的,故在物质成分、结构构造、产状等方面都不同于岩浆岩,而具备独有的特征。

1. 沉积岩的物质组成

沉积岩的物质成分来源主要是母岩风化、火山喷发、结晶和生物作用。

（1）母岩风化产物

母岩是指早已形成的岩浆岩、变质岩和沉积岩。当这些母岩出露地表后,受风化作用遭到破坏,形成新的物质,这些物质主要是碎屑物质、新生成的矿物和溶于水的物质。碎屑物质是母岩破碎后的岩屑和比较稳定的矿物碎屑,如石英、长石等,新生成的矿物有黏土矿物、褐铁矿、蛋白石等,溶于水的物质有 K、Na、Mg、P、S、I、B、Br 等。

（2）火山喷发物质

主要是由于火山喷发作用而形成的火山碎屑物质,如火山弹、熔岩和矿物碎屑及火山灰等。

（3）结晶作用产物

主要是溶于水中的各种盐类物质在水分蒸发以后由结晶作用而产生的晶体矿物,如方解石、白云石、石膏等。

（4）生物作用产物

生物的生活作用直接或间接形成的产物,如介壳、煤、石油等。

2. 沉积岩的结构

沉积岩的结构是指构成沉积岩颗粒的性质、大小、形态及其相互关系。常见的沉积岩结构有以下几种:

（1）碎屑结构

是由胶结物将碎屑胶结起来而形成的一种结构,如图 1.2.10 所示,它是碎屑岩的主要结构。碎屑物成分可以是岩石碎屑、矿物碎屑、石化的生物有机体或碎片及火山碎屑等。按粒径大小碎屑可分为砾（粒径>2 mm）、砂（0.075mm<粒径≤2 mm）和粉砂（0.005 mm<粒径≤0.075 mm）等。常见的胶结物有硅质、黏土质、钙质和火山灰等。

（2）泥质结构

主要由极细的黏土矿物颗粒（粒径<0.005 mm）组成的,外表呈致密状,如图1.2.11所示,它是黏土岩的主要结构形式。

（3）结晶结构

主要由结晶的矿物组成,如图 1.2.12 所示。它是化学岩的主要结构形式。

图 1.2.10 碎屑结构

（4）生物结构

由未经搬运的生物遗体或原生生物活动遗迹组成的结构，如图 1.2.13 所示。它是生物化学岩的主要结构形式。

图 1.2.11　泥质结构

图 1.2.12　结晶结构（碳酸锶矿）

图 1.2.11

图 1.2.12

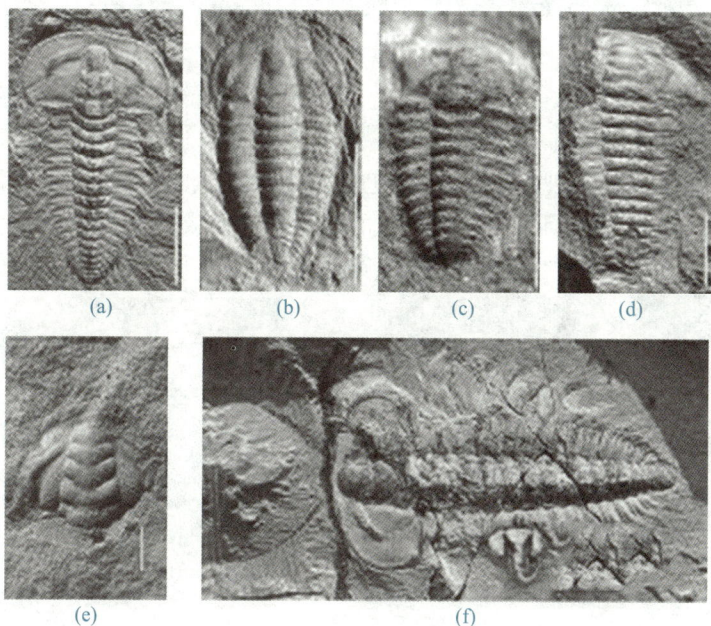

(a)　　　(b)　　　(c)　　　(d)

(e)　　　　　　(f)

图 1.2.13

图 1.2.13　生物结构

3. 沉积岩的构造

沉积岩的构造是指沉积岩各组成部分的空间分布和配置关系，如层理构造、层面构造、结核等。

（1）层理构造

层理是沉积岩中由于物质成分、结构、颜色不同而在垂直方向上显示出来的成层现象，如图 1.2.14 所示。它是沉积岩最典型、最重要的特征之一。层理按形态分为水平层理、波状层理和斜层理三种（图 1.2.15），它反映了当时的沉积环境和介质运动强度及特征。水平层理的各层层理面平直且互相平行，是在水动力较平稳的海、湖环境中形成的；波状层理的层理面呈波状起伏，显示沉积环境的动荡，在海岸、湖岸地带表现明显；斜层理的层理面倾斜且与大层层面斜交，倾斜方向表示介质(水或风)的运动方向。根据层的厚度可划分为巨厚层状(≥12 m)、厚层状(0.5 m ≤ d<1 m)、中厚层状(0.1 m ≤d<0.5 m)和薄层状(<0.1 m)。

图 1.2.14

图 1.2.14　层理构造

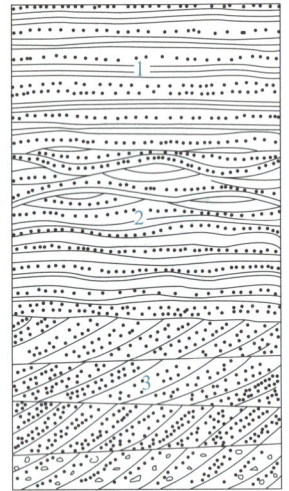

1—水平层理;2—波状层理;3—斜层理。

图 1.2.15　沉积岩层理形态示意图

（2）层面构造

在沉积岩的层面上保留了一些外力作用的痕迹,最常见的有波痕(图 1.2.16)和泥裂(图 1.2.17)。波痕是指岩石层面上保存的原沉积物受风和水的运动影响形成的波浪痕迹;泥裂是指沉积物露出地表后干燥而裂开的痕迹。这种痕迹一般上宽下窄,为泥砂所充填。

图 1.2.16

图 1.2.17

图 1.2.16　波痕

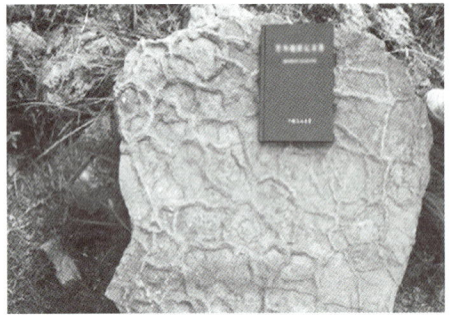

图 1.2.17　泥裂

（3）结核

图 1.2.18

岩石中成分与周围物质有显著不同的呈圆球状或不规则形状的无机物包裹体称为结核,如图 1.2.18 所示。如石灰岩中含有燧石结核、砂岩中含有铁质结核等。

4. 沉积岩分类

沉积岩的分类目前还没有统一的标准。一般可以按照沉积岩的成因、化学成分、矿物成分、碎屑的粒径大小和结构特征进行分类(见表 1.2.3)。

图 1.2.18　结核

表 1.2.3 沉积岩分类

大类			亚类		小类	
划分依据	结构	类型	划分依据	类型	划分依据	类型
岩石的结构	碎屑结构	碎屑岩	成因	火山碎屑岩	粒径	火山集块岩
						火山角砾岩
						火山凝灰岩
				正常沉积碎屑岩	粒径	砾岩及角砾岩
						砂岩
						粉砂岩
					矿物成分	石英砂岩
						长石砂岩
						杂砂岩
	泥质结构	黏土岩	构造	页岩		
				泥岩		
	结晶结构	化学岩	化学成分	碳酸盐岩	矿物成分	石灰岩
						白云岩
						……
				硫酸盐岩		芒硝
						石膏
						……
				……		
	生物结构	生物化学岩	可燃性	可燃岩	可燃有机岩	煤
						油页岩
						石油
						天然气
						……
				非可燃岩	化石	恐龙化石
						人类化石
						……

5. 几种常见的沉积岩

（1）碎屑岩

碎屑岩是沉积岩中常见的岩石之一，按其成因可以分为火山碎屑岩和正常沉积碎屑岩。

a. 火山碎屑岩

火山碎屑岩主要是火山喷发产生的碎屑物质在地表经短距离搬运或就地沉积而成。由于它在成因上具有火山喷出和沉积的双重特性，因此是介于喷出岩和沉积岩之间的过渡类型。火山碎屑物质包括岩石碎屑（岩屑）、矿物碎屑（晶屑）和火山玻璃（玻屑）三种，一般火山碎屑岩含火山碎屑物在 50% 以上。常见的火山碎屑岩有：

火山集块岩 粒径大于 100 mm 的火山碎屑物质含量超过 50%，碎屑大部分是带棱角的，但也有经过搬运磨圆的，碎屑成分往往以一种火山岩为主，根据碎屑成分可称为安山集块岩、流纹集块岩等。胶结物主要为火山灰及熔岩，有时候被 $CaCO_3$、SiO_2、泥质等所胶结。

火山角砾岩 粒径 2~100 mm 的火山碎屑物含量超过 50%，碎屑具棱角或稍经磨圆。根据碎屑成分可分为安山火山角砾岩、流纹火山角砾岩等。胶结物与火山集块岩相同。

火山凝灰岩 粒径小于 2 mm 的火山碎屑物质含量超过 50%，即主要由火山灰所构成的岩石。分选很差，碎屑多具棱角，层理不十分清楚。凝灰岩的碎屑可能是细小的岩屑、玻屑或晶屑，在晶屑中可以发现石英、长石、云母等晶体，但外形多为棱角状。凝灰岩因碎屑成分不同，常有黄、灰、白、棕、紫等各种颜色。

b. 正常沉积碎屑岩

正常沉积碎屑岩是母岩风化和剥蚀的碎屑物质，经搬运、沉积、胶结而成的岩石。碎屑物可以是岩屑，也可以是矿物碎屑。由于搬运介质和搬运距离等不同，碎屑形状可以是带棱角的，或是浑圆的。碎屑岩的胶结物主要有铝、铁质物质和黏土。根据碎屑颗粒大小，碎屑岩可分为砾岩、角砾岩、砂岩和粉砂岩等。

砾岩及角砾岩 为沉积砾石胶结而成的岩石，即粒径大于 2 mm 的砾石含量大于 50%，砾石大部分由岩石碎屑组成。砾石形状呈次圆状或圆状的叫砾岩，砾石形状呈棱角状的叫角砾岩。

砂岩 为沉积砂粒经胶结而成的岩石。即粒径在 2~0.05 mm 的砂粒含量大于 50% 的岩石。砂粒成分主要是石英、长石、云母等矿物碎屑。

按粒度，砂岩又分为粗砂岩（粒径 2~0.5 mm 的砂粒含量大于 50%）、中粒砂岩（粒径 0.5~0.25 mm 的砂粒含量大于 50%）和细砂岩（粒径 0.25~0.075 mm 的砂粒含量大于 50%）。

砂岩按成分进一步分为石英砂岩（石英碎屑占 90% 以上）、长石砂岩（长石碎屑含量在 25% 以上）和硬砂岩（岩石碎屑含量在 25% 以上）。

粉砂岩 粒径在 0.075~0.005 mm 之间的碎屑含量大于 50% 的碎屑岩叫粉砂岩。粉砂岩的成分以矿物碎屑为主，大部分是石英，胶结物以黏土质为主，常发育有水平层理。

（2）黏土岩

黏土岩是指粒径小于 0.005 mm 的颗粒含量大于 50% 的岩石，黏土岩主要由黏土矿物组成，含有少量碎屑矿物、自生的非黏土矿物及有机质。黏土矿物有高岭石、蒙脱石和伊利石等，碎屑矿物有石英、长石、绿泥石等，自生非黏土矿物有铁和铝的氧化物和氢氧化物、碳酸盐（方解石、白云石、菱铁矿等）、硫酸盐、磷酸盐、硫化物等。有机质主要是煤和石油的原始物质。

黏土岩具有典型的泥质结构，质地均匀，有细腻感，断口光滑。

常见的黏土岩有页岩和泥岩。页岩是页片构造发育的黏土岩，其特点是能沿层理面分裂成薄片或页片，常具有清晰的层理，风化后是碎片状。泥岩是一种呈厚层状的黏土岩，岩层中层理不清，风化后呈碎块状。

（3）化学岩及生物化学岩

本类岩石大部分是各种母岩在化学风化和剥蚀作用中所形成的溶液和胶体溶液，经化学作用或生物化学作用沉淀而成。按照成分不同可分为碳酸盐岩、铁质岩、铝质岩、锰质岩、磷质岩、硅质岩、盐岩和可燃有机岩。这类岩石除碳酸盐岩外，一般分布较少。但大部分是具有经济价值的有用矿产。

a. 碳酸盐岩

碳酸盐岩主要包括石灰岩、白云岩、泥灰岩等（详见表1.2.4）。

石灰岩　主要由方解石（50%以上）组成。质纯者呈灰白色，含杂质呈灰色到灰黑色。具结晶结构、生物结构和内碎屑结构，遇冷稀盐酸可产生大量气泡。

白云岩　主要由白云石（50%以上）组成。颜色为灰白色、灰色和灰黑色，遇冷稀盐酸不起泡，遇热稀盐酸起泡。在白云岩和石灰岩之间还有些过渡的岩石，通常把含有白云石25%~50%的灰岩称白云质灰岩。

泥灰岩　石灰岩中泥质成分增加到25%~50%的称为泥灰岩。它是黏土岩和石灰岩之间的过渡类型。颜色一般较浅，有灰色、淡黄色、浅灰色、紫红色等，岩石呈致密状。

表 1.2.4　碳酸盐岩的划分

碳酸盐矿物含量				泥质含量		岩屑或矿物碎屑含量	
方解石		白云石		5%~25%	25%~50%	2%~25%	25%~50%
>50%	5%~25%	>50%	25%~50%				
石灰岩	灰质白云岩	白云岩	白云质灰岩	泥质石灰岩、泥质白云岩	泥灰岩、白云泥灰岩	含砂石灰岩、含砂白云岩	砂质石灰岩、砂质白云岩

b. 铁质岩

铁质岩是富含铁矿物的沉积岩，其主要铁矿物有赤铁矿、褐铁矿、菱铁矿及铁的硫化物及硅酸盐。铁质岩的结构主要是豆状及鲕状、隐晶质结构。

c. 铝质岩

富含三氧化二铝（Al_2O_3）的岩石称为铝质岩，因含杂质不同，颜色种类很多，有白、灰、黄、红等。铝质岩的常见结构有鲕状、豆状和致密状结构。

d. 锰质岩

锰质岩是富含锰的沉积岩，主要含锰矿物，有硬锰矿、软锰矿和菱锰矿等。

e. 磷质岩

通常把含五氧化二磷（P_2O_5）在5%~8%以上的沉积岩称作磷质岩或磷块岩。磷质主要由各种磷灰石及非晶胶磷矿组成。

f. 硅质岩

硅质岩是由溶于水中的SiO_2在化学及生物化学作用下形成的富含SiO_2（70%~90%）的沉积岩。硅质岩中的矿物成分有非晶质的蛋白石、隐晶质的玉髓和结晶质的石英。硅质岩按其成因可分为生物成因（硅藻土、海绵岩、放射虫岩）和非生物成因（板状硅藻土、蛋白石、碧玉、燧石、硅华）两大类。

g. 盐岩

盐岩是一种纯化学成因的岩石,由于蒸发沉淀而成。盐岩主要由钾、钠、镁的卤化物和硫酸盐组成,如食盐($NaCl$)、钾盐(KCl)、光卤石($KCl \cdot MgCl_2 \cdot 6H_2O$)、钾盐镁矾[$KMg(SO_4)Cl \cdot 3H_2O$]、芒硝($Na_2SO_4 \cdot 10H_2O$)、硬石膏($CaSO_4$)、石膏($CaSO_4 \cdot 2H_2O$)等。盐岩结构有原生结晶粒状、纤维状、次生的交代结构和变晶结构,构造有层状、透镜状和致密块状。

h. 可燃有机岩

可燃有机岩是煤、油页岩和石油及天然气等含有可燃性有机岩石的总称。

煤　　煤是由植物变成的可燃岩石。由高等植物转化而形成腐植煤,由低等植物残体转化而形成腐泥煤。腐泥煤少见。腐植煤又可分为泥灰、褐煤、烟煤和无烟煤。

油页岩　　油页岩多呈薄层状,颜色多为棕黑色、黑色。油页岩质地细致,具弹性,坚韧不易破碎。

石油　　石油是一种可燃的液体矿产。天然石油也称原油,一般是绿色、棕色、黑色或稍带黄色的油脂状液态物质。

1.2.3　变质岩

已有岩石在高温、高压或其他因素作用下,矿物成分、结构构造发生改变,形成的新岩石称为变质岩。由岩浆岩变质形成的岩石称为正变质岩,由沉积岩变质形成的岩石称为副变质岩。变质岩无论岩性还是工程地质性质,既和原岩有共同之处,又有很大差别。

1. 变质作用

变质作用是指使原岩的成分、结构、构造发生变化的地质作用。变质作用可分为局部变质作用和区域变质作用两大类。

（1）局部变质作用

局部变质作用是指体积小于 $100~km^3$ 的变质作用。它分布于某个具体的地质构造中,受到体积的局限控制。局部变质作用可分为以下几类:

① 接触变质作用

当岩浆侵入地壳时,由于岩浆与围岩间有显著的温度差异,会导致围岩的成分、结构、构造发生变化,称为接触变质作用,其中由岩浆热液引起的化学变质作用称为交代变质作用。该类变质作用的一般深度不大,围岩压力不会太高。

② 动力变质作用

动力变质作用是指分布于断层带或其他强烈错动（剪切作用）带上的岩石,由于各种应力的作用,通过碎裂、变形和重结晶等方式,发生成分、结构、构造变化的地质作用。动力变质作用特点是低温、高应变率。

③ 冲击变质作用

陨石冲击到地表时发生的变质作用称为冲击变质作用。瞬时冲击产生的高压、高温是冲击变质作用的主要因素。

（2）区域变质作用

区域变质作用是分布范围广泛而且变质因素复杂的一种变质作用。它常发生在岩石圈范围,具较大的规模,主要的变质因素为温度和压力。

① 造山变质作用

与造山作用有密切关系的变质作用称为造山变质作用,主要变质作用为重结晶和变形。该类变质作用形成的变质岩常常具有面理和线理,主要分布于前寒武纪结晶基底,规模巨大,面积超过数百平方千米。

② 洋底变质作用

在大洋中脊上升的热流和海水作用下,洋壳岩石发生的大规模变质作用称为洋底变质作用。温度、流体及其中的化学组分是控制洋底变质作用的主要因素。洋底变质作用常常发生重结晶作用和交代作用,绿岩是典型的洋底变质岩。

③ 埋藏变质作用

埋藏变质作用是无明显变形的、规模巨大的低级变质作用,其变质温度很低,导致埋藏变质作用的压力变化范围较大,是成岩作用向变质作用发展的过渡类型,又称浅变质作用。其变质岩常常具有原岩的残余结构。

④ 混合岩化作用

变质岩经熔融而形成混合岩的过程称为混合岩化作用,又称超变质作用。在地壳深部高级变质岩发育区,由于温度、压力进一步升高,又有流体存在,一些变质岩能熔融产生相当数量的花岗质熔体。如熔融程度较高,并经迁移大量汇聚后便形成岩浆,冷凝后即形成花岗岩类岩石。如果只有少量熔融,且未发生明显远距离迁移,则出现花岗质浅色脉体和暗色变质岩基体混杂在一起的岩石,称为混合岩。

2. 变质岩的矿物成分

组成变质岩的矿物,除含有岩浆岩和沉积岩中的矿物外,还有一部分为变质岩所特有的矿物。表 1.2.5 是常见造岩矿物在各类岩石中的主要分布情况,从表中可以看出:

表 1.2.5　常见造岩矿物在各类岩石中的主要分布情况

岩浆岩、沉积岩、变质岩中均可出现的主要矿物	岩浆岩、变质岩中均可出现的主要矿物	沉积岩、变质岩中均可出现的主要矿物	主要在变质岩中出现的矿物
石英、钾长石、白云母、钠长石、部分石榴子石、磁铁矿、赤铁矿、菱铁矿、磷灰石、榍石、锆石、金红石、钛铁矿等	石英、尖晶石、斜长石、钾长石、白云母、黑云母、金云母、霞石、铁铝榴石、普通角闪石、碱性角闪石、斜方辉石、霓石、透辉石、普通辉石、橄榄石、榍石	石英、高岭石、斜长石、钾长石、白云母、方解石、白云石、重晶石、硬石膏、萤石	刚玉、红柱石、蓝晶石、矽线石、叶蜡石、堇青石、十字石、绢云母、帘石类、钙铝榴石、符山石、阳起石、蓝闪石、透闪石、蛇纹石、硅灰石、镁橄榄石、滑石、石墨、菱镁矿等

① 岩浆岩中的主要矿物,如石英、长石、云母、角闪石、辉石等,在变质岩中也是主要矿物。岩浆岩的一些次要矿物,如绢云母、绿泥石等片状矿物,也经常是一些变质岩的主要矿物。

② 沉积岩中常见的典型矿物,如方解石、白云母等,在变质岩(主要是大理岩)中也可大量出现。但沉积岩中的高岭石、蒙脱石、伊利石等黏土矿物,则仅在变质作用很浅时呈残留矿物状保留在变质岩中。变质作用较深时,都变为红柱石、蓝晶石、十字石、方柱石、矽线石、硅灰石、绢云母等特殊的变质矿物。

③ 变质岩中广泛分布片状、纤维状、针状、柱状矿物,如云母、阳起石、滑石、蛇纹石、矽线石等,并常呈定向排列。同时,这些变质矿物常有共生组合规律。

3. 变质岩的结构

变质岩的最主要结构是重结晶作用形成的变晶结构。根据组成矿物的粒度、形态及相互关系,变晶结构又分为粒状变晶结构、斑状变晶结构、鳞片和纤维状变晶结构三种。此外,还有变余结构等。

（1）粒状变晶结构

岩石主要由长石、石英及方解石等粒状矿物组成,矿物晶粒大小大致相等,颗粒之间互相镶嵌很紧,不具定向排列。

（2）斑状变晶结构

在粒度较小的矿物集合体(也称基质)中分布着一些由重结晶形成的较大斑状晶体(称为变斑晶)。变斑晶通常是石榴子石、十字石、蓝晶石等晶形完好的变质矿物。

（3）鳞片和纤维状变晶结构

变晶结构是片状、柱状或纤维状矿物定向排列形成的结构;主要由云母、绿泥石等鳞片状矿物组成的岩石具鳞片状变晶结构;主要由角闪石、透闪石等柱状或纤维状矿物所组成的岩石具有纤维状变晶结构。

（4）变余结构

在变质岩形成后尚保留某些原岩的结构残余。变余结构表明变质作用进行得不彻底。

4. 变质岩的构造

变质岩的构造是指矿物排列的特点。除某些岩石外,大部分变质岩具有定向构造,这是变质岩的最大特点。变质岩的常见构造有:

（1）片麻构造

片麻构造是深变质岩中的常见构造,如图 1.2.19 所示。岩石中主要有粒状矿物(长石、石英)及片状矿物、柱状矿物(黑云母、白云母、绢云母、绿泥石、角闪石等)相间排列所形成的深浅色泽相间的断续的条带状构造。

图 1.2.19

图 1.2.19   片麻构造

（2）片状构造

岩石中由大量片状矿物（如云母、绿泥石、滑石、石墨等）平行排列所成的薄层片状构造。

（3）千枚构造

岩石中重结晶形成的绢云母微细鳞片平行排列所形成的构造，片理面上具丝绢光泽，有时可见细小的绢云母。

（4）板状构造

岩石中由片状矿物平行排列所形成的具有平整板状劈理的构造，沿着板理易劈成薄板，板面微具光泽。

（5）块状构造

岩石中的矿物成分和结构都较均匀，没有明显定向排列所表现的构造。

5. 变质岩的分类

根据变质岩结构、构造等特点，一般可以把变质岩分为片状岩类、块状岩类和构造破碎岩类三大类和若干亚类，见表1.2.6。

表1.2.6 变质岩类型简表

岩石类别	岩石亚类	构造	结构	主要矿物	形成原因
片状岩类	板岩类	板状	粒状变晶或变余	黏土矿物、云母、绿泥石、石英	区域变质
	千枚岩类	千枚状	鳞片状变晶	绢云母、绿泥石、石英	
	片岩类	片状		云母、绿泥石等	
	片麻岩类	片麻状、条带状		长石、石英、云母	
块状岩类	变粒岩类	块状	粒状变晶	长石、石英	接触变质
	石英岩类			石英	
	大理岩类			方解石、白云石	
	角岩类			云母、石英、长石	
构造破碎岩类	构造角砾岩类	压碎	角砾状	岩石或矿物碎屑	动力变质
	糜棱岩类		糜棱	长石、石英、绢云母、绿泥石	

6. 常见的变质岩

（1）板岩类

板状构造，一般岩性致密坚硬，敲之发出清脆的响声，原岩成分基本没有重结晶。常见的有灰绿色板岩、黑色碳质板岩、硅质板岩、钙质板岩等。板岩一般是泥岩、页岩等经低级区域变质所形成，也有火山岩变质形成的。

（2）千枚岩类

千枚状构造，主要矿物成分是绢云母、绿泥石和石英，有些还含有一定量的斜长石，颗粒很细，片理面上可见绢云母呈绢丝光泽，有些千枚岩中还可见黑云母、石榴子石、硬绿泥石等变斑晶。银灰色及黄绿色千枚岩是最常见的类型。千枚岩的原岩和板岩相同，但变质程度稍高，矿物已基本重结晶。

（3）片岩类

一般为鳞片或纤状变晶结构，片状构造，片状或柱状矿物占优势，其次是石英，长石则较少。常见片岩按矿物成分划分为以下几种：云母片岩，由黑云母、白云母、石英等组成，常含有石榴子石、十字石、蓝晶石、红柱石等变斑晶；角闪石片岩，主要由角闪石、石英及斜长石等组成；绿色片岩，主要由绿泥石、蛇纹石、绿帘石、阳起石及石英、钠长石等组成。此外，有些片岩因石英含量更高，称为石英片岩（如绢云母石英片岩）；还有些含若干碳酸盐矿物，称为钙质片岩。片岩类一般属中级至中低级变质的产物，原岩可以是泥岩、粉砂岩及页岩等沉积岩，也可以是火山岩。

（4）片麻岩类

一般为鳞片粒状变晶结构，粒度较粗，片麻状构造，以长石、石英等粒状矿物为主，且长石含量较高，但也有一定量的云母、角闪石等片状或柱状矿物。常见类型有黑云母片麻岩（可含石榴子石、矽线石等矿物）及角闪斜长片麻岩等。片麻岩一般是中高级变质的产物。

（5）变粒岩类

一般为细粒至中细粒鳞片粒状变晶结构，矿物分布和粒度都很均匀，为不太明显的片麻状或块状构造，有些风化后成砂粒状，主要由长石和石英组成，并有一些黑云母、角闪石等暗色矿物，有些还含石榴子石等。常见类型有黑云母变粒岩、角闪石变粒岩等。当暗色矿物很少时则称为浅粒岩。变粒岩和片麻岩的主要区别是上述结构特征，同时含暗色矿物也较少，但两者之间常有过渡类型。变粒岩是硬砂岩、粉砂岩等沉积岩或中酸性火山岩类经中低级变质所形成的。

（6）石英岩类

主要由石英组成，一般为粒状变晶结构，块状构造，有时还含少量云母、角闪石等矿物。云母石英岩是常见类型之一，含长石较多的称为长石石英岩；含磁铁矿的石英岩称为磁铁石英岩，这是一种重要的铁矿石类型。

（7）大理岩类

主要由方解石、白云石等碳酸盐矿物所组成，一般为粒状变晶结构，块状构造，有时还含一定量的蛇纹石、透闪石、金云母、镁橄榄石、透辉石、硅灰石及方柱石等矿物。蛇纹石大理岩、镁橄榄石大理岩、透辉石大理岩、金云母透辉石大理岩、透闪石大理岩及方柱石大理岩等都是常见类型。若含有白云石则称为白云质大理岩或白云石大理岩。大理岩都是碳酸盐类沉积岩变质重结晶所形成的。

以上七类岩石中，板岩、千枚岩和变粒岩主要为区域变质作用所形成，其余岩石类型则在区域变质作用或接触变质作用过程中均可出现。

（8）角岩类

一般为深色，致密坚硬，细均粒粒状变晶结构，块状构造，常见的角岩主要由黑云母、白云母、长石及石英组成，有时还含有红柱石、堇青石、矽线石等矿物。黑云母角岩是常见的岩石类型。这类岩石由泥质沉积岩经中、高级接触变质所形成，见于侵入体附近的围岩中。

（9）构造角砾岩

常见于断层带中，角砾为大小不等带棱角的岩石碎块，胶结物为细小的岩石或矿物碎屑，是原岩经动力作用后的产物。

（10）糜棱岩

是刚性岩石受强烈粉碎后所成，大部分已成为极细的隐晶质粉末，且具有挤压运动所成的"流纹状"条带，通常还有一些透镜状或棱角状的岩石或矿物碎屑，岩性坚硬，外貌和流纹岩有些相似，它们的形成往往和强大的挤压应力有关。

构造角砾岩、糜棱岩有时通称为动力变质岩。

本章知识工程应用要点

矿物是地壳中肉眼可见的、最小的物体单元。矿物具有一定的化学成分和内部结构。矿物具有一定的外表形态、物理性质和化学性质。根据每种矿物特有的外表形态和物理、化学性质，可以将矿物区分开来。

岩石是组成地壳的主要物质。岩石的成因、物质组成、结构不同，在外力作用下的强度与变形特征不一样，对工程稳定性的影响（即工程地质性质）不同。

思 考 题

1. 什么是矿物？矿物有哪些物理性质？
2. 矿物的颜色和条痕的区别是什么？
3. 什么是矿物的解理？根据哪些因素判断解理完全程度？
4. 什么是岩石？它同矿物有何关系？
5. 什么是岩浆岩的产状？侵入岩的产状有哪些？
6. 什么是岩浆岩的结构？岩浆岩有哪些结构类型？
7. 什么是沉积岩？它与岩浆岩有哪些基本区别？
8. 什么是碎屑岩？碎屑岩由哪几部分物质构成？碎屑有哪些主要特征？
9. 什么是石灰岩和白云岩？
10. 主要出现在变质岩中的矿物有哪些？
11. 什么是变晶结构？它可以分为哪些类型？
12. 常见的变质岩有哪些？它们有哪些特点？

第 2 章

地层与构造

2.1 地 层

2.1.1 地质年代

迄今为止地球形成大约已有 46 亿年。为了更好地研究地球,根据地球上的生命演化情况,地质学将整个地质历史划分成若干个地质历史阶段,所划分出的各个历史年代称为地质年代。

地质年代的单位包括宙、代、纪、世 4 个层次。目前国内外对地质年代中宙、代、纪的划分意见基本一致,但是对世的划分略有差异,我国使用的地质年代表如表 2.1.1 所示。

表 2.1.1　地质年代表

宙	代	纪	世	距今/百万年	动物进化情况
显生宙 PH	新生代 Cz	第四纪 Q	全新世 Q_2	0.01～	人类出现并逐步发展
			更新世 Q_1	0.01～2.5	
		新近纪 N	上新世 N_2	2.5～5	哺乳动物和鸟类出现并逐步发展
			中新世 N_1	5～24	
		古近纪 E	渐新世 E_3	24～37	
			始新世 E_2	37～58	
			古新世 E_1	58～65	
	中生代 Mz	白垩纪 K	晚白垩世 K_2	65～137	爬行动物出现并逐步发展
			早白垩世 K_1		
		侏罗纪 J	晚侏罗世 J_3	137～203	
			中侏罗世 J_2		
			早侏罗世 J_1		
		三叠纪 T	晚三叠世 T_3	203～251	
			中三叠世 T_2		
			早三叠世 T_1		

续表

宙	代	纪	世	距今/百万年	动物进化情况
显生宙 PH	晚古生代 Pz_2	二叠纪 P	晚二叠世 P_3	251~295	两栖类动物出现并逐步发展
			中二叠世 P_2		
			早二叠世 P_1		
		石炭纪 C	晚石炭世 C_3	295~355	
			中石炭世 C_2		
			早石炭世 C_1		
		泥盆纪 D	晚泥盆世 D_3	355~408	鱼类出现并逐步发展
			中泥盆世 D_2		
			早泥盆世 D_1		
	早古生代 Pz_1	志留纪 S	晚志留世 S_3	408~438	海生无脊椎动物出现并逐步发展
			中志留世 S_2		
			早志留世 S_1		
		奥陶纪 O	晚奥陶世 O_3	438~495	
			中奥陶世 O_2		
			早奥陶世 O_1		
		寒武纪 ∈	晚寒武世 $∈_3$	495~540	
			中寒武世 $∈_2$		
			早寒武世 $∈_1$		
元古宙 PT	新元古代 PT_3	震旦纪 Z	晚震旦世 Z_2	540~1 000	裸露无脊椎动物出现并逐步发展
			早震旦世 Z_1		
		南华纪 Nh	晚南华世 Nh_2		生命现象开始出现
			早南华世 Nh_1		
		青白口纪 Qb	晚早青白口世 Qb_2		
			早青白口世 Qb_1		
	中元古代 PT_2	蓟县纪 Jx	晚蓟县世 Jx_2	1 000~1 800	
			早蓟县世 Jx_1		
		长城纪 Ch	晚长城世 Ch_2		
			早长城世 Ch_1		
	古元古代 PT_1	滹沱纪 Ht		1 800~2 300	
				2 300~2 500	

续表

宙	代	纪	世	距今/百万年	动物进化情况
太古宙 AR	新太古代 AR_4			2 500~2 800	
	中太古代 AR_3			2 800~3 200	
	古太古代 AR_2			3 200~3 600	
	始太古代 AR_1			3 600~4 600	

2.1.2　地层

1. 地层的概念

被两个平行或近于平行的界面所限制的、同一岩性的层状岩石称为岩层。岩层的上、下界面叫层面。上层面称为岩层的顶面,下层面称为岩层的底面。在一定地质时期内所形成的一套岩层(包括沉积岩、岩浆岩和变质岩)称为地层。

2. 地层的表示方法

（1）地层的一般表示方法

地层的一般表示方法是根据地层形成的地质年代符号来表示的。但是地层的单位与地质年代的单位有所不同。与地质年代的宙、代、纪、世 4 个层次相对应,地层的单位分别用宇、界、系、统表示,其英文符号和对应的地质年代一样,如表 2.1.2 所示。同时,地质年代中的早和晚要分别改为下和上,如晚石炭世形成的地层叫上石炭统或石炭系上统,英文符号均为 C_3,早石炭世形成的地层叫下石炭统或石炭系下统,英文符号均为 C_1。

表 2.1.2　地层与地质年代单位对照表

地质年代单位	宙	代	纪	世			
地层单位	宇	界	系	统	群	组	段

（2）地层的其他表示方法

除了一般表示方法外,地层还可以按照岩性特征划分为群、组、段,其中组和段都是群以下的次一级单位。例如本溪地区的地层,既可以根据地层中的生物化石特征划分为石炭系中统和上统,也可以把这两套地层中包括海相和陆相沉积各具有一定的岩性特征的地层分别命名为本溪组(中统)和黄旗组(上统),以突出它们的岩性。由于各个地区地层岩性变化比较大,所以群、组、段划分的地层名称往往仅在某些特定的地域范围内使用,如本溪组仅用于华北地区内含有海陆交互相沉积的石炭系中统地层,黄旗组仅用于辽东地区。

对于群、组、段的地层,其英文符号一般采用"统+组名的中文打头字母"的形式来表示,如石炭系中统本溪组可以表示为 C_{2b}。

3. 地层的产状

地层的产状是指地层在地壳中的空间方位。由于形成的地质作用、地理环境及形成后所受的构造运动的影响程度不同,地层在地壳中的空间方位也不相同。如在比较广阔平坦的沉积盆地(如海洋、湖泊)中,由沉积作用所形成的沉积岩或大面积覆盖地表的熔岩被等,其原始产状大都是水平的或近水平的,而在沉积盆地边缘形成的地层或陆相沉积(如残积、坡积、冰川和风的堆积等)或在火山口附近形成火山锥的火山地层,其层面往往有一定的倾斜程度。

地层形成时的产状称为原始产状。由于原始产状绝大多数都是近水平的,因此一般将地层的原始产状理解为水平的。

地层形成后,受到构造运动的影响,有些地层仅改变其形成时的位置,但仍保持着原始的水平或近于水平产状;有些地层则会出现与原来不同角度的多种状态。

(1)地层的产状要素

地层的产状采用地层面的走向、倾向和倾角三个要素来表示(图 2.1.1)。

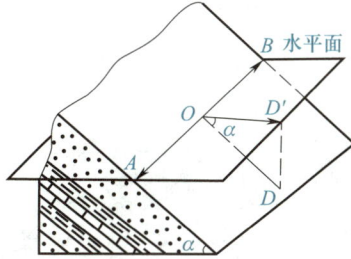

AOB—走向线;OD—倾斜线;OD'—倾斜线的水平投影,箭头方向为倾向(真倾向);α—倾角。

图 2.1.1　地层产状要素

① 走向

地层面与水平面相交线的方向称为地层的走向。地层面与水平面相交的线称为走向线(图 2.1.1 中的 AOB 线)。由于一条直线的延伸方向有两个,所以地层的走向一般也有两个,二者相差 $180°$。

② 倾向

在水平面上,与走向线相垂直并指向层面向下延伸的方向称为地层的倾向(图 2.1.1 中的直线 OD' 所指的方向)。层面上与走向线相垂直并沿倾斜面向下所引的直线称为倾斜线(图 2.1.1 中的 OD 线)。

地层的倾向有真假倾向之分,如图 2.1.2 所示。所谓的真倾向是指一般定义的倾向;而假倾向则是指在水平面上,与走向线不垂直并指向层面向下延伸的方向,也称为地层的视倾向。倾斜线在水平面上的投影线所指层面向下倾斜的方向,就是地层的真倾向(图 2.1.2 中 OG),简称倾向。

在地层面上凡与该点走向线不正交的任一直线均为视倾斜线,其在水平面上投影线所指的倾斜方向,称为视倾向或假倾向(图 2.1.2 中 OD 和 OC)。

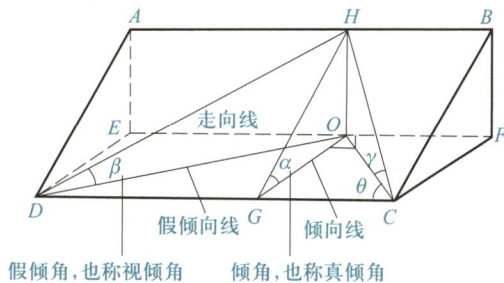

图 2.1.2　地层的真假倾向和真假倾角

③ 倾角

地层的倾斜线与其在水平面上的投影线之间的夹角就是地层的倾角(图 2.1.1 和图 2.1.2 中的 α),又称为真倾角,视倾线和它在水平面上的投影线之间的夹角,称为视倾角或假倾角(图 2.1.2 中的 β 和 γ)。从地层面上任一点都可以引出许多条视倾斜线,因而也就有许多视倾角,而这些视倾角的数值都比该点的真倾角值小。

(2)地层的产状要素的测定

产状要素的测定有直接法和间接法。直接法是在野外工作时,用地质罗盘直接测出地层的走向、倾向和倾角。间接法是通过等高线和地层出露界线借助作图和计算来推求产状要素。

地质罗盘是野外地质工作常用的一种仪器,也是野外地质工作三大宝(手锤、罗盘和放大镜)之一。地质罗盘的种类比较多,其中比较常用的地质罗盘的结构如图 2.1.3 所示。用地质罗盘测定地层的走向、倾向和倾角的方法如图 2.1.4 所示。

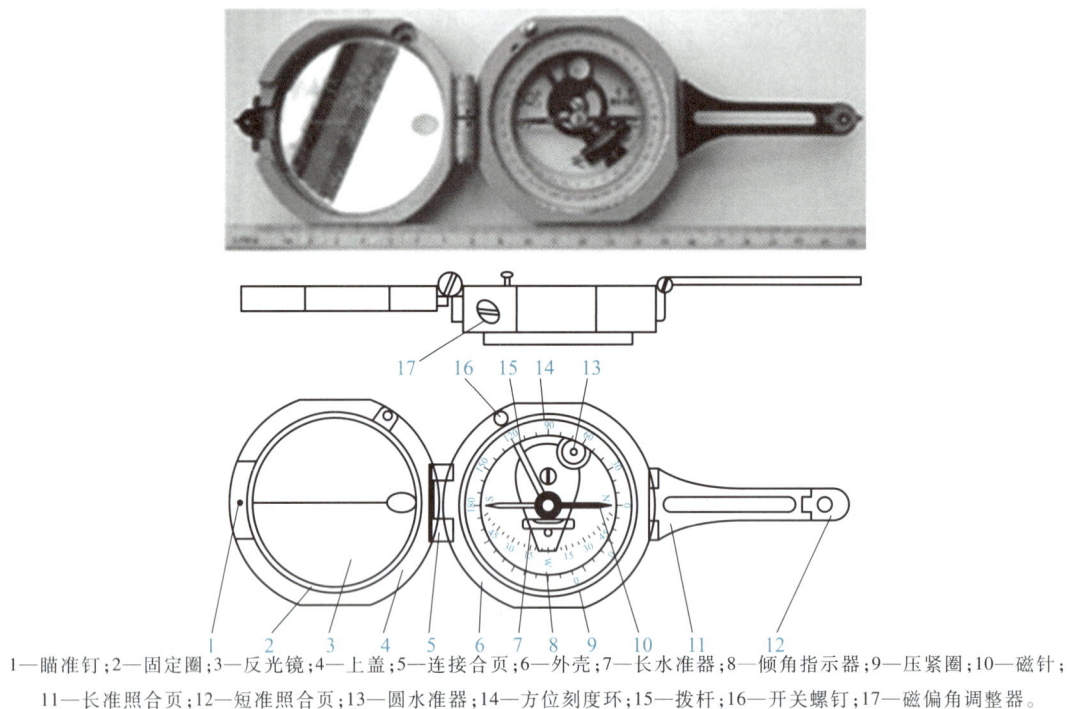

1—瞄准钉;2—固定圈;3—反光镜;4—上盖;5—连接合页;6—外壳;7—长水准器;8—倾角指示器;9—压紧圈;10—磁针;11—长准照合页;12—短准照合页;13—圆水准器;14—方位刻度环;15—拨杆;16—开关螺钉;17—磁偏角调整器。

图 2.1.3 地质罗盘的结构

(摘自胡厚田等主编的《土木工程地质(第 4 版)》,高等教育出版社。)

① 走向的测定

a. 将罗盘的上盖展平;

b. 将罗盘的长边紧贴地层层面的水平方向;

c. 上下、左右移动或转动罗盘至圆水准器水泡居中;

d. 读出罗盘磁针的读数(任一方向),即为地层的走向。

② 倾向的测定

a. 将罗盘的上盖展平。

b. 将罗盘的长边紧贴地层层面的倾向线(真倾向线)方向。

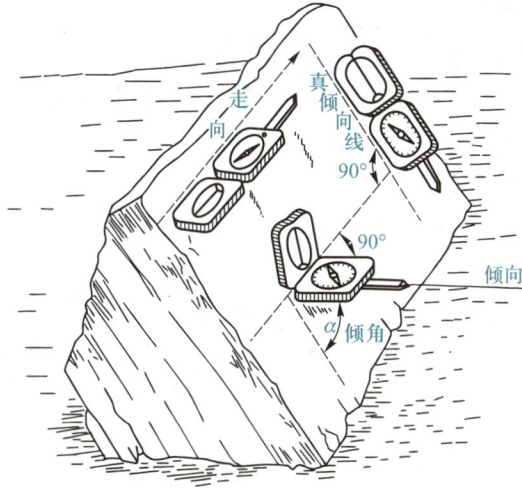

图 2.1.4　地质罗盘测定地层的走向、倾向和倾角方法示意图
（摘自胡厚田等主编的《土木工程地质（第 4 版）》，高等教育出版社。）

c. 上下、左右移动或转动罗盘至圆水准器水泡居中。

d. 当罗盘上盖紧贴地层上层面时，读出罗盘北针（没有铜丝的磁针）的读数，即为地层的倾向。当罗盘上盖紧贴地层下层面时，读出罗盘南针（有铜丝的磁针）的读数，即为地层的倾向。

③ 倾角的测定

a. 将罗盘的上盖打开并紧贴地层层面的倾向线（真倾向线）方向；

b. 上下、左右移动或转动罗盘至长水准器水泡居中；

c. 读出罗盘倾角指示器的读数，即为地层的倾角。

由于地形和其他条件的限制，不能直接测量地层的产状要素时，就要用间接法求出地层的产状要素。间接法求出地层产状要素的具体方法可参阅构造地质学教材中实习部分的内容。

（3）地层产状要素的表示方法

地层的产状要素可用象限角和方位角两种方法表示。

① 方向的象限角表示法

将平面方向划分为 NE、NW、SE 和 SW 四个象限，如图 2.1.5a 所示。当地层的走向或倾向落于某个象限时，就用这个象限的角度来表示地层的走向或倾向，如表示地层的走向落于 NE 象限，并且与北向（N 方向）的夹角为 45°时，地层的走向可以表示为 NE45°或 N45°E。

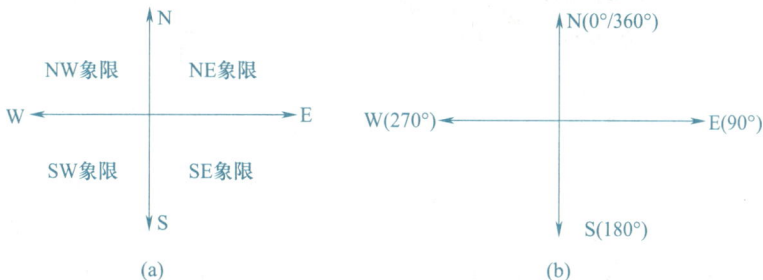

图 2.1.5　方向的方位角和象限角

（a）象限角；（b）方位角

② 方向的方位角表示法

以北作为 0° 和 360°，东作为 90°，南作为 180°，西作为 270°，将平面方向划分为 0°～360° 的方向，如图 2.1.5b 所示。地层的走向或倾向直接用 0°～360° 之间的某个数字来表示，如倾向为 S25°W 时，直接用 205° 来表示。

③ 地层产状要素的表示方法

地层产状要素的表示方法在文字和地质图中有所不同。

a. 文字表示方法

地层的产状要素可用象限角和方位角两种方法表示。如某个地层的产状三要素为走向为北偏东 45°，倾向为南东 45°，倾角 25° 时，用象限角表示时记录为 NE45°∠25°SE，用方位角表示时记录为 225°∠25°。

b. 地质图表示方法

在地质图上，地层产状要素是用符号来表示的。常用符号如下：

$\top_{30}$ 长线表示走向，短线表示倾向，数字表示倾角。长短线必须按实际方位画在图上；

✛ 地层产状是水平的；

⟊ 地层直立，箭头指向新地层；

⟊₇₀ 地层倒转，箭头指向倒转后的倾向，即指向老地层，数字是倾角度数。

4. 地层的厚度

地层的顶、底面之间的垂直距离，即层面法线方向上的距离，称为地层的真厚度。地层除真厚度外，还有铅直厚度和视厚度。

铅直厚度是指地层顶、底面之间沿铅直方向上的距离。

在与地层面不垂直的剖面上（或露头面上），地层顶、底界线之间的垂直距离称为视厚度。

2.1.3　地层层序与地层接触关系

沉积地层的原始产状是水平或近水平，并且老的地层位于下部，新的地层覆盖在上部。因此，原始产出的地层具有下老上新的层序。

由于地壳处在不断运动过程中，特别是同一地区在不同地质时期地壳运动的性质、强度不同，所形成的地质构造特征不同，因而新老地层之间具有不同接触关系。地层之间的接触关系从成因特征上可分为整合接触和不整合接触两种基本类型。

1. 整合接触

上、下地层在沉积层序上没有间断，岩性或所含化石都是一致的或递变的，其产状基本一致，它们是连续沉积形成的。这种上、下地层之间的接触关系，称为整合接触（图 2.1.6a）。地层的整合接触反映了在形成这两套地层的地质时期该地区地壳处于持续的缓慢下降状态，或是有短期上升，但是沉积作用没有间断，或者地壳运动与沉积作用处于相对平衡状态，沉积物一层层地连续堆积，这样就形成了两套地层的整合接触关系。

2. 不整合接触

上、下地层之间的层序如果有了间断，即先后沉积的地层之间缺失了一部分地层，这种沉积间断的时期可能代表没有沉积作用的时期，也可能代表以前沉积的岩石被侵蚀的时期。地层之间的这种接触关系称为不整合接触（图 2.1.6b）。在上、下地层之间有一个沉积间断面，叫不整合

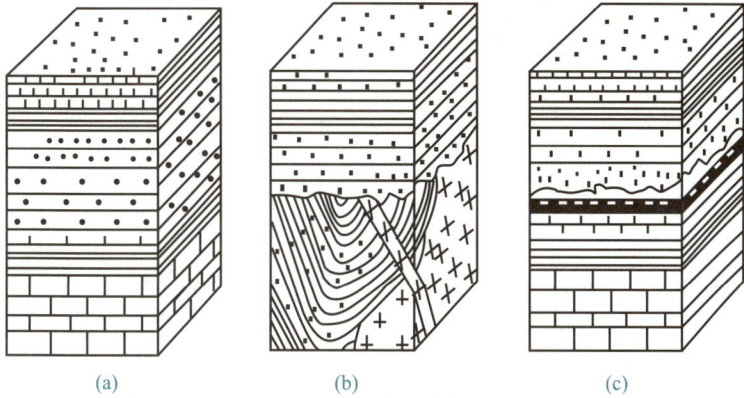

图 2.1.6　地层的接触关系

(a)整合接触(产状一致,地层连续);(b)不整合接触(产状不一致,地层不连续);

(c)假整合接触(产状一致,地层不连续)

面。根据不整合面上、下地层的产状及其反映的地壳运动特征,不整合可分为平行不整合和角度不整合两种主要类型。

(1)平行不整合

平行不整合表现为上、下两套地层的产状彼此平行,但在两套地层之间缺失了一些时代的地层,表明在这段时期发生过沉积间断,这两套地层之间的接触面——不整合面就代表这个没有沉积的侵蚀时期。不整合面也就是古剥蚀面,在这个面上常有底砾岩(其砾石为下伏地层的岩石碎块),有时还保存着古风化壳或古土壤层。不整合面有平整的,也有高低起伏的,它反映了上覆新地层沉积前的古地貌形态。

平行不整合的形成是由于地壳在一段时期处于上升,而在上升过程中地层又未发生明显褶皱或倾斜,只是露出水面发生沉积间断和遭受剥蚀。经过一段时期后,又再次下降接受新的沉积,从而使上、下地层之间缺失了一部分地层,但彼此的产状却是基本平行的。这一过程可以表示为:下降沉积→上升、沉积间断和遭受剥蚀→再下降、再沉积。

如我国华北和东北南部广大地区的中石炭统(本溪组)直接覆盖在中奥陶统马家沟组的石灰岩侵蚀面之上(图 2.1.7),其间缺失了自上奥陶统到下石炭统的一系列地层,而上、下地层的产状是基本平行的,这是一个典型的平行不整合接触。

(2)角度不整合

角度不整合又简称为不整合。主要表现为:上、下两套地层之间既缺部分地层,产状又不相同。不整合面上常有底砾岩、古风化壳、古土壤层等。上覆的较新地层的底面通常与不整合面基本平行,而下伏的较老地层层面与不整合面则相截交。

角度不整合的形成过程可以概括为:下降、接受沉积→褶皱上升(常伴有断裂变动、岩浆活动、区域变质等)、沉积间断、遭受剥蚀→再次下降、再沉积。因此,角度不整合的存在反映了该地区在上覆地层沉积之前曾发生过褶皱等重要构造事件。

地层在遭受各种应力作用后所留下的变形和破坏痕迹称为构造,其中变形所留下的痕迹称为褶皱,破坏所留下的痕迹称为断裂。

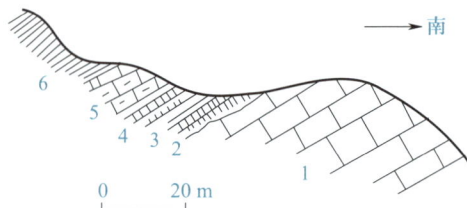

1—奥陶系石灰岩；2~6—石炭系石灰岩。

图 2.1.7　北京周口店太平山南坡奥陶系与石炭系接触关系

2.2　褶　　皱

褶皱是指岩层受力发生弯曲变形而形成的地质构造形态，是由岩层中原来近乎平直的面变成了曲面而表现出来的。形成褶皱的变形面绝大多数是层理面，而变质岩劈理、片理或片麻理及岩浆岩的原生流面等也可以成为褶皱面，即便是岩层和岩体中的节理面、断层面或不整合面，受力后也可能变形而形成褶皱。因此，褶皱是地壳上一种最普遍的地质构造，在层状岩石中它表现得最明显，形象地给予人们岩石能发生塑性变形的概念。

褶皱的规模差别极大，从巨大的褶皱系和构造盆地到出现在个别露头或手标本上的褶皱，以至显微褶皱构造。褶皱的形态也是千姿百态、复杂多变的。研究褶皱的形态、产状、分布和组合特点及其形成方式和时代，对于揭示一个地区的地质构造的形成规律和发展史具有重要意义。许多矿产在成因上或矿体产状和空间分布上与褶皱有密切关系；有些矿体本身就是褶皱层。褶皱构造还不同程度地影响水文地质和工程地质条件。因此，研究褶皱具有重要的理论意义和实用意义。

褶皱的形态是多种多样的，而其基本形式有两种（图 2.2.1）：一种是岩层向上弯曲，其核心部位的岩层时代较老，外侧岩层较新，称为背斜；另一种是岩层向下弯曲，核心部位的岩层较新，外侧岩层较老，称为向斜。由于后来风化剥蚀的破坏，造成向斜在地面上的出露特征是：从中心向两侧岩层从新到老对称重复出露（图 2.2.1a，b 左侧），而背斜在地面上的出露特征却恰好相反，从中心到两侧岩层从老到新对称重复出露（图 2.2.1a，b 右侧）。

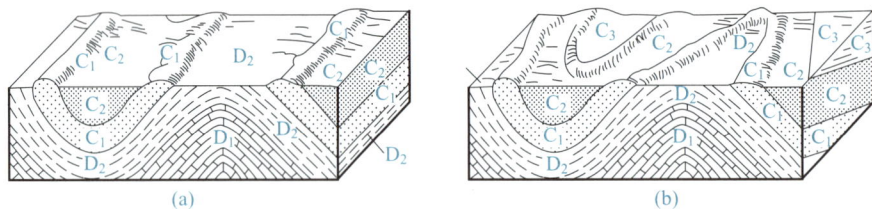

图 2.2.1　背斜和向斜在平面和剖面上的表征

2.2.1　褶皱的组成要素

为了正确描述和研究褶皱，首先要弄清楚褶皱的各个组成部分（褶皱要素）及其相互关系，即认识褶皱要素（图 2.2.2）。

（1）核

泛指褶皱中心部分的地层。常把剥蚀后出露在地面的褶皱中心部分的地层简称为核。

（2）翼

指褶皱核部两侧的地层，简称翼。在横剖面上，两翼之间的最小夹角称为"翼间角"。

（3）转折端

指从一翼向另一翼过渡的部分。在横剖面上，转折端常呈弧线形，但有时也可以是一个点或直线。

图 2.2.2 褶皱要素示意图

（4）褶轴

又称褶皱轴线或轴。对圆柱状褶皱而言，是指一条平行其自身移动，能描绘出褶皱面弯曲形态的直线。

（5）枢纽

在褶皱的各个横剖面上，同一褶皱面的各最大弯曲点的连线称为枢纽。枢纽可以是直线，也可以是曲线；可以是水平线，也可以是倾斜线。

（6）轴面

一个褶皱内各个相邻褶皱面上的枢纽连成的面，又称枢纽面。如果褶皱两翼地层倾角基本一致，或两翼厚度基本不变，则可以把轴面看成是翼间角的平分面，或者是大致平分褶皱两翼的对称面。轴面可以是平面，也可以是曲面。轴面与地面或其他面的交线称为该面上的轴迹。轴面产状和任何构造面产状一样，是用其走向、倾向和倾角来确定的。

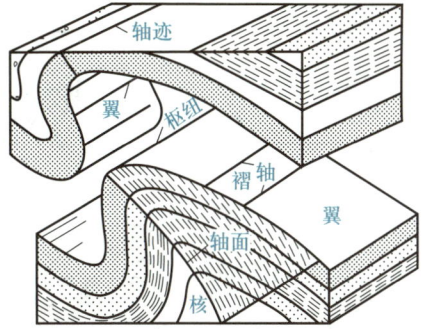

2.2.2 褶皱的形态分类

褶皱的形态是多种多样的，为了更好地描述和研究褶皱，必须将种类繁多的褶皱加以概括和归类。下面介绍几种常用的褶皱形态分类方法。

（1）根据轴面和两翼产状分

直立褶皱：轴面近乎直立，两翼倾向相反，倾角近乎相等（图 2.2.3a）；

斜歪褶皱：轴面倾斜，两翼倾向相反，倾角不等（图 2.2.3b）；

倒转褶皱：轴面倾斜，两翼向同一方向倾斜，一翼的地层倒转（图 2.2.3c）；

平卧褶皱：轴面近水平，一翼地层正常，另一翼地层倒转（图 2.2.3d）；

翻卷褶皱：轴面弯曲的平卧褶皱（图 2.2.3e）。

（2）根据翼间角大小分

平缓褶皱：翼间角小于 $180°$，大于等于 $120°$；

开阔褶皱：翼间角小于 $120°$，大于等于 $70°$；

闭合褶皱：翼间角小于 $70°$，大于等于 $30°$；

紧闭褶皱：翼间角小于 $30°$；

等斜褶皱：翼间角近 $0°$，两翼近乎平行。

（3）根据褶皱中同一岩层在平面上出露的纵向长度和横向宽度之比分

穹隆：长度和宽度之比小于 $3:1$ 的背斜构造，褶皱面自脊点向四周作放射状倾斜（图

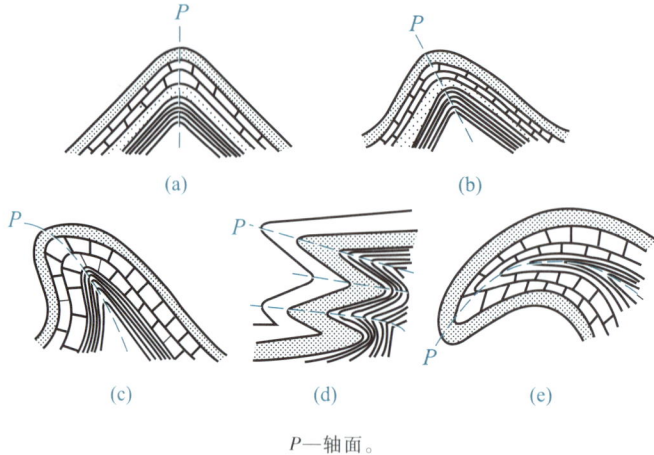

P—轴面。

图 2.2.3   根据轴面和两翼产状褶皱的分类

(a)直立褶皱;(b)斜歪褶皱;(c)倒转褶皱;(d)平卧褶皱;(e)翻卷褶皱;

2.2.4b 左下侧);

构造盆地:长度和宽度之比小于 3∶1 的向斜构造,褶皱面从四周向中心倾斜(图 2.2.4b 左上侧);

短轴褶皱:长度和宽度之比为 3∶1~10∶1 的褶皱(图 2.2.4b 右侧);

线状褶皱:长度和宽度之比超过 10∶1 的各种褶皱(图 2.2.4a)。

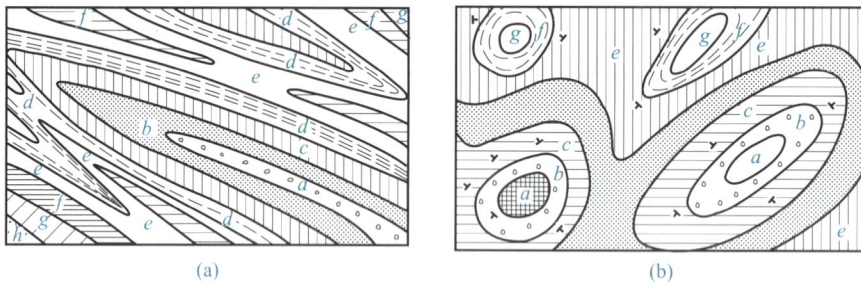

a,b,c,…,h—地层层序。

图 2.2.4   褶皱在平面上形态的描述

(a)线状褶皱;(b)右侧为短轴褶皱,左侧为穹隆构造和构造盆地

2.2.3   褶皱的识别

褶皱构造,不论其规模大小、形态特征如何,若无断层干扰,则两翼岩层总是对应出现。对于背斜构造,自核部向两侧翼部方向,地层顺序总是由老到新;向斜相反,自核部向两侧翼部方向,地层顺序总是由新到老。并且,如不因错断产生缺失和重复时,地层在两翼都是对应出现。这些特点是褶皱构造地层分布的规律,也是识别褶皱的基本方法。

较常见的直立褶皱和歪斜褶皱,在岩层产状方面也有较明显的规律:如背斜构造两翼岩层倾向相反,而且都是向外部倾斜;向斜构造两翼岩层倾向也相反,但向中心倾斜。但倒转褶皱和平卧褶皱则不存在这种产状特征。所以,褶皱的识别应首先抓住地层新老层序这个基本规律。

鉴定地层新老层序的方法一般有三种。

1. 岩石学方法

主要利用岩层的原生构造现象来判定其上下(新老)层位方向。如沉积岩层面上对称波痕的尖棱波峰是指向上部(新)岩层的(图 2.2.5);泥裂的尖端是指向下部(老)岩层的;收敛形斜层理散开的方向是指向上部(新)岩层的;具有冲刷面的沉积岩层的沉积规律由粗粒变细粒的方向是指向上部(新)岩层的;还可以利用火山岩的原生构造来判定地层上下层序,如在喷出岩的顶部往往有一个氧化壳、气孔发育层位,可以用来确定岩层的上层面部位。

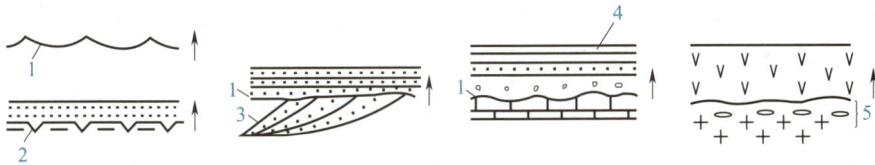

1—波痕;2—泥裂;3—收敛形斜层理;4—冲刷面;5—氧化壳和气孔。

图 2.2.5 利用沉积岩和火山岩中的原生构造确定岩层的上下(新老)层位方向

2. 小构造方法

水平挤压形成褶皱时,层与层之间发生相对运动,新岩层向上(即逆岩层倾向)滑动,老岩层向下(即顺岩层的倾向)滑动(图 2.2.6)。

由于层间扭动(剪切运动),内部产生一些小构造现象。

(1) 层间牵引褶皱(也叫层间褶皱)

多指两厚岩层间的薄岩层或夹在脆性岩层间的塑性岩层发生的褶皱。牵引褶皱的轴面与岩层层面所夹锐角指向相邻岩层滑动方向。据此可判定:凡向上(逆岩层倾向)滑动的岩层为较新岩层;凡向下(顺岩层倾向)滑动的岩层即为较老的岩层。

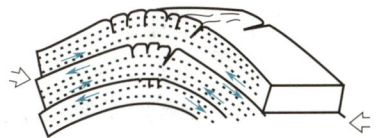

图 2.2.6 砂质黏土受挤压作用产生褶皱(模拟试验)

(2) 层间劈理

指岩层中密集的、细微的定向裂纹和次生片状矿物的定向排列所形成的容易劈开的面。劈理并不十分清晰可见,肉眼需仔细观察才行,但若用手锤敲击,则很容易沿这些细微裂纹和定向矿物排列方向劈开。褶皱翼部的层间劈理与岩层层面夹角一般为锐角,且锐角指向相邻岩层滑动方向,据此可以鉴定岩层新老。

3. 古生物方法

若能找到化石,则可以较准确地确定岩层地质年代,从而可按其年代远近直接判断地层的上下(新老)关系。

2.3 断 裂

断裂构造是地壳中岩层或岩体受力达到破裂强度发生断裂变形而形成的构造。它是地壳中普遍发育的基本构造之一,在地壳的各个地区和各类岩石中均有广泛的分布。通常根据破裂岩石的相邻岩块相对位移的程度分为节理和断层两大类。但是这两类断裂从成因上并无本质差别。

2.3.1　节理

断裂两侧岩块沿破裂面无明显相对位移的断裂构造称为节理。

节理的分布是有一定规律的,它们往往成群、成组出现,并把岩石切割成不同形状和大小的块体。

节理的成因是多种多样的,由构造运动产生的节理称为构造节理,它们的产生往往与褶皱、断层有着密切的联系。通常在地质文献中不加特殊说明的节理就是指构造节理。

有的节理是在成岩过程中形成的,如玄武岩的柱状节理,这种节理称为原生节理。

节理面可以是一个平直的面,也可以是一个弯曲的面。节理面的产状和岩层一样,以走向、倾向和倾角表示。

1. 节理的分类

节理的分类主要从两个方面考虑:一是几何关系,指节理与所在岩层或其他构造的关系;二是力学成因,指形成节理的应力性质。二者关系极为密切。节理与其他构造的几何关系反映了它们的力学成因,而一定力学成因的节理表现出与另一些构造具有一定的几何关系。

(1) 几何分类

a. 根据节理与所在岩层产状之间的关系将节理分为:

走向节理:节理走向与岩层走向平行;

倾向节理:节理走向与岩层走向垂直;

斜向节理:节理走向与岩层走向斜交;

顺层节理:节理面大致平行于岩层层面。

b. 根据节理与所在褶皱的枢纽间的关系将节理分为:

纵节理:节理走向与褶皱枢纽平行;

横节理:节理走向与褶皱枢纽垂直;

斜节理:节理走向与褶皱枢纽斜交。

在枢纽没有倾伏的褶皱中,上述两种分类常两两相吻合,即走向节理相当于纵节理,倾向节理相当于横节理(图 2.3.1)。

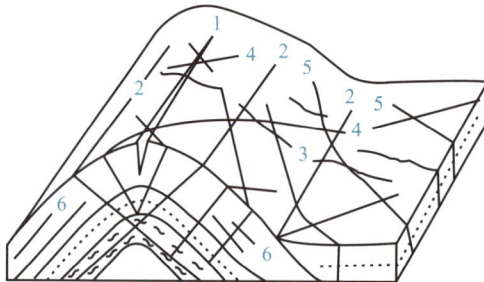

1,2—走向节理或纵节理;3—倾向节理或横节理;

4,5—斜向节理;6—顺层节理。

图 2.3.1　节理形态分类示意图

（2）力学成因分类

节理按其形成时的力学性质，主要分为由张应力形成的张节理和由剪切应力形成的剪节理。

a. 张节理　张节理具有以下主要特征：

（i）产状不稳定，在平面上沿走向延伸不远，在剖面上延展不深。单个节理短而弯曲。

（ii）节理面粗糙不平，擦痕不发育，节理两壁裂开距离较大，有些张节理呈开口状或楔形，常被脉岩充填。

（iii）当张节理发育在碎屑岩中时，它经常绕过较大的碎屑颗粒或砾石，形成一壁凸出、一壁凹进的现象，因而节理呈现弯曲的形态。

（iv）张节理一般发育稀疏，节理之间的距离较大，分布不均匀，即使局部地段发育较多，也很少密集成带。

（v）张节理常呈平行或斜裂式（雁行状）出现，也往往追踪已形成的两组共轭剪切面而发育成锯齿状，后者称为追踪张节理（图 2.3.2）。

b. 剪节理　剪节理具有以下特征：

（i）产状稳定，在平面上沿走向延伸较远，在剖面上延展较深。

（ii）节理面平直而光滑，常具擦痕、镜面等现象。节理两壁之间闭合紧密。

（iii）当剪节理发育在碎屑岩中时，常切割较大的碎屑颗粒或砾石（图 2.3.3）。

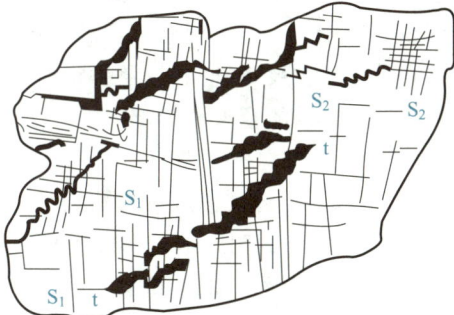

S_1S_1，S_2S_2—两组剪节理；tt—追踪张节理。

图 2.3.2　追踪两组剪节理形成的张节理

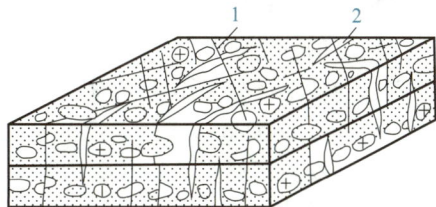

1—剪节理；2—张节理。

图 2.3.3　两组节理切割砾石现象

（iv）一般发育较密，相邻两节理之间的间距较小，常具有等间距分布的特点，密集成带。

（v）往往成对出现，沿两组剪切面形成，称为"X"节理或共轭剪节理，通常一组发育较好，另一组发育较差（图 2.3.3）。

（vi）常呈羽列现象（图 2.3.4）。往往一条剪节理由若干条方向相同、首尾相接的小节理呈羽状排列而成。沿小节理走向向前观察，后一条小节理重叠在前面一条小节理的左侧，称为左行（或称左旋）；反之为右行（或称右旋）。利用剪节理的这种羽列现象可以判断岩石的相对运动方向（图 2.3.5）。

2. 节理的观测研究

节理的专门观测研究，通常是在了解区域褶皱和断层的发育分布情况后，选择褶皱和断层的代表性部位作为观测点，分别观察、测量不同岩层内各种节理的发育特征。观测内容一般按表格进行记录（表 2.3.1），并对典型现象进行描述、摄影。

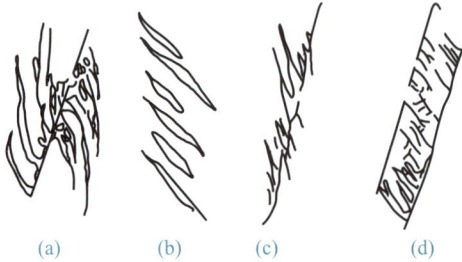

图 2.3.4 羽状节理

(a),(b),(c)张性羽状节理;(d)剪性羽状节理

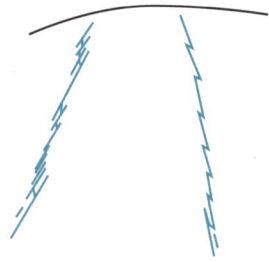

图 2.3.5 湖北黄陵背斜南部寒武系灰岩中剪节理羽列现象平面素描图(图左为右行,图右为左行)

表 2.3.1 节理观测点记录表

点号及位置	所在褶皱或断层部位	所在岩层的年代、层位和岩性及产状要素	节理的产状要素	节理面及填充物的特征	节理的力学性质及旋向	节理组、系归属及相互关系	节理密度/(条/m)	备注

可以看出,在观察、测量各种节理产状、性质、特征的基础上,应着重观察节理的切割关系,研究节理的分期和配套,分析区域构造应力作用方向和地壳运动发展史。同时,还必须研究统计各不同岩层节理的发育程度和主要节理组产状,判断其对工程建设的意义和影响。

(1)节理组的分期研究

节理组分期就是区分各不同节理组形成的先后关系。可从下述现象进行判断。

a. 切断错开 后期节理切断前期节理而形成的节理,特别是后期剪节理切断前期节理时常表现为对应错开现象。如图 2.3.6 中后期节理组 3 切断错开前期节理组 1 和 2。

b. 限制中止 前期形成的节理常限制后期形成的节理中止于其一侧。如图 2.3.7 中后期两组节理 3、4 被前期两组节理 1、2 限制而中止。

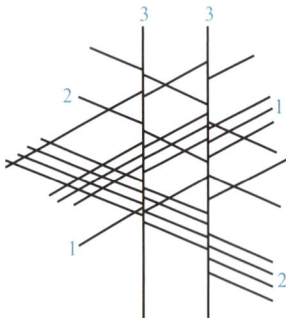

图 2.3.6 不同期节理对应错开关系

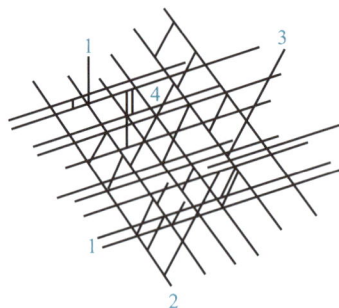

图 2.3.7 湖北香溪石灰岩中不同节理组限制现象

c. 相互切断错开 凡两组节理在相交时都不中止,而是互相切断并彼此被错开,或在一处甲组节理被乙组错开而另一处乙组节理被甲组错开。同时,一组为左行剪切,另一组为右行剪

切,则表明这两组节理系同时形成的一对共轭剪节理。实际情况还表明,往往是其中一组较发育,另一组不太发育。图 2.3.8 示出两组共轭剪节理相互切断错开。

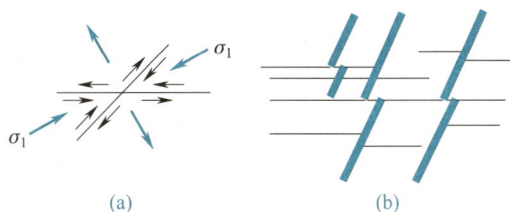

图 2.3.8　两组共轭剪节理相互切断错开

（2）节理组配套的研究

对节理组进行配套,推测区域构造应力作用方向,关键是通过野外观测,确定同时形成的、具有共轭关系的两组剪节理。如图 2.3.8 中,最大主应力（σ_1）方位为北东东—南西西。当两组节理无明显的相互切断错开现象时,也可通过观察剪节理面上的擦痕、剪节理的羽列现象及派生的张节理、剪节理尾端的特殊变化现象（节理叉等）来确定共轭关系。如图 2.3.9 所示,利用剪节理的羽列现象进行节理组配套。NE40°和 NW20°左右两组共轭剪节理形成的挤压力方向为近南北向（P_2 方位）。

（3）节理发育程度的研究

节理发育程度一般以密度或频度表示。最简单的方法是计算大致垂直于某节理组走向的单位距离内的节理条数,以"条/m"表示（表 2.3.1）。

为了反映不同构造部位节理的发育分布规律,通常还将观测点实测节理产状资料分组整理统计、绘制成图。图 2.3.10 所示的节理走向玫瑰图为最简明的一种方法。图中表明所观测区段内走向 NE10°～20°、NW40°～50°和 NE70°～80°三个方位的节理最为发育。

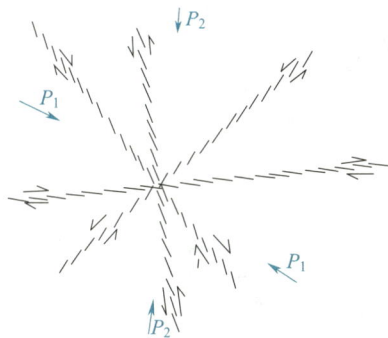

图 2.3.9　利用剪节理羽列配套示意图

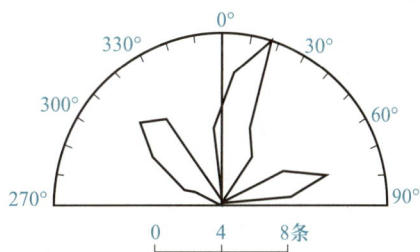

图 2.3.10　节理走向玫瑰图

2.3.2　断层

断层是岩层或岩体顺破裂面发生明显位移的构造。断层在地壳中广泛发育,规模有大有小,影响地壳深度有深有浅,形成时代有早有晚,断层可以是一次构造运动的结果,也可以是多次构造运动的影响。断层是地壳中最重要的构造之一。

1. 断层要素

（1）断层面

发生断裂错动的面为断层面，断层面可以是平直的、弯曲的或部分平直部分弯曲的。断层面产状的测定和岩层面的产状测定方法一样，即用走向、倾向和倾角表示它的空间状态。

（2）断盘

断层面两侧发生显著相对位移的岩块，即被断层面分开的两侧岩体称为断盘。如果断层面是倾斜的，位于断层面上方的断盘称为上盘，下方的称为下盘。在断层面直立的情况下，难以区分上下盘，可视断盘位于断层面的哪一侧而命名，如称为南盘、北盘等。

（3）断层线

断层面与地表面的交线称为断层线，即断层在地表的出露界线。它可以是一条直线，也可以是一条曲线，主要取决于断层面的产状和地形的起伏情况，还取决于地质图的比例尺。

（4）断距

断层面两侧岩体的相对位移称为断距。断层面两侧岩体相对错动位移的大小可反映断层的规模。显然，测量方向、位置不同，断距的数值就不一样。断层面两侧岩体相互错动的距离常称为总断距。总断距在铅直剖面上的铅直分量和水平分量称为该断层的铅直断距和水平断距。总断距在断层面走向和倾向方向的分量称为该断层的走向断距和倾向断距（图 2.3.11）。

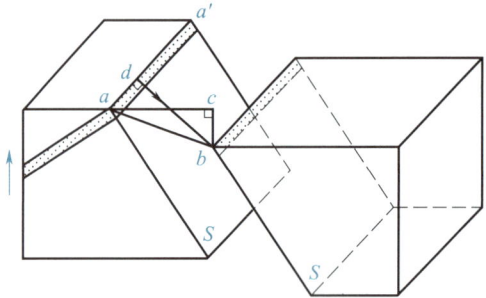

ab—总断距；cb—铅直断距（cb 为铅直线）；ac—水平断距
（$\angle acb = 90°$）；ad—走向断距；（ada' 为断层面 S 的走向
线）；db—倾向断距（$\angle adb = 90°$）。

图 2.3.11 表示断距的立体图

（5）断层破碎带与影响带

较大的断层，往往不只是一个破裂面，而是有几个甚至很多个且大致互相平行的破裂面。破裂面之间的岩层十分破碎，成为多棱角的碎块和砂泥质物质，从而组成具有一定宽度的断层破碎带。断层破碎带内岩石的动力变质现象十分明显，常见到的有断层角砾岩、糜棱岩、断层泥，有时还能见到岩层的揉皱现象（即岩层中的小型褶皱）。在断层破碎带两侧的一定宽度范围内，岩体仍有比较明显的破碎现象，称为断层影响带。图 2.3.12 系甘肃某坝址断层剖面图。该断层的破碎带宽为 3.4 m，而影响带总宽约 8 m，上盘比下盘的影响带宽些。

2. 断层的分类

（1）按断层两盘的相对错动方向分类

按断层两盘相对错动方向，可将断层分为 5 类（图 2.3.13）：

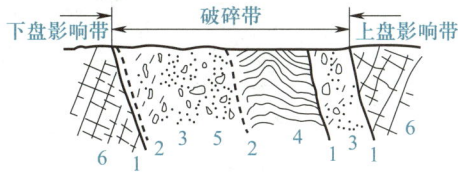

1—断层泥,厚 1~6 cm;2—糜棱岩,厚 2~3 cm;3—断层角
砾岩,厚 60 cm;4—揉皱带,厚 110 cm;5—压碎带,厚 80~
100 cm;6—碎块岩,断层上盘厚 5 m,下盘厚 3 m。

图 2.3.12 甘肃某坝址断层剖面图

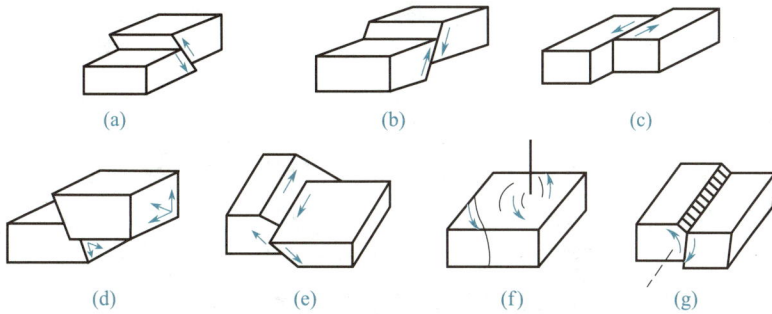

图 2.3.13 断盘运动的几种方式示意图

(a)逆断层;(b)正断层;(c)平移断层;(d)平移逆断层;(e)平移正断层
(f)沿铅直轴的旋转断层;(g)沿水平轴的旋转断层

a. 逆断层(仰冲断层) 上盘沿断层面相对向上错动、下盘相对向下错动的断层称为逆断层。断层面倾角小于 45°的逆断层又称为逆掩断层;断层面倾角大于 45°的逆断层又称为冲断层。

b. 正断层 上盘沿断层面相对向下错动、下盘相对向上错动的断层称为正断层。正断层的断层面倾角一般较陡,多在 50°以上。

c. 平移断层 两盘沿断层面做相对水平位移的断层称为平移断层。平移断层的断层面一般接近直立。

d. 平移正、逆断层 兼具上下和水平位移的倾向错动断层,可根据情况分别称为平移正断层或平移逆断层。

e. 旋转断层 断盘位移方式系绕一轴(水平轴或铅直轴)旋转,这种旋转断层的断层面多数为曲面。

(2)按断层面产状与岩层产状关系分类

根据断层面产状与岩层产状关系,常将断层分为 4 类:

a. 走向断层 也称纵向断层,指断层走向与岩层走向基本平行的断层,大多是逆断层或逆掩断层(图 2.3.14),也有正断层。

b. 倾向断层 也称横向断层,指断层走向大致和岩层走向垂直的断层,通常都是正断层(图

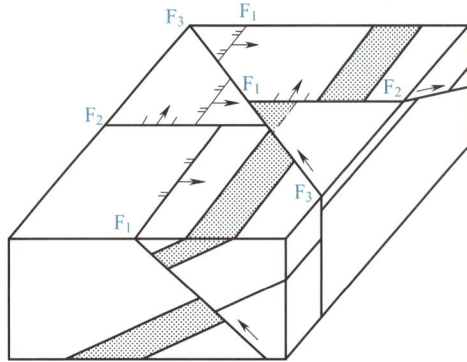

F₁—走向断层；F₂—倾向断层；F₃—斜向断层。

图 2.3.14   断层造成的构造不连续现象的示意图

2.3.14)。

c. 斜向断层   指断层走向和岩层走向斜交的断层,大多是平移断层(图 2.3.14)。

d. 顺向断层   也称层间断层,指断层面大致和岩层层面平行一致的断层(实际中不是完全一致的),有正断层,也有逆断层。

（3）按断层的力学性质分类

根据地质力学的观点,断层和其他构造面,按力学性质可分为:

a. 压性断层(压性结构面,或称挤压面)   逆断层就属于这类断层。

b. 张性断层(张性断裂结构面,或称张裂面)   大部分正断层就属于这类断层。

c. 扭性断层(扭性断裂结构面,或称扭裂面)   平移断层就属于这类断层。

d. 压扭性断层(压性兼扭性结构面,或称压扭面)   部分平移逆断层就属于这类断层。

e. 张扭性断层(张性兼扭性结构面,或称张扭面)   部分平移正断层就属于这类断层。

3. 断层的识别

（1）断层有无的识别

有无断层最有说服力的证据是:找到断层面或断层破碎带,观察两侧岩层或岩体是否有相对错动。

对于因风化剥蚀而成为低凹的地形,其上又覆盖了后期松散沉积物,不能直接看到断层,可根据下述一些异常现象来判定断层是否存在。

a. 岩层的延伸和层序方面的异常   某一岩层沿走向突然中断,但在延伸方向上与上部(新的)或下部(老的)岩层相接,若非不整合面或岩层尖灭所致,则应有横切或斜切岩层走向的断层(图 2.3.14 及图 2.3.15)。

地层沿倾向在层序上发生不正常的缺失或不对称的重复,也是断层存在的证据(图 2.3.16)。

b. 构造方面的异常   相邻很近的岩层产状发生突变,例如倾角变陡,甚至倒转,或走向、倾向均发生很大变化,与区域性正常岩层产状迥然不同,若不是小褶皱就可能是断层;岩石破碎,节理密集发育,出现构造角砾岩、糜棱岩、断层泥、镜面(即摩擦形成的光滑平面)和大量擦痕(滑动摩擦形成的条形痕迹)等构造现象时,都可作为判断断层存在的证据。

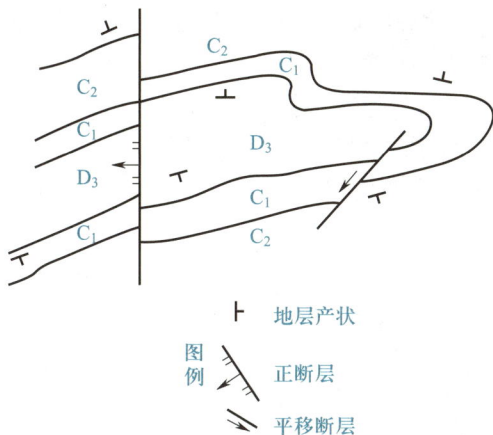

图例

┤ 地层产状

⤡ 正断层

⤢ 平移断层

图 2.3.15 断层造成的地层中断现象的平面图

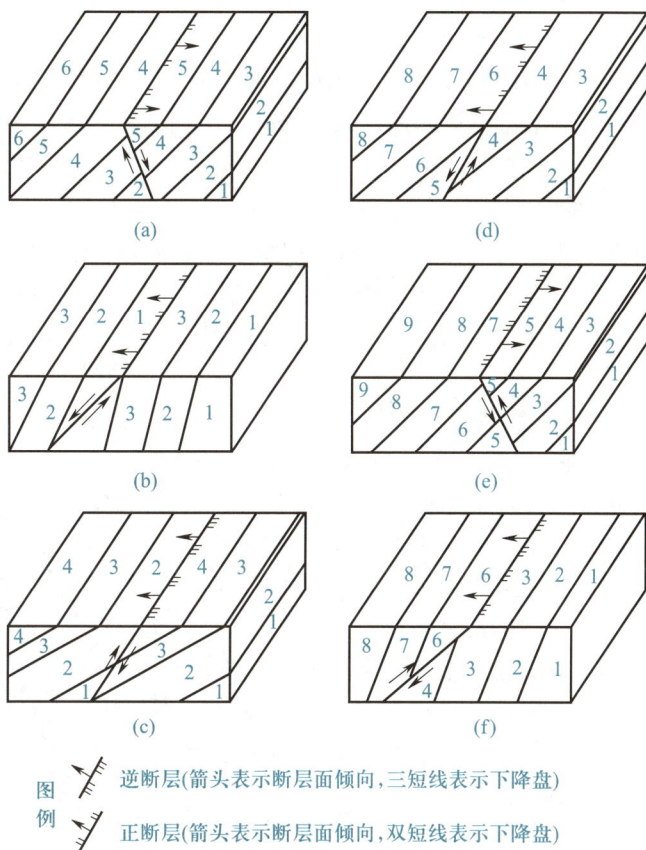

(a)

(b)

(c)

(d)

(e)

(f)

图例

⤢ 逆断层(箭头表示断层面倾向,三短线表示下降盘)

⤢ 正断层(箭头表示断层面倾向,双短线表示下降盘)

1—9 为地层由老到新的顺序编号。

图 2.3.16 断层造成地层重复和缺失现象的立体图

(a),(b),(c)地层重复;(d),(e),(f)地层缺失

c. 地貌方面的证据 分析地貌特征也往往是识别断层的途径:沿岩层走向的山脊突然错开(成错脊),应追索是否存在横断层或斜交断层;一系列山脊到平原突然中断,形成切断山脊,可能是断层所致;笔直的或突然转弯的河谷(特别是峡谷)和山沟,成条带延伸和分布的湖泊和洼地等,往往是断层影响的结果;临江排列的三角面山坡(图 2.3.17)可能就是断层面。实际工作中,地形地貌特征只能作为识别断层的旁证和线索,最后应按地质证据来判定。

图 2.3.17 渭河以南秦岭北侧的断层三角面
(自华阴南望华山)

d. 地下水方面的异常 在断层线上有时出现许多泉水(地下水的露头),这些泉水点的连线就可能大体反映了断层线的位置;不少逆断层具有隔水性能,则其两侧地下水面高程不一样;不少张性断层的排水性能特别好,则地下水面高程大体从两侧向断层带越来越低。因此,从地下水的某些现象可间接推断有否断层存在的可能。

(2) 断层错动方向的识别

图 2.3.16 的岩层重复和缺失,明显地表示了断层两盘错动方向。这种确定断层的存在和错动方向的方法叫层位对比法,在工作中被广泛采用。在非层状岩层或无明显层序的情况下,无法利用层序来判定断层错动方向时,可利用断层两旁由于断层错动派生的构造现象来确定,这种方法叫小构造判别法。

断层能派生出一些比它规模要小的构造形迹,前者叫主干断层,后者叫分支构造。主干断层和分支构造常组成"入"字形,故称为入字形构造。入字形构造的分支构造决不会穿越主干断层,而且总是伴随主干断层而出现,远离主干断层即消失,常见的入字形构造有:

a. 断层与派生褶皱组成的入字形构造 这种入字形构造的规模可能很小,亦可能很大,小型的在逆断层的横剖面上即可见到。若断层错动时有扭力,在断层一侧或两侧形成小褶皱,称为牵引褶皱。牵引褶皱的轴面与主干断层面在剖面上组成入字形构造,其所夹锐角总是指向主干断层对盘的运动方向(图 2.3.18)。平移断层亦可于其一侧或两侧形成派生褶皱,在平面上组成入字形构造。在郯城附近即见有这种构造(图 2.3.19)。派生褶皱与主干断层所夹锐角指向对盘运动方向。

b. 断层与派生断层组成的入字形构造 派生(分支)的断层,按力学性质区分有张性的(或张扭性的)和压性的(或压扭性的)两种。主干断层的断层面与张性的(张扭性)分支断层所夹锐角指向本盘运动方向,与压性(压扭性)分支断层

图 2.3.18 逆断层派生的牵引褶皱

所夹锐角指向对盘运动方向(图2.3.20)。

大型入字形构造中,分支断层亦可派生出它自己的分支断层。如图2.3.20中,分支断层 F_2 还有它自己的分支断层(被超基性岩脉充填),野外工作时应注意这种情况。

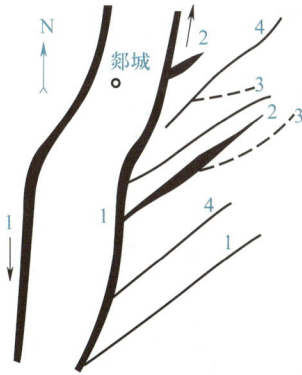

1—主干断层;2—组成分支构造的背斜;
3—组成分支构造的向斜;4—分支断层。

图2.3.19 郯城附近入字形构造平面图

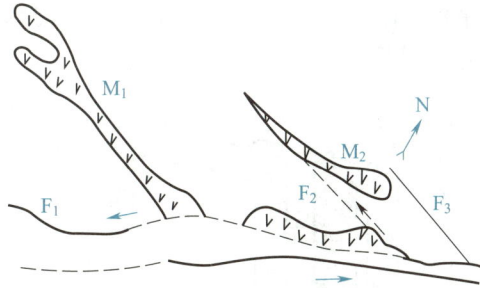

F_1—主干断层;F_2,F_3—分支断层;
M_1—超基性岩;M_2—超基性岩。

图2.3.20 某地入字形构造

c. 断层与派生的节理、劈理组成的入字形构造 断层两盘错动时形成派生节理,节理似羽毛状排列于断层面一侧,故称为羽状节理,亦称为羽裂。羽状节理有张性和扭性两种。主干断层与扭性羽裂所夹锐角指向对盘运动方向,与张性羽裂所夹锐角指向本盘运动方向(图2.3.21)。

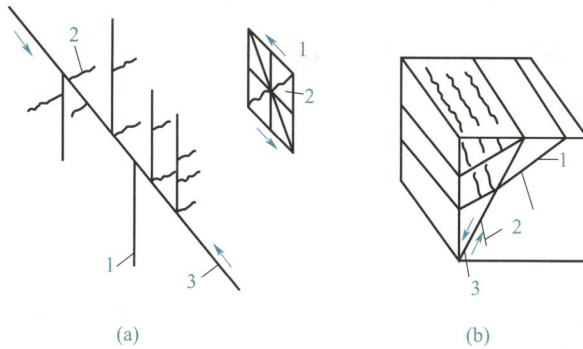

1—扭性羽裂;2—张性羽裂;3—主干断层。

图2.3.21 羽状派生节理与主干断层关系

(a)平移断层形成羽裂(平面图);(b)正断层形成羽裂(立体图)

断层两侧岩体亦可派生出劈理,断层面与劈理面所夹锐角指向对盘运动方向。除按上述入字形构造的分支构造形迹确定主干断层的错动方向外,还可以根据断层面上的擦痕来判断。擦痕(图2.3.22)由窄变宽、由深变浅,或用手摸断层面光滑方向均代表对盘运动方向。

4. 断层力学性质的鉴定

如前所述,在地质构造应力达到和超过该处岩石的强度时,就发生破裂,从而形成节理和断层。不同性质应力形成的节理和断层具有不同的特征,因而水文地质、工程地质性质也有明显差异。

（1）压性断层

压性断层的特征有如下几点：

a. 结构面沿走向和倾向一般呈舒缓波状。

b. 若为逆断层，则断层面上常有镜面和反映错动方向的擦痕，横剖面上常见到牵引褶皱、分支断层、羽裂和劈理等。

c. 压性断层往往与其他挤压面成群出现，构成一个挤压带，有时还可见到强烈紧密的褶皱和地层倒转现象（图 2.3.23）。

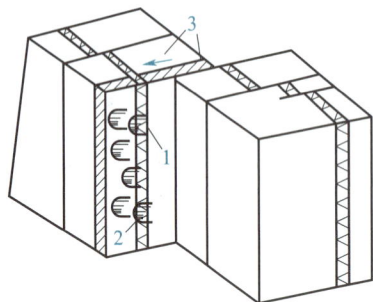

1—擦痕；2—横阶；3—滑动方向。

图 2.3.22　扭性断层面上的擦痕　　图 2.3.23　与压性断层伴生的褶皱

d. 在断层两旁或断裂带内可见片、柱状矿物（云母、石墨、绿泥石、角闪石）呈鳞片状定向排列，其排列方向大体与断层面平行。

e. 压性断层常成群出现而构成挤压构造带。挤压构造带内往往有糜棱岩、断层角砾岩和构造透镜体（或称挤压扁豆体）。片状矿物围绕透镜体有规律地排列（图 2.3.24、图 2.3.25）。透镜体的长轴大致与挤压面平行。

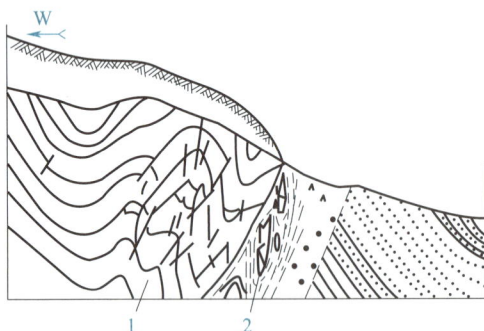

1—牵引褶皱；
2—破碎带内的构造透镜体。

图 2.3.24　压性断层内的构造透镜体

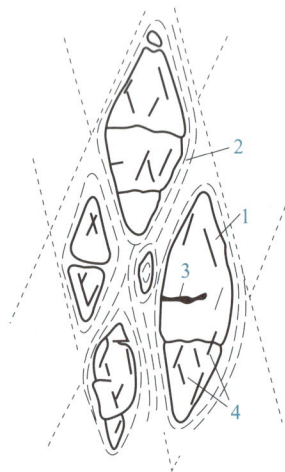

1—透镜体；2—片状矿物；
3—张节理；4—两组剪节理。

图 2.3.25　构造透镜体剖面图

　　f. 在压性断层面附近的岩石中,常有形状极不规则的石英或方解石的晶片、晶块,分布零乱,随着远离断层面而逐渐减少,乃至消失。

　　g. 一个地区成群出现的压性断层面常构成叠瓦式构造(图 2.3.26)。

图 2.3.26　叠瓦式构造

　　(2)张性断层

　　张性断层的主要特征有如下几点:

　　a. 张性断层面较粗糙,形状不规则,有时呈犬牙交错的锯齿状,从追踪两组扭性结构而形成的张性断层看,这种现象最明显。

　　b. 张性断层的破碎带宽度变化大,常有骤然膨胀加宽,随之急剧缩小现象。张性断层破裂带(张裂带)由许多平行的张裂面组成,每个张裂面延长不远即消失。

　　c. 发生在砾岩中的张性断层内的张裂面,经常绕过砾石而呈凸凹不平的形状。

　　d. 张裂面上经常有裂隙,裂隙可大可小,有时使张裂面很破碎,出现破碎岩块。

　　e. 张性断层中常有较疏松的断层角砾岩。角砾岩中的颗粒呈棱角状,大小悬殊,分布杂乱无定向,有时被钙质、铁质、硅质等物质胶结。

　　(3)扭性断层

　　扭性断层的特征有如下几点:

　　a. 断层面平直,产状稳定,延伸很远。

　　b. 断层面光滑,其上有镜面和许多近水平的擦痕。

　　c. 扭性断层带内有时伴生有断层角砾岩,其角砾细小且多被磨圆。同时还常有糜棱岩紧贴在断层壁上,厚度一般均不大。

　　d. 扭性断层常在不同方位成组出现,两组互相交切呈 X 形。但在一个地区往往是一组较发育,另一组发育较差。

　　e. 扭性断层面穿经砾石时,常将砾石切开,这与张性断层面的绕过砾石情况迥然不同。

　　f. 扭性断层中充填的岩脉或矿脉的产状稳定,形态简单,连续性好,延伸较长。脉壁平整光滑,其上常见近水平的擦痕,有时还具有绿泥石、绿帘石、云母、方解石等矿物薄膜。

　　(4)压扭性断层

　　压扭性断层既具有压性断层特征,又具有扭性断层特征。

　　(5)张扭性断层

　　张扭性断层既具有张性断层特征,又具有扭性断层特征。

　　但应注意,在长期地质历史过程中,通常断层的力学性质都曾发生变化(转化),因而实际情况都较复杂。

5. 断层形成的相对年代的判定

（1）利用断层与地层切割关系判定

通常利用断层与地层的相互切割关系,间接地确定断层的相对年代。断层形成于上覆地层和被它切割地层的时代之间。如图 2.3.27 中,断层错开了石炭纪和二叠纪地层,却被侏罗纪地层覆盖。说明断层形成于侏罗纪地层沉积之前,而在二叠纪地层沉积之后。图 2.3.28 中断层发生在下古生代花岗岩体(γ_3)之后,但在中生代花岗岩体(γ_5)侵入之前。

（2）利用断层力学成因及组合关系判定

利用断层的力学成因及其相互组合关系也有助于确定其形成年代。同一期构造应力作用下,可以产生不同方向、不同力学性质(即压性、张性和扭性)的断层。当某个断层的形成时代已知,则与它同方向、同性质和相同规模的那些断层,一般均属同一时期产物。又如某个压性断层形成时代已知,则与它配套的张性和扭性断层的形成年代也就知道了。

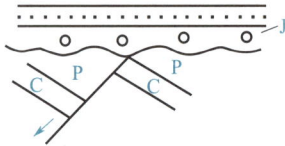

P—二叠纪;C—石炭纪;J—侏罗纪。

图 2.3.27　断层与不同时代
地层的穿切关系

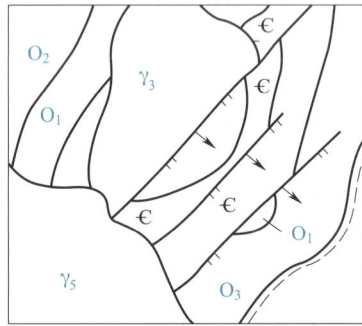

γ_3—下古生代花岗岩;γ_5—中生代花岗岩。

图 2.3.28　断层与不同时代
花岗岩体的穿切关系

2.4　赤平极射投影

赤平极射投影简称赤平投影,它主要用来表示线和面的方向、相互间的角距关系及其运动轨迹,把物体三维空间的几何要素(线、面)反映在投影平面上进行研究处理。它是一种简单、直观的计算方法,又是一种形象、综合的定量图解方法,在天文、航海、测量、地理及地质科学中广泛应用。运用赤平投影方法,能够解决地质构造的几何形态和应力分析等方面的许多实际问题,是研究地质构造的一种有效手段。

2.4.1　赤平极射投影的基本原理

1. 投影要素

赤平极射投影以圆球体作为投影工具,其进行投影的各个组成部分称为投影要素(图2.4.1),包括:

投影球(投射球)——以任意长为半径做成的球,投影球表面称为球面;

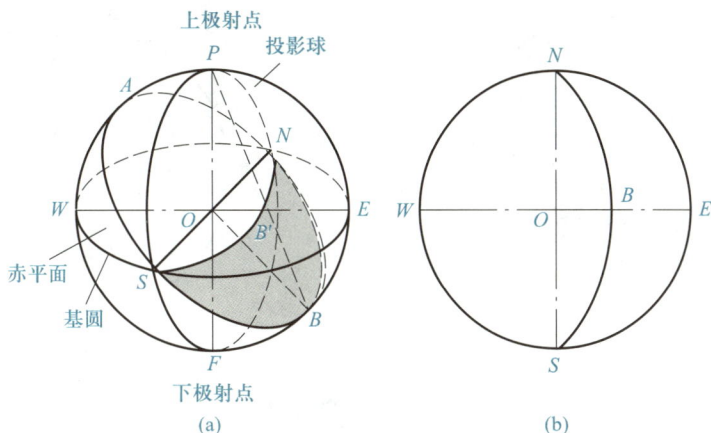

图 2.4.1 投影要素

(a)透视图；(b)赤平图

赤平面——过投影球球心的水平面,即赤平投影面;

基圆——赤平面与投影球面相交的大圆($NESW$),或称为赤平大圆,圆内标有东西和南北直径线;

极射点——球上、下两极的发射点,由上极射点(P)把下半球的几何要素投影到赤平面上的投影称下半球投影,反之以下极射点(F)把上半球的几何要素投影到赤平面上的投影称为上半球投影。

2. 平面和直线的赤平投影

（1）球心平面的投影

通过球心的平面无限伸展,必与球面相交成一个直径与投影球直径相等的大圆。直立平面为一个直立大圆（图 2.4.1a 中的 $SPNF$）；水平平面为水平大圆（图 2.4.1a 中的 $WNES$,即基圆）；倾斜平面为一倾斜大圆（图 2.4.1a 中的 $SANB$）。上述球面大圆上的各点与极射点（P）的连线必然穿过赤平面,在赤平面上这些穿透点的连线,即为相应大圆的赤平极射投影,简称大圆弧。直立大圆的赤平投影为基圆的一条直径（图 2.4.1a 中的 $PSFN$ 投影成直径 NS）；水平大圆的赤平投影就是基圆（图 2.4.1a 中的 $WNES$）；倾斜大圆的赤平投影是以基圆直径为弦的大圆弧［图 2.4.1a 中的 $\overset{\frown}{SBN}$投影成$\overset{\frown}{SB'N}$,SAN 半圆的投影是在基圆之外的赤平面上（此处未画）］。

赤平极射投影的一个重要性质是,球面大圆投影在赤平面上仍为一个圆。如图 2.4.2 所示,球面大圆 $ASBN$ 赤平投影后的 $A'SB'N$ 为一个圆。

（2）直线的投影

通过球心的直线无限伸长必相交于球面两点,称为极点。铅直线交于球面上、下两点；水平直线交于基圆上两点；倾斜直线交于球面相应两点。这些交点与极射点（P）的连线穿过赤平面的穿透点称为直线的赤平投影点。铅直线投影点位于基圆中心,水平直线的投影点就是基圆上两个极点,两点距离等于基圆直径,倾斜直线的赤平投影点有一点在基圆内,另一点在基圆外,两点呈对应点,在赤平投影图上角距差180°（图 2.4.3）。

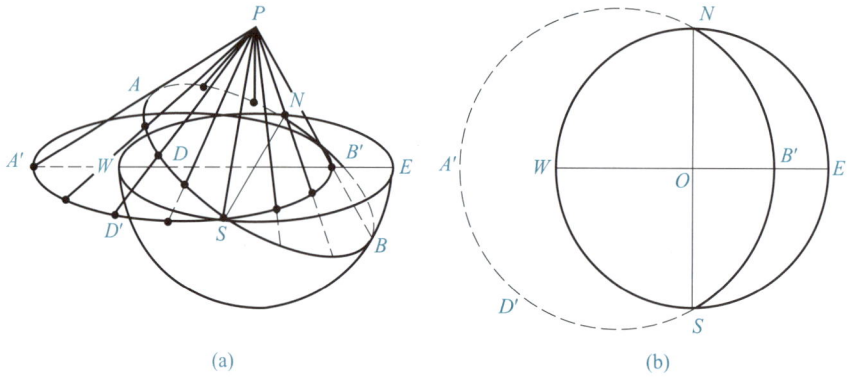

图 2.4.2　投影要素

（a）透视图；（b）赤平图

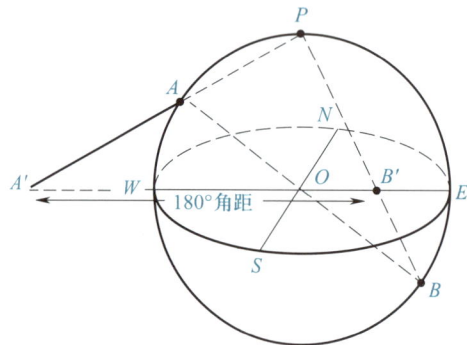

图 2.4.3　过球心的倾斜直线（AB）的赤平投影为两个点（A' 和 B'）

3. 投影网

目前广泛使用的投影网有吴尔福网（简称吴氏网），又称为等角距投影网；施密特网（简称施氏网），又称为等面积投影网（简称等面积网）。这两种网各有特点，但用法基本相同。

吴氏网（图 2.4.4）由基圆（赤平大圆）、经向大圆弧（如 $\overset{\frown}{NGS}$）、纬向小圆弧（如 $\overset{\frown}{ACB}$）等经、纬线组成。标准吴氏网的基圆直径为 20 cm，经、纬间距为 2°，使用标准投影网误差可以不超过半度。

（1）基圆

标有 0°~360° 的位角，其指北方向为 0°，用来量度被测量方位的方位角。

（2）经向大圆弧

经向大圆弧是通过球心、走向南北、分别向西或东倾斜的平面与球面交线的投影，投影图上标有倾角 0°~90° 的许多平面投影大圆弧。这些大圆弧与东西经线的各交点到直径端点（E 点和 W 点）的距离分别代表各平面的倾角值。如图 2.4.4a 中 GW 表示 $\overset{\frown}{NGS}$ 所代表的平面向西倾斜，倾角是 30°。

（3）纬向小圆弧

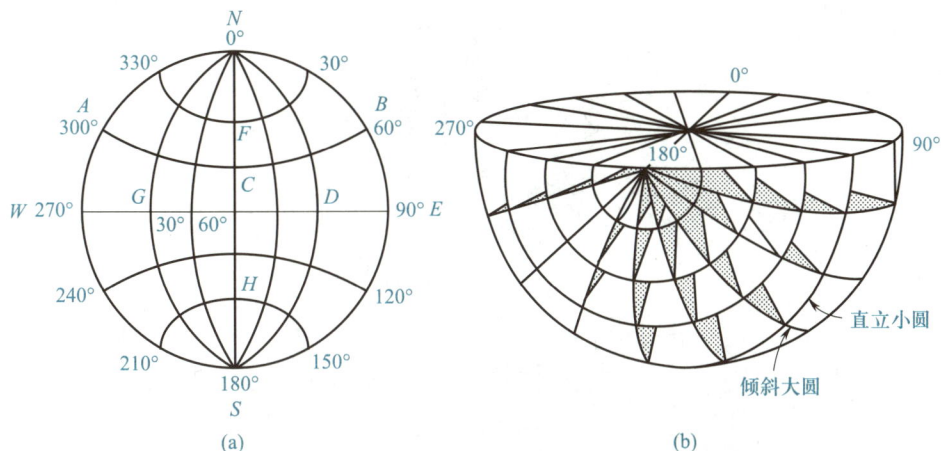

图 2.4.4 赤平网及其透视图(据 E. W. Spencer)

(a)吴氏网;(b)球面大圆、小圆透视图

纬向小圆弧是不通过球心、走向东西的直立平面与球面交线的投影。这些小圆弧离基圆圆心愈远,表示球面小圆的半径角距就愈小;反之,离圆心愈近,则半径角距就愈大,即直立小圆与球心相连而成的圆锥顶角随直立小圆离球心愈近愈大(图 2.4.4)。纬向小圆弧分割南北直径线的距离与经向大圆弧分割东西直径线的距离相等,即在图 2.4.4 中 $ED=SH=WG=NF$,都代表30°角距。

在实际工程中,为了使投影网更加清晰,常常将吴氏网适当简化,作成如图 2.4.5 所示的形式。图中的 0~35 分别代表0°~350°,并且对南北两极处的单元网格做了简化。

施密特网按照相同的实际面积作成,如图 2.4.6 所示,所以又称等面积投影网。施密特网中每一单位网格所代表的地球表面面积相等,均为经、纬间距为 2°范围在地球表面的覆盖面积,其制图和使用方法与吴氏网基本相同。

2.4.2 赤平投影作图方法

1. 平面的赤平投影

某平面走向30°,倾向120°,倾角30°。作图的步骤是:

① 将透明纸蒙在吴氏网上,固定网心,按吴氏网相同半径画圆,在透明纸上标出 N,E,S,W 方位点(图 2.4.7a)。

② 从 N 点顺时针数到30°处,得 A 点,即平面走向点。

③ 转动透明纸使 A 点与下伏吴氏网 N 点重合,据产状可在吴氏网上找到一条向 SE 倾斜(弧凸所指方向)、倾角为30°的圆弧(图 2.4.7b 中的 $\overset{\frown}{ACB}$),将这些大圆弧描绘在透明纸上。

④ 把透明纸上的指北标记转回到原来的指北方向,此时弧凸所指方向及凸度大小即为平面的产状(图 2.4.7c)。

2. 直线的赤平投影

某直线倾向330°,倾角40°,作图的步骤是:

① 将透明纸蒙在吴氏网上,固定网心,按吴氏网相同半径画图,在透明纸上标出 N,E,S,W

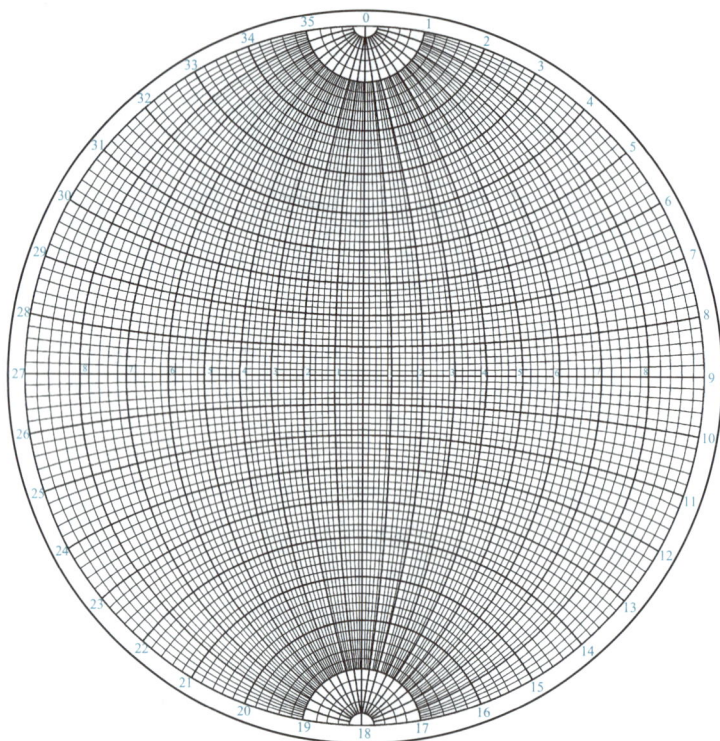

图 2.4.5　实际工程中使用的吴氏网

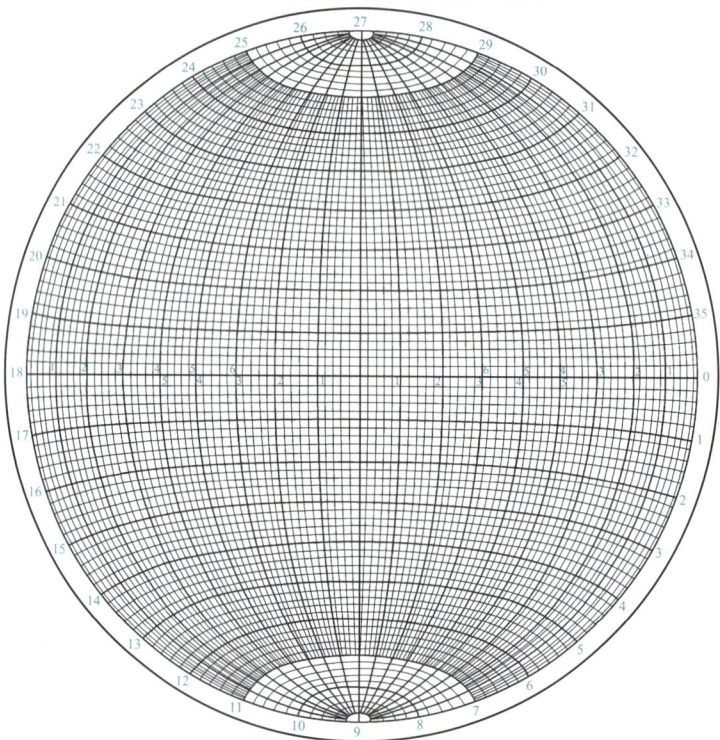

图 2.4.6　实际工程中使用的施密特网

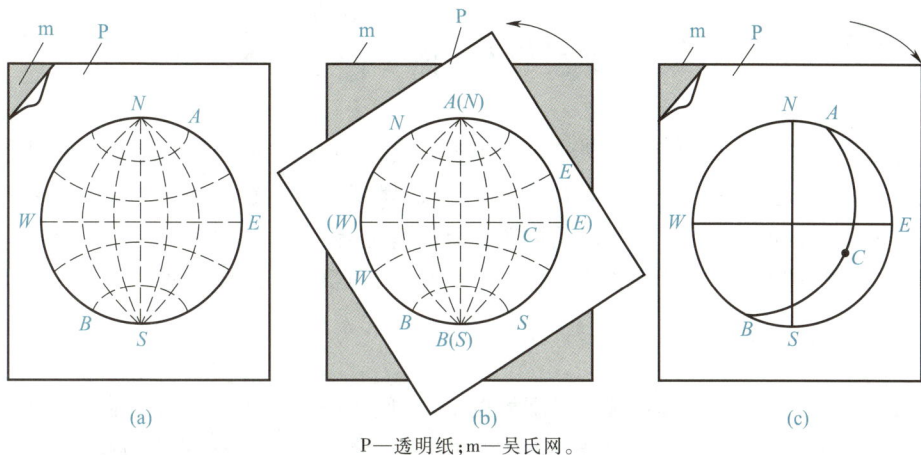

P—透明纸;m—吴氏网。

图 2.4.7 平面的赤平投影步骤

方位点(图 2.4.8a)。

② 从 N 点顺时针数到 330°处,得 A 点,即直线倾向点。

③ 转动透明纸使 A 点与下伏吴氏网 W 点(或 S,N,E 点)重合,从圆周沿吴氏网直径线向中心数 40°,并投点(图 2.4.8b 中的点 A')。

④ 把透明纸的指北标记转回到原来指北方向,该点即为直线的赤平投影(图 2.4.8c)。

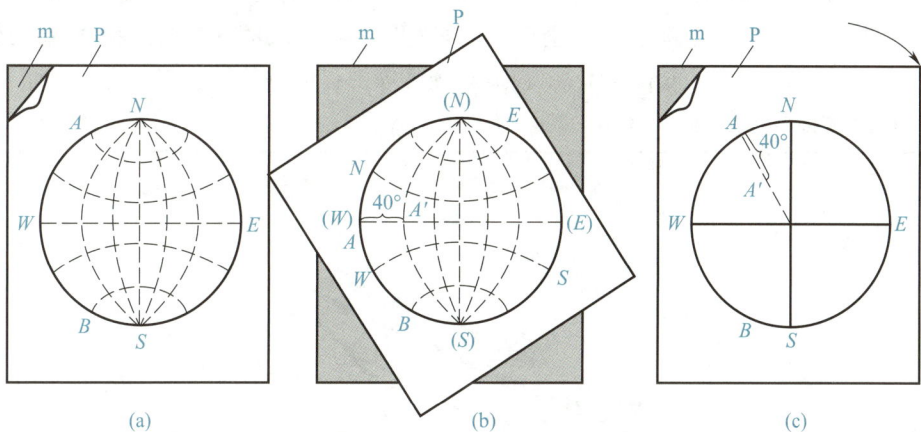

图 2.4.8 直线的赤平投影步骤

3. 两面交线的投影

作两面交线的投影,首先作两平面的赤平投影(图 2.4.9 中的$\overset{\frown}{AB}$,$\overset{\frown}{CD}$大圆弧),两大圆弧交于 F 点,OF 为两平面交线的投影,OF 的方向代表交线的倾向,GF 距离代表交线的倾角。同理可作出三个面或更多面的面面交线的投影。

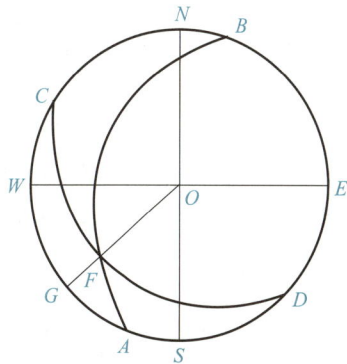

图 2.4.9 两面交线的投影

2.5　地　质　图

地质图是用规定的符号、色谱和花纹将一个地区的地质现状按一定比例概括地投影到某个面上,反映该地区各地质体和地质现象的形态、产状、规模、时代及其分布和相互关系的一种图件。除反映一个地区的地层、岩石和地质构造现象的普通地质图外,还有一些专门地质图,如构造地质图、矿产图、矿区地质图、水文地质图、工程地质图和第四纪地质图等。

2.5.1　地质图的比例尺

比例尺表明地质图反映实际情况的详细程度,小比例尺地质图比大比例尺地质图所表现的精度要差些。常见的不同比例尺地质图分为小比例尺(小于 1∶1 000 000)、中比例尺(1∶200 000)和大比例尺(大于 1∶50 000)三类。

2.5.2　常用的工程地质图

常用的工程地质图有工程地质平面图、工程地质剖面图和钻孔柱状图等。

1. 工程地质平面图

一般以地形图或地形地质图为底图,经过现场的工程地质测绘以后绘制而成,用于反映工程场地范围内的地形地貌,各类勘探点和剖面线的位置及编号,地层的分布和产状,构造的位置、产状和性质,不良地质现象的位置和类型,工程地质分区等工程地质条件。有时还附有综合地层柱状图表、勘探点坐标数据表等,如图 2.5.1 所示。

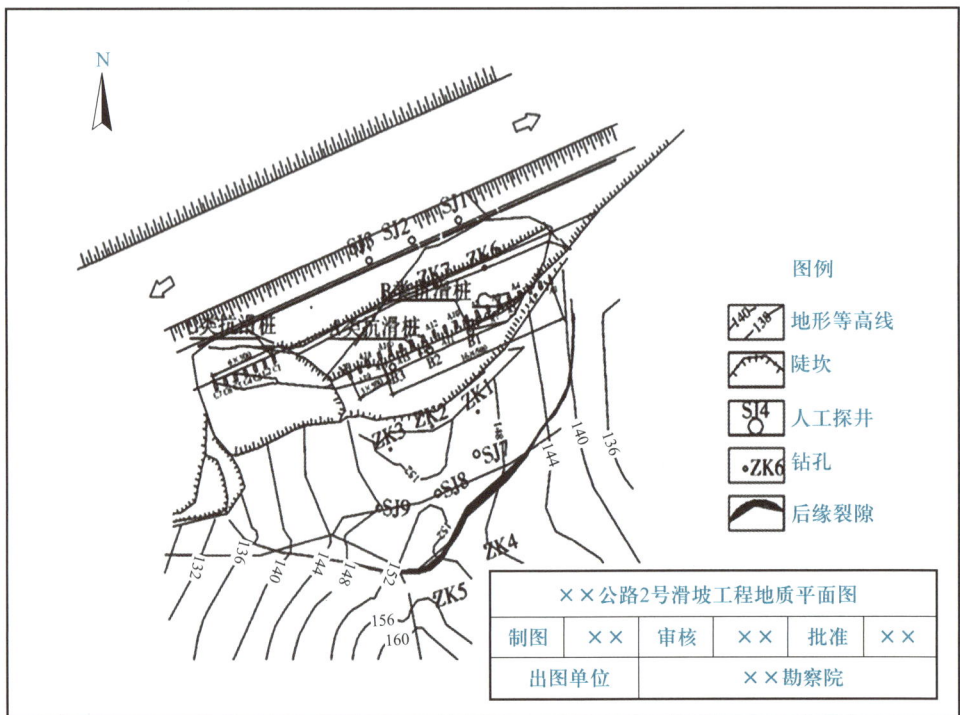

图 2.5.1　工程地质平面图案例

2. 工程地质剖面图

用于反映剖面所在位置的地形地貌、岩土分布、地下水位、地质构造等工程地质条件信息，如图 2.5.2 所示。

工程地质剖面图的比例尺一般与工程地质平面图的比例尺保持一致。

3. 钻孔柱状图

通常画出该钻孔所穿过地层的综合工程地质条件信息。图中一般反映各地层的特征描述、埋藏深度，顶、底标高，室内试验取样和原位测试的位置，地下水水位标高和测量日期等，如图 2.5.3 所示。当钻孔内进行了原位测试（如标准贯入试验、静力触探等）时，还应该画出测试指标随钻孔深度的变化曲线。

2.5.3 地质图阅读的步骤和方法

地质条件的内容非常丰富，信息种类繁多。因此，与施工图不同，地质图无法用简单通用的符号和线条来表达所有的信息，往往需要借助图例来对图中的符号和线条等信息进行专门的说明，所以，地质图的阅读步骤和方法也与施工图不一样，一般的地质图阅读的步骤和方法如下。

1. 看图名和比例尺

读地质图首先要看图名和比例尺。从图名了解图类型，从比例尺可以了解图上线段长度和面积大小。

2. 看图例

熟悉图例是阅读地质图的基础。通过图例可以熟悉图中的各种地质符号，还可以初步了解图区内的地层、岩土类型、构造、不良地质现象等工程地质条件的种类信息。

3. 看地形地貌

在阅读地质内容之前应先分析图区的地形地貌特征，以便从宏观上把握图区内的地形地貌特点。

4. 看地质信息

一幅地质图反映的地质信息内容非常多，读图时一般要按照先宏观后微观的顺序进行阅读，这样可以逐步深入地了解图区内的地质条件。一般可以按照构造→地层→岩浆岩→不良地质现象的顺序进行阅读。

5. 看图签

图签中一般包括地质图的出图单位、责任人、绘图的日期等信息。这些信息可以提供进一步收集资料的联系单位和联系人，便于进一步研究工作区地质条件。

4—4'工程地质剖面图

比例尺 水平 1:300 垂直 1:200

工程名称：×××地下人行通道

工程编号：××××

杂填土

淤泥质粉质黏土

老城杂填土

黏土

岩溶充填黏土

强风化石灰岩

中风化石灰岩

通道底板，标高24.8 m

地铁顶板，标高约16.2 m

f_{rb}=24.51 MPa

f_{rb}=42.05 MPa

f_{rb}=25.63 MPa

f_{rb}=42.27 MPa

f_r=0.39 MPa

f_{rb}=64.48 MPa

f_{rb}=21.46 MPa

f_{rb}=88.47 MPa

工程名称：×××地下人行通道

制图：×× 校核：×× 日期：××××.××.××

×××公司

水平间距/m				
水位				
深度/m				
标高/m				

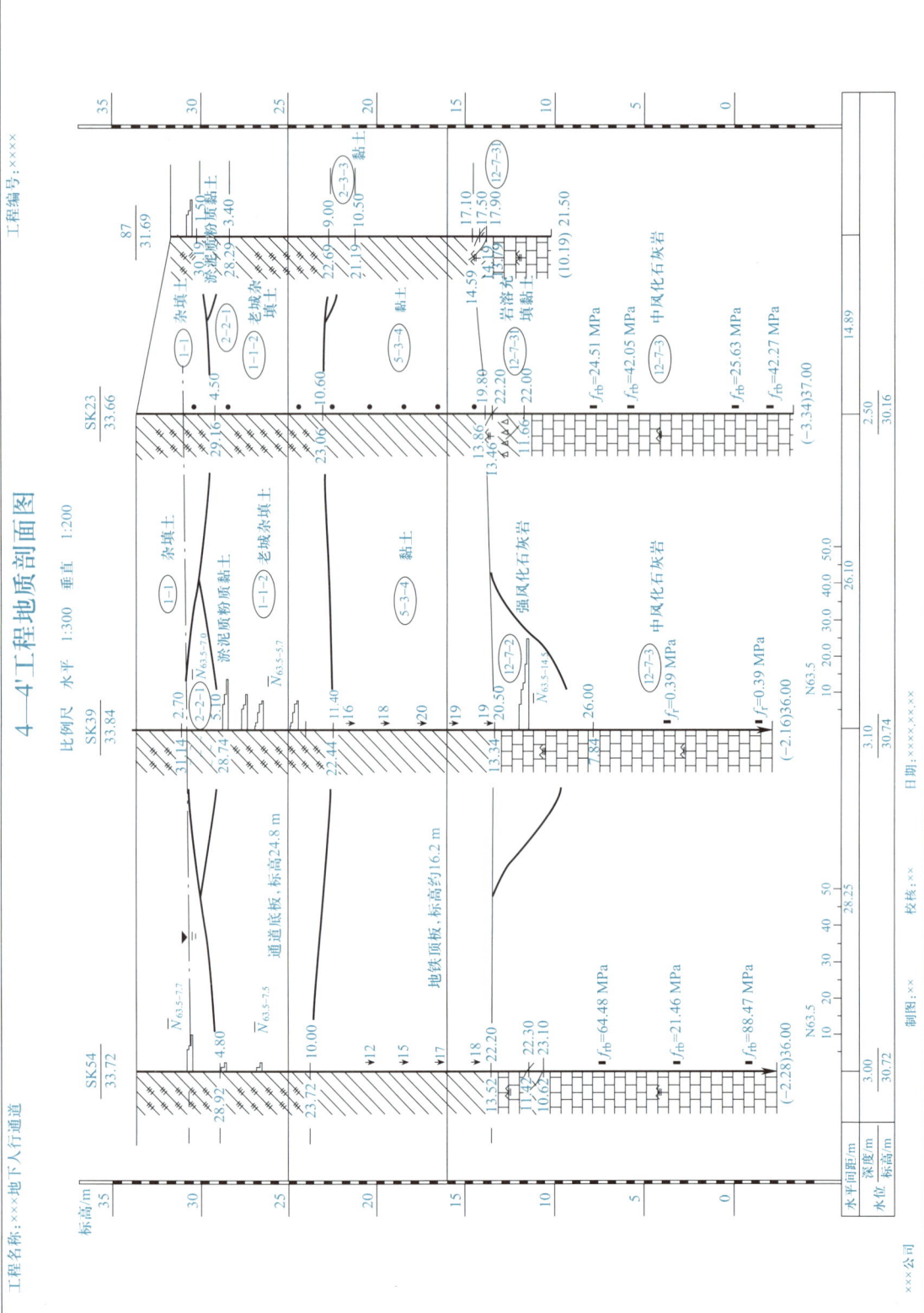

图2.5.2 工程地质剖面图案例

钻孔柱状图

工程名称	××路地下人行通道						工程编号		
孔　号	98	坐标	x=92 998.421 m		钻孔直径	110	稳定水位深度		
孔口标高	33.80 m		y=16 762.540 m		初见水位深度		测量日期		

地质时代	层号	层底标高/m	层底深度/m	分层厚度/m	柱状图1:200	地层描述	标贯中点深度/m	标贯实测击数	附注
Q_4^{ml}	1_1	30.20	3.60	3.60		杂填土：杂色，松散，含建筑垃圾、块石、碎石等，表层多为砖块路面、沥青地坪及路基底填土			
Q_4^{al}	2_{21}	28.80	5.00	1.40		淤泥质粉质黏土：深灰色~灰色，流塑、局部软塑，稍有光泽，干强度低，韧性低，含有机质，具异味			
Q_4^{ml}	1_{12}	23.40	10.40	5.40		老城杂填土：杂色，松散，以黏质粉土、淤泥质土、粉质黏土为主，夹碎石块、砖块、瓦块及碎瓷片等物，局部见贝壳碎片等			
Q_4^{al}	2_{33}	21.30	12.50	2.10		黏土：灰黄色~灰褐色，可塑，有光泽，干强度高，韧性高			
Q_3^{al}	5_{34}	14.50	19.30	6.80		黏土：黄褐色~棕红色，硬塑，有光泽，干强度高，韧性高，局部含钙质结核(砂姜)，$\phi 0.5$~4 cm，含量5%~20%不等，分布无规律，局部砂姜富集			
$\in_{1m}$	12_{73}	14.00	19.80	0.50		中风化石灰岩：浅灰色~灰色，棕红色，隐晶质，鲕状或豹皮状结构，中厚层状构造，块状，微裂隙发育，充填方解石脉，岩体较完整，TCR=100%，RQD=95%，较硬岩，岩体基本质量等级为Ⅲ级			
$\in_{1m}$	12_{731}	13.80	20.00	0.20					
$\in_{1m}$	12_{73}	10.80	23.00	3.00		岩溶充填黏土：黄褐色，充填物为可塑状黏土及风化碎岩块			
						中风化石灰岩：浅灰色~灰色，棕红色，隐晶质，鲕状或豹皮状结构，中厚层状构造，块状，微裂隙发育，充填方解石脉，岩体较完整，TCR=92%，RQD=81%，较硬岩，岩体基本质量等级为Ⅲ级			

×××有限公司				
日期：××××.××.××		制图：××	校核：××	

图 2.5.3　钻孔柱状图案例

2.6 地质构造对工程稳定性的影响

2.6.1 对地基稳定性的影响

地质构造对建筑物的安全稳定和正常使用影响很大,如地基中断裂构造发育,地基的完整性就差,强度就低,容易引起建筑物变形或破坏。水库大坝坝基中断层、节理面产状、规模、组合关系及强度,决定了大坝的稳定程度。如大坝坝基中有一组缓倾向下游的软弱结构面,这组结构面又被垂直沟谷的陡倾结构面切割,大坝就有可能沿此结构面发生滑动。美国 21 m 高的奥斯汀浆砌石坝,由于大坝地基中有页岩夹层,地基沿页岩夹层滑动了 15 m,导致了溃坝。内蒙古突泉县双城水库坝基中有断层通过,库水沿断裂带向下游渗漏过程中将坝基中物质带走,形成空洞,坝体产生严重变形,大坝安全受到威胁。美国加利福尼亚州洛杉矶附近的鲍尔德温山水库,坝基中有断层通过,水沿断层渗流使地基中粉、细砂受到潜蚀,潜蚀洞穴的塌陷造成坝的突然溃决。

2.6.2 对边坡稳定性的影响

边坡中层面、断层、节理的产状、规模、强度、组合关系及与边坡的关系,决定了边坡变形、破坏的形式、规模和边坡的稳定性,如图 2.6.1 所示。

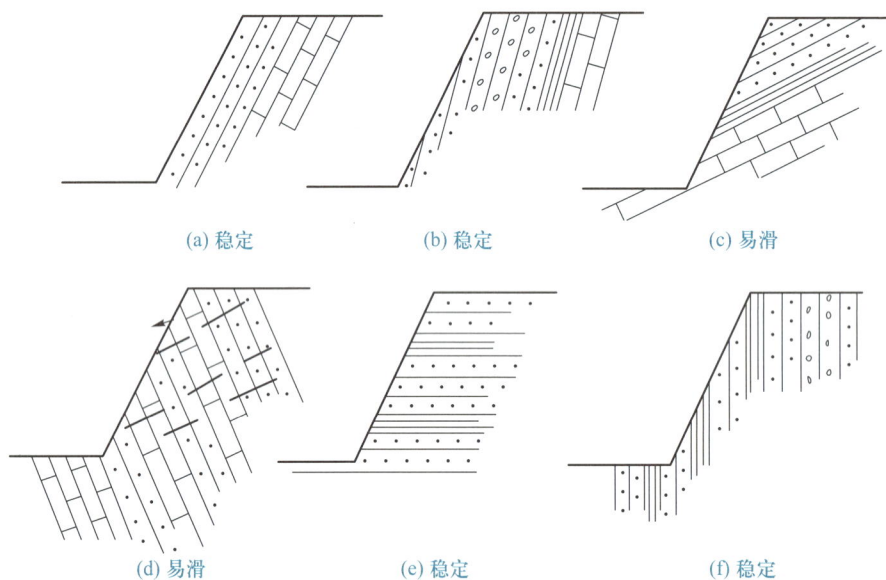

(a) 稳定   (b) 稳定   (c) 易滑

(d) 易滑   (e) 稳定   (f) 稳定

图 2.6.1 岩层产状与边坡稳定性的关系

(摘自胡厚田等主编的《土木工程地质(第 4 版)》,高等教育出版社。)

如果边坡中存在顺坡向的结构面或两组结构面的交线倾向坡外,就容易产生滑坡。如果边坡中的结构面倾向坡内,边坡稳定性就较好。意大利瓦依昂水库库区左岸大滑坡就是沿着倾向坡外的岩层层面滑动的。超过 2 亿 m³ 的土石体以 25~30 m/s 的速度下滑,掀起了高出坝顶 100 余米的巨浪,库水宣泄而下,摧毁了下游一村镇,造成近 3 000 人死亡。

我国长江西陵峡出口的链子崖危岩体中,构造裂隙在重力作用下张开,使数百万立方米的岩体处于危险状态,严重地威胁了长江航运安全。最后不得不花费巨资对危岩体进行治理。

2.6.3　对硐室围岩稳定性的影响

铁路、公路隧道及矿区巷道等地下建筑物围岩的稳定性,在很大程度上取决于围岩中层面、断层、节理的产状、规模、密度、组合关系。如果上述结构面(层面、断面、节理等)组合形成不稳定分离体,岩块就会从围岩中脱落出来。此外,当有断层从地下硐室中通过时,断层带附近的破碎岩体不仅容易产生坍塌,而且非常容易引起突水事故。在地下工程开挖及矿区掘进过程中,就要注意预防突水问题。

本章知识工程应用要点

① 地层和构造是地壳形成和发展的地质历史记录,通过对地层和构造的分析和研究可以了解一个地区的古地理环境和古地应力场的形成与变化过程。

② 地层是组成工程地质环境的基本材料,而构造则使工程地质环境的组成材料的工程地质条件复杂化,特别是使其变形和破坏的过程更加复杂,所以,了解一个地区的工程地质环境的首要任务是分析和研究该地区的地层和构造。

③ 无论是地层还是构造,其产状都对工程地质环境的稳定性有着至关重要的作用。

④ 地层和构造的产状,理论上讲应该是唯一的,但在实际地质环境中,由于各种因素的影响,地层和构造的产状往往是复杂多变的,因而对地层和构造产状的准确把握,应该通过对大量的实际测量数据进行统计和分析并借助于赤平极射投影和玫瑰图等工具图的分析实现。

⑤ 虽然从理论上讲,各类构造都具有非常明显的特征,但在实际工作中,对一个地区的构造的了解,特别是巨型构造的把握往往是十分困难的,常需要通过对各种地质图的研究和分析才能发现。

思　考　题

1. 岩层产状的含义是什么,都包括哪些要素?
2. 岩层的真厚度、铅直厚度和视厚度的含义各是什么?
3. 地层接触关系有哪些类型,成因如何?
4. 褶皱由哪几个主要部分组成?
5. 褶皱形态有哪些类型,分类依据是什么?
6. 如何识别褶皱?
7. 节理和断层有何异同?
8. 张节理和剪节理如何识别?
9. 何谓断层面、断层线和断层破碎带?
10. 野外如何识别断层?
11. 如何确定断层的形成年代?
12. 什么是赤平极射投影?上半球投影和下半球投影的主要区别是什么?

13. 如何作平面和直线的赤平投影？

14. 如何在赤平投影图上确定两倾斜平面交线的方位和倾角？

15. 什么是地质图？它的主要附图有哪些？

16. 地质图比例尺反映了什么？如何按比例尺对地质图进行分类？

17. 怎样阅读地质图？

第 3 章

第四纪沉积物

3.1 概　述

第四纪是最新的一个地质年代,它以人类的出现为开始,这一时期地球上哺乳动物兴盛,人类活动频繁,气候波动剧烈,各种陆相沉积发育。现代人类活动对沉积物的形成产生了巨大的影响。

第四纪中,气候寒冷、冰雪覆盖面积扩大、冰川作用强烈的时期,称为冰期。气候温暖,冰川面积减少的时期,称为间冰期。第四纪冰期在晚新生代冰期中规模最大,地球上的高、中纬度地区普遍被巨厚冰流覆盖。当时气候干燥,沙漠面积扩大。中国大陆在冰期时,海平面下降,渤海、东海、黄海均为陆地,台湾与大陆相连,气候干燥,风沙盛行,黄土堆积作用强烈。第四纪冰川不仅规模大,而且频繁,根据对深海沉积物的研究结果,第四纪冰期和间冰期的更替达 20 次之多,近 80 万年每 10 万年就有一次冰期和间冰期的更替。

3.2 第四纪沉积环境

3.2.1 沉积环境的类型

沉积环境是指形成松散碎屑物的地形、地貌、动力、生物、物理、化学等因素的总和。通常将沉积环境分为陆地环境、海陆过渡环境和海洋环境三种类型。这三种环境的特点见表 3.2.1。

沉积环境对沉积物的特征有很大的影响。因为,在不同沉积环境中,沉积物动力特点、搬运物质的方式、距离等方面的差异常常会造成其在成分、结构、构造和颗粒特征等方面的差异。一般地说,沉积环境对沉积物特征的影响如下:

表 3.2.1　第四纪沉积环境特点

沉积环境				主要动力及环境特点	搬运特点
自然环境	陆地环境	山区	山地	重力、冰川、间歇性水流	短距离
		平原	河流	重力、常年流水	长距离
			湖泊	重力、静止水流	悬浮
			沼泽	重力	无搬运
		沙漠		重力、风力	距离不等

续表

沉积环境			主要动力及环境特点	搬运特点
自然环境	海陆过渡环境	滨岸	重力、强往复水流	短距离
		河口	重力、复杂水流	
		三角洲		
		泻湖	重力、静止水流	悬浮
		湖海	重力、静止水流	
	海洋环境	浅海	重力、弱往复水流	短距离
		半浅海	重力、极弱往复水流	
		深海	重力、化学反应	悬浮
人工环境	排土场、尾矿库、垃圾填埋场等		机械力、人力、爆炸力等	距离不等

① 动力越强，所能搬运的物质的颗粒越粗。例如，河流上游的沉积物一般为卵石，中游的沉积物一般为砂，而下流的沉积物一般为淤泥。

② 物质被搬运的距离越远，颗粒之间的碰撞和摩擦越多，颗粒的磨圆程度越好。例如，平原河流沉积物的磨圆程度好于山区河流的沉积物。

③ 物质的颗粒越粗，沉积物越容易形成单粒结构；物质的颗粒越细，沉积物越容易形成团粒结构。例如，碎石土和砂土结构为单粒结构，黏土的结构为蜂窝结构或絮状结构。

④ 物质被搬运的距离越远，动力衰减越缓慢，沉积物的分选性越好。例如，平原河流上游沉积物的分选性好于山区河流的沉积物。

在三大类自然沉积环境中，陆相沉积物与地貌的演变和风化、剥蚀、堆积作用的关系密切。海陆过渡环境较为复杂，因为具有海相、陆相混合特点，因此认识海陆过渡环境的沉积物，对于了解区域性古地理背景，海侵、海退沉积旋回等意义很大。海洋盆地距离山区较远，沉积物以泥质和钙质为主，还常常会伴有化学沉积物、珊瑚和腕足类等海洋生物的遗体。海洋沉积物的结构和构造还会因海侵和海退而形成水平和垂直方向上的变化。

了解陆相沉积物形成条件与环境之间的关系，既可以根据古地理环境来判断沉积物的特点，也可以根据沉积物的特点恢复古地理环境和分析环境发展历史，这对于把握某一地区的环境工程地质条件有着非常重要的意义。

3.2.2　第四纪沉积物的总体特征

第四纪沉积物和其他地质历史时期的沉积物不同，具有以下特征：

1. 结构松散

陆地上的第四纪沉积物除少数在特殊条件下为固结完全的坚硬状态之外，一般呈松散或半固结状态。

2. 富含生物化石

在松散的第四纪沉积物中，生物化石较为丰富，特别在海相地层中，微生物遗体化石分布广泛。

3. 地层对比较为困难

第四纪陆相沉积物由于受内、外力地质作用,地形、地貌、岩石性质、气候、水文因素影响,形成不同类型的沉积物,因而无论是地层性质、厚度及空间分布都变化较大。另一方面,第四纪沉积物在形成的同时遭受外部营力的破坏严重,很难保存原始状态,所以很难进行地层对比。

4. 人类活动迹象明显

第四纪是人类出现与发展的年代,人类化石与文化遗址成为第四纪地层的重要标志之一,也是研究第四纪地质的重要内容。

3.3　第四纪沉积层

1. 残积层

岩石风化后产生的碎屑物质,一部分被风和降水带走,一部分保留在原地。保留在原地的风化碎屑物质称残积物,由残积物组成的地层称为残积层。

残积层一般由黏土、砂土及具棱角状的碎石组成,粒度从地表向深处由细变粗,孔隙、裂隙发育,无层理,厚度变化较大。在山坡上较薄,在坡脚等低的地方较厚。残积层与下伏母岩成分无明显的界限,而呈逐渐过渡关系。残积层的成分与母岩成分及其所受风化作用的类型有密切关系。例如,酸性岩浆岩地区的残积层中,除了含有由长石等矿物分解而成的黏土矿物外,常以富含石英颗粒的土为特征;石灰岩风化形成的残积层则多为含石灰岩碎块的红色或黄褐色的粉质黏土或黏土。

由于残积层的孔隙很多,成分及厚度很不均匀,若以黏性土组成的残积层作为地基时,应着重研究可能产生的不均匀沉降问题。一般在粗岩碎屑组成的残积层地区,沉降量较小,危害不大。在残积层中开挖基坑时,边坡的稳定性取决于其组成成分。必须注意的是,施工时如果受到某种震动,也可能引起边坡滑动。

在残积层地区进行建筑时,如果残积层很薄,可以把它挖除而将基础建在基岩上。当残积层的厚度较大时,应尽量利用残积层作为地基,只有在残积层的强度和变形不能满足建筑物要求的情况下,才考虑采取加固措施或将其挖除。

2. 坡积层

由于重力、雨水或雪水的作用,将原处于高处的风化碎屑物质向下搬运,堆积在平缓的斜坡或坡脚处而形成的堆积物称为坡积物,由坡积物组成的地层称为坡积层。

坡积层是搬运距离不远的风化物质,其特点是物质来源于坡上,一般以黏土、粉质黏土为主,并含有棱角状的粗岩屑,粒度由山坡向坡脚逐渐变细,无层理或局部有层理,未经很好的分选,厚度不均匀。坡积层与残积层之间的主要区别是坡积层多覆盖于其他岩石之上,成分与基岩毫无联系,残积层则与此相反。

坡积层与下卧基岩的接触是不整合面,因此在这种地区进行建筑时,坡积层的稳定性就应特别注意。坡积层的稳定性主要与下卧基岩面的坡度及形态、坡积层本身性质、下卧基岩的性质等因素有关。

坡积层的稳定程度首先取决于下卧基岩面的坡度。一般基岩面的坡度愈大,坡积层的稳定性就愈差。有时在地表很平缓的地区出现了坡积层滑动的情况,这主要是由于基岩面的坡度较大的缘故。所以,不能单凭地表的坡度来判断坡积层的稳定性。在山区常可碰到坡积层覆盖在老的沟槽之上的情形。在沟槽的横向,由于受到空间的限制,坡积层一般不易产生滑动;而在沟槽的纵向,坡积层的稳定性则主要取决于沟槽方向的基岩面的坡度。此外,下卧基岩面的形态对坡积层的稳定性也有影响,如果基岩面凹凸不平或是阶梯状,对坡积层的稳定是有利的。

黏粒含量较多的坡积层,雨季时含水量将大量增加,这不仅使坡积层的重量加大,而且会变得稀湿,因而它的稳定性就会大大降低。由黏土组成的坡积层的天然孔隙率往往很高,具有较大的压缩性,加上坡积层的厚度多是不均匀的,因此在这种坡积层上修建建筑物时还应注意不均匀沉降问题。

当坡积层下的基岩是不透水或弱透水的岩石时,渗入土中的水就会在坡积层中聚集成地下水并沿基岩顶面向下运动,这对坡积层的稳定性是不利的。如果下卧基岩又是遇水易软化的岩石,将更容易引起坡积层的滑动。坡积层的坡脚受水冲刷或不合理开挖,都可以促使坡积层滑动。另外,在坡积层上加荷,对其稳定性也不利。

由于坡积层在山区和丘陵地区分布很广,在这些地区进行建筑时会经常遇到,如果处理不当就会造成很大的浪费。薄的坡积层可以用挖除的办法;当坡积层较厚时,应当尽量避免挖除,因为很不经济,这时可以考虑采用桩基或墩基。

3. 洪积层

当山洪携带大量碎屑物质流至山麓平原或沟口时,因地势突然变得开阔,水流分散,搬运能力骤减,它所携带的大量碎屑物质便沉积下来,形成洪积层。

随着洪积层离沟口距离的增加,山洪的搬运能力逐渐减弱,且沉积的区域逐渐开阔,因而山洪所携带的大量泥砂、石块流出沟口沉积后常堆积成扇形,形成洪积扇。洪积扇逐渐扩大,有时与相邻沟口的洪积扇互相连接起来,则形成洪积裙,甚至形成洪积平原。

洪积层内的堆积物具有很强的规律性,一般呈现以下特征:

① 由于堆积物的搬运距离较短,且沉积时的水动力条件变化迅速,所以堆积物大小混杂,分选性差,颗粒多带棱角。但由于受水动力条件的影响,块石、碎石及粗砂等粗颗粒物质常首先在沟口大量沉积下来,较细的物质则继续被水搬运至离沟口较远的地方,从而呈现出离沟口的距离越远、沉积物质越细的特点。

② 经过多次洪水而形成的洪积扇常呈较不规则的斜交层理,有时还夹有透镜体和条带状的细粒碎屑和黏土混合物。

③ 洪积层中的地下水一般属于潜水。在顶部埋藏较深;在边缘地带,地形低,地下水浅;局部低洼地段,地下水可溢出地表。

④ 洪积扇的厚度一般是随离沟口的距离的增加而逐渐减小。

洪积层的工程地质条件一般可划分为三个不同的部分。靠近原山坡坡脚的粗碎屑沉积部分(图 3.3.1A 区),地下水埋藏较深,承载力较高,可作为良好的天然地基,但应注意透镜体等引起的地基的不均匀沉降;离原山坡坡脚较远的细碎屑沉积部分(图 3.3.1 C 区),如果形成过程中受到周期性干燥的影响,土中胶体颗粒凝结,同时有可溶性的盐分析出,则洪积层中的承载力常随土体的含水量的高低而变化。当洪积层中土体处干燥状态时,具有较高结构强度,承载力也较高,一般是良好的建筑地基。当洪积层中土体的含水量较高时,由可溶性的盐分形成的结构强度将随可溶性的盐分的溶解而消失，土体的强度将降低，承载力也将随之降低，一般是不良地基。在上述两部分的过渡带，经常有地下水出露，并常形成沼泽（图 3.3.1 B 区），对建筑不利。

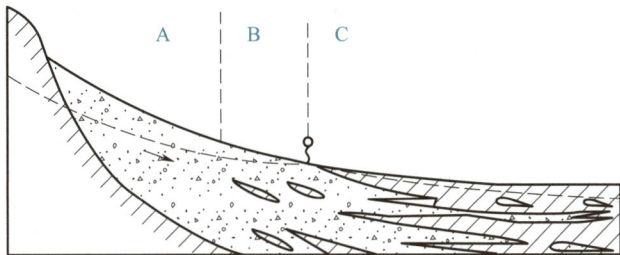

A—上部；B—中部；C—下部。
图 3.3.1　洪积扇沉积物（据胡广涛等）

　　另外，在高山边缘地区常有现代正在形成的洪积锥，当工程修建于这类洪积锥之上或其附近时，工程安全极易受到洪积锥的发展和移动的影响，对工程建设不利，所以在洪积层地区进行工程建设时应识别洪积锥是正在发展的，还是已经固定的。识别这两类洪积锥的方法之一是观察植物生长情况，通常正在发展的洪积锥上很少生长植物，已固定的则有植物生长。道路经过正在发展的洪积锥地区时，最好是从顶部通过，以避免道路遭受洪泥沙的破坏。

4. 冲积层

　　在河床坡度平缓的地带及河口附近，由于水流的流速变缓，所搬运的物质便沉积下来，这种沉积过程称为河流沉积，所沉积的物质构成冲积层。冲积层的特征为物质有明显的分选现象，上游及中游沉积的物质多为大石块、卵石、砾石及粗砂等，下游沉积的物质多为中、细砂及黏性土等，颗粒的磨圆度较好，多具层理，并有透镜体等产状。河流冲积层分布广泛，可分为平原区河流冲积层、山区河流冲积层、山前平原冲积层、三角洲及溺谷沉积层等类型。

　　（1）平原区河流冲积层

　　平原河流的上游，河谷成"V"字形，由于水的流速较快，多不能形成固定的冲积层。所沉积的砂砾物质，在洪水期多被带到中、下游。在河谷下游出现河曲，在河曲的凹岸处河岸受到侵蚀，而在河曲的凸岸处则多会有砂、砾、卵石等沉积形成平原区河流冲积层。

　　平原河流冲积层包括河床冲积层、河漫滩冲积层、牛轭湖沉积层、湖积层等。河床冲积层有卵石、砾石、砂、粉土、粉质黏土、淤泥等。河漫滩冲积层是洪水期河水溢出河床两侧时形成的泛滥沉积物，主要沉积一些较细的物质，如细砂、粉土及粉质黏土。其主要特征是上部的细砂和黏土与下部河床沉积的粗粒土组成二元结构，具斜层理与交错层理。牛轭湖沉积物主要是含有机质的沉积物，如淤泥、泥炭等。一般河床冲积物是构成河谷谷底的最主要物质。它分布在整个河谷谷底范围内，厚度较大。在河床冲积物上覆盖着厚度较小的河漫滩冲积物。而牛轭湖沉积物则多以透镜体的形式分布在河床冲积物和河漫滩冲积物中。

　　在工程地质特征上，卵石、砾石及密实砂层的承载力较高，作为建筑物地基是比较稳定的。细砂承载力尚可，压缩性也不大，可作为上部结构荷载不大的工程地基土层使用。但饱和细砂层在开挖时极易形成流砂，对基坑边坡的稳定不利。至于淤泥、泥炭和松软的黏土、粉质黏土，作为地基时，承载力较低，且建筑物会发生较大的沉降，沉降完成需要的时间也很长，一般不宜作为地基土层使用。总体上讲,牛轭湖及河漫滩沉积物因多含有松软的淤泥及黏土,工程性质较差。但若河漫滩上升为阶地,经脱水干燥后,沉积物的工程地质性质就会改善。所以,一般愈老的阶地工程性质愈好。

（2）山区河流冲积层

山区河流冲积层大多由含纯砂的卵石、砾石等组成,分选性较平原区河流冲积层差,大小不同的砾石互相交替,成为水平排列的透镜体或不规则的带状。由于山区河流流速大且河床的深度不大,故冲积层的厚度也不大,多不超过 10~15 m。一般山区河谷谷地由单一的河床砾石组成,不像平原河谷冲积物那样复杂。山区冲积层透水性很大,抗剪强度高,可压缩性很小,是建筑物的良好地基。当山区河谷宽广时,也会有河漫滩冲积物出现,主要为含泥的砾石,并具有交错层理。此外,山区河谷中还可能有泥石流沉积物。

（3）山前平原冲积层

山前平原冲积层沿山麓分布,厚度有时可能达数百米。这种沉积层有分带性,近山处为冲积和部分洪积成因的粗碎屑物质组成,向平原低地逐渐变为粗砂、砂以至黏土。因此,山前平原的工程地质条件也随分带性的不同而变化。愈往平原低处,工程地质条件愈差。

（4）三角洲及溺谷沉积层

三角洲沉积层（图 3.3.2）是河流所搬运的大量物质在河口、河流入海或入湖处沉积而成。三角洲沉积层的厚度很大,能达几百米或几千米,面积也很大。三角洲沉积层可分为水上部分及水下部分。水上部分主要是河床及河漫滩冲积物——砂、粉土、粉质黏土、黏土及淤泥,产状一般为层状或透镜体;水下部分则由河流冲积物和海或湖的堆积物混合组成,成倾斜沉积层。

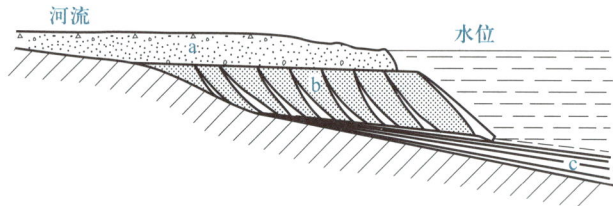

a—顶积层;b—前积层;c—底积层。

图 3.3.2   三角洲沉积层示意图

三角洲沉积物的颗粒较细,含水量大,呈饱和状态,承载力较低,有的还有淤泥分布。三角洲沉积物的最上层,经过长期的干燥和压实,形成硬壳,承载力较下面的高,在工程建设中应很好地应用这一层。另外,在三角洲建设时还应查明暗滨或暗沟的分布情况。

溺谷是被海水淹没的河谷。溺谷沉积层中大多含有有机混合物的淤泥质物质,具有高的孔隙率,压缩性高,抗剪强度低,不宜作为重型建筑物的地基。

5. 湖泊沉积层

湖泊是大陆上主要的沉积场所,湖水在风力的作用下产生的波浪称为湖浪。湖浪的大小与风力强弱、湖面的大小、积水深度等有关。一般在水深20 m以下的湖底就不受波浪干扰成为静水环境。在湖岸带,湖浪冲蚀湖岸形成湖蚀洞穴和湖蚀崖等地形。湖浪侵蚀的碎屑物及由入湖河流等带来的碎屑物被湖流和湖浪等动力向湖心方向搬运。一般地说,搬运动力由湖岸向湖心逐渐减弱。较粗的砾、砂沉积在湖岸的附近,形成湖滩、沙洲、沙坝及沙嘴等地形,具有较好的磨圆度及明显的层理和交错层理。而较细的碎屑物质被带到湖心发生沉积,沉积物颗粒细的黏土和淤泥,常带有粉砂、细砂薄层。

湖岸沉积物近岸带土的承载力高,远岸带较差。湖心沉积物一般压缩性高、强度很低。湖泊淤塞后可变成沼泽,地表水聚集或地下水出露的洼地也会形成沼泽。沼泽沉积物主要是腐烂的植物残体、泥炭和部分黏土与细砂,组成沼泽土。泥炭含水量极高,承载力低,一般不宜作天然地基。

6. 海洋沉积物

根据海底地形起伏和海水深度,由岸向海洋方向海洋被分为滨海带、浅海带、大陆斜坡和深海带。滨海带是海水运动强烈的近岸水域,波浪一方面与其他外力作用共同破坏海岸带形成大量碎屑物质,另一方面又能引起海岸带物质的搬运与沉积。在进流和回流的作用下,碎屑物质得到很好的磨圆和分选,较粗部分沿海岸形成粒滩、沙滩,而较细部分在距岸一定距离的水下沉积形成沙堤或沙坝及沙嘴。这些沉积物都有良好的水平层理和交错层理。滨海带沉积物一般都具有高承载力,且透水性强。

浅海带位于大陆架主体上,水深下限为 200 m,受较强的波浪影响,较为动荡。浅海带沉积物主要来自大陆,有细粒砂土、黏土及淤泥,水平层理和交错层理十分发育。除碎屑沉积外,浅海带还有化学沉积和生物化学沉积。浅海带沉积物较海滨沉积物疏松、含水量高、压缩性大而强度低。

大陆斜坡和深海沉积以生物软泥、黏土及粉细砂为主。海洋沉积物中,海底表层的砂砾层稳定性差,作为地基时应注意海浪作用下发生的移动。

7. 冰碛层与冰水沉积层

冰川对岩石的破坏作用称为刨蚀作用。冰川的重量大而且很坚硬,移动时磨碎岩石,并像犁一样刨深地面,将沟谷刨宽、刨平。另外,冰川移动时,因压力和摩擦的作用而使底部发热,部分冰被融化成水而进入岩石裂缝,水结冰后体积增大使裂缝扩展,岩石被分裂成块。岩块被冰川携带一起移动,使摩擦作用更为强烈,同时岩块本身也布满擦痕,冰川的刨蚀作用形成以下几种特殊的冰蚀地形。

(1)幽谷和悬谷

冰川将沟谷断面刨成"U"形,称为幽谷。大小两冰川会合时,造成高低不等幽谷相接,小幽谷称为悬谷。

(2)冰斗

冰川的源头多呈圆形,三面为陡壁,一面为低狭的洼地,总体呈斗形,故称为冰斗。

(3)角峰

几个冰斗围绕高山发育,使山峰变成陡峭的尖峰,相连的尖峰形成角峰。

冰川的沉积作用有两种,一种是冰体融化,碎屑物直接堆积,称为冰碛层;另一种是冰水将碎屑物质搬运而堆积,称为冰水沉积层。冰碛层有以下的特征:

a. 无分选,也没有层次,而是漂石、碎石、角砾、砂及黏土混杂堆积。通常是漂石、块石被黏土包围,称为冰川泥粒。

b. 岩石风化程度轻微,表面具有不同方向的擦痕,无有机物质及可溶盐类等。

c. 一般较密实,孔隙率低,亲水性不高,塑性弱,多呈硬塑或坚硬状态。

d. 厚度变化较大,可含局部承压水,有时可能存在夹冰融化后留下的空洞。

冰碛层一般压缩性较低,强度较高,是较好的建筑地基,但应注意其极大的不均匀性。冰碛层中有时含有大量的岩粉,其黏结力很小,透水性差,在开挖基坑时,如地下水水头较大,易发生涌水、涌砂、基坑壁坍塌等现象。

冰水沉积层有分选现象,在冰川末端附近的冰水沉积由块石、砾石、砂等粗碎屑组成,随着离末端距离的增加,逐渐变为以黏土为主并夹有砂土薄层或透镜体,具有层理。冰水沉积层透水性和含水量均较大,开挖基坑比较困难。冰水沉积物在山麓缓坡地带常形成大面积的厚层冰水沉积平原,这种地带地下水较浅,夹有较多黏土层或透镜体,应注意基础的不均匀沉降问题。

本章知识工程应用要点

① 新生代第四纪的概念是综合性的,这一时期地球上有显著的气候波动,出现了人类及其物质文明,哺乳动物兴盛,各种陆相沉积发育。

② 我国第四纪地层具有以下特征:岩相和沉积类型复杂,堆积作用具有明显的继承性,冰川、冰水堆积物具有旋回性,人类发展的阶段特征和沉积物分布有分带性。

③ 第四纪沉积层包括残积层、坡积层、洪积层、冲积层、湖泊沉积层、海洋沉积物、冰碛与冰水沉积物等多种类型,它们有各自的特征和工程地质特性。

④ 沉积物的特征与沉积环境之间有着非常密切的关系。

思 考 题

1. 什么是第四纪?

2. 第四纪沉积物的基本形态有哪些?

3. 简述第四纪沉积物的成因分类。

4. 试比较残积层与坡积层的异同点。

5. 洪积层各分带的工程地质性质有何特点?

第 4 章

土体的工程地质特征

4.1 土 的 生 成

土是由地球外壳坚硬的岩石在风化作用下形成的在原地残留或经过各种动力搬运后,在自然环境中重新堆积而成的堆积物。地球外壳(即岩石)的厚度达 530~780 km,而第四纪沉积层通常厚度仅数米至数百米。

岩石形成之后,在漫长的地质历史中长期暴露于自然环境中,受各种各样的自然力的作用,其物理、化学性质常常会发生改变,这就是岩石的风化。岩石的风化有以下三种类型:

1. 物理风化

岩石中发生的只改变颗粒的大小与形状,不改变原来的矿物成分的变化称为物理风化。物理风化一般指岩石在风、霜、雨、雪等自然力的影响下而发生的机械破碎作用,以及由于周围环境的温度、湿度发生变化引起的不均匀膨胀与收缩而产生的破裂作用等。

2. 化学风化

岩石与周围环境中的水、氧气和二氧化碳等物质长时间接触,其内部的化学成分逐渐发生变化,从而导致其组成矿物成分发生改变的过程称为化学风化。由化学风化而产生的一些新矿物称为次生矿物。

3. 生物风化

动物、植物和人类活动对岩石的破坏作用称为生物风化。例如,树在岩石缝隙中生长时树根伸展使岩石缝隙扩展开裂,人类开采矿石、建材,修建铁路、公路时开凿隧道等活动形成的土,其矿物成分一般没有变化。

4.2 土 的 工 程 分 类

4.2.1 土的工程分类的意义

土是自然历史的产物,各不同成因和不同堆积年代形成的土的工程性质差别很大。为了能充分利用不同性质的土的特性,使之为工程服务,需要对土进行工程分类。土的工程分类的具体意义如下:

① 便于工程应用。将工程性质相近的土归结为一类,并赋予适当的名称后,就可以根据土

的名称大致判断土的基本工程特性,还可以结合其他相关因素进行土体的工程适宜性评价。

② 便于理论研究和技术开发。不同种类的土,需要有不同的研究内容和评价方法,将工程性质迥异的土加以区别后,可以根据土类合理地确定不同土的评价指标和试验方法。

③ 便于工程方案的制定。对土进行合理分类后,就可以根据不同种类土的工程特点确定相应的工程勘察和试验方案,当土的性质不能满足工程要求时,也可以确定出适合土的特点的改良或处理方法。

4.2.2 我国土的工程分类

土的工程分类的标准和方法很多,目前国内外工程中广泛应用的主要有两类:一类把土作为工程地基和环境,以利用原状土为目的,侧重于研究土的变形和强度特征。如我国《建筑地基基础设计规范》(GB 50007—2011)和《岩土工程勘察规范(2009 年版)》(GB 50021—2001)等。另一类把土作为工程材料,用于路堤、土坝和填土地基等工程,以扰动土为基本研究对象,侧重于土的组成,而不考虑土的天然结构性。如我国的国家标准《土的工程分类标准》(GB/T 50145—2007)等。考虑到可以将扰动后重新应用的土作为新的原状土对待,并且即使是把土作为建筑材料的工程,也需要将扰动后重新应用的土作为新的原状土进行新建工程的稳定性评价,也为了不至于将不同分类的标准和方法内容混淆,在此仅介绍目前作为国内标准且已被我国各类工程所广泛应用的《建筑地基基础设计规范》(GB 50007—2011)和《岩土工程勘察规范(2009 年版)》(GB 50021—2001)中土的分类。

《建筑地基基础设计规范》(GB 50007—2011)和《岩土工程勘察规范(2009 年版)》(GB 50021—2001)中土的分类体系以苏联天然地基设计规范为基础,结合我国的土质条件和几十年的实践经验,不断改进补充而成。它在考虑划分标准时,注重土的天然结构连结的性质和强度,并始终与土的主要工程特性——变形和强度特征紧密联系,具有方法科学、简单、明确和实用性强的特点。

① 土按堆积年代可划分为两类。

a. 老沉积土:第四纪晚更新世及其以前沉积的土,一般呈超固结状态,具有较高的结构强度。

b. 新近沉积土:第四纪全新世中近期沉积的土,一般结构强度较低。

② 土按颗粒级配和塑性指数分为无黏性土、粉土和黏性土等,详见表 4.2.1。

表 4.2.1 土按颗粒级配和塑性指数分类

土的名称		主要组成颗粒	分类标准
无黏性土	碎石类土	漂石(圆形及亚圆形为主)	粒径大于 200 mm 的颗粒质量超过总质量 50%
		块石(棱角形为主)	
		卵石(圆形及亚圆形为主)	粒径大于 20 mm 的颗粒质量超过总质量 50%
		碎石(棱角形为主)	
		圆砾(圆形及亚圆形为主)	粒径大于 2 mm 的颗粒质量超过总质量 50%
		角砾(棱角形为主)	

续表

土的名称		主要组成颗粒	分类标准
无黏性土	砾砂		粒径大于 2 mm 的颗粒质量占总质量 25%~50%
	粗砂		粒径大于 0.5 mm 的颗粒质量超过总质量 50%
	中砂		粒径大于 0.25 mm 的颗粒质量超过总质量 50%
	细砂		粒径大于 0.075 mm 的颗粒质量超过总质量 85%
	粉砂		粒径大于 0.075 mm 的颗粒质量超过总质量 50%
粉土	粉土	粉粒	粒径大于 0.075 mm 的颗粒质量不超过总质量 50%，且 $I_P \leq 10$
黏性土	粉质黏土	粉粒、黏粒	$10 < I_P \leq 17$
	黏土	黏粒	$I_P > 17$

注：1. 定名时应根据颗粒级配由大到小以最先符合者确定。

2. 塑性指数 I_P 应由 76 g 圆锥仪入土深度 10 mm 时测定的液限计算而得。

③ 土根据地质成因可分为残积土、坡积土、洪积土、冲积土、湖积土、海积土、风积土和冰川沉积土。各成因类型土的特征见第 3 章。

④ 土根据有机质含量可按表 4.2.2 分为无机土、有机质土、泥炭质土和泥炭。

表 4.2.2　土按有机质含量分类

分类名称	有机质含量 W_u/%	现场鉴别特征	说明
无机土	$W_u \leq 5\%$		
有机质土	$5\% < W_u \leq 10\%$	深灰色，有光泽，味臭，除腐殖质外尚含少量未完全分解的动植物体，浸水后水面出现气泡，干燥后体积收缩	① 如现场能鉴别或有地区经验时，可不做有机质含量测定； ② 当 $w > w_L$，$1.0 \leq e < 1.5$ 时称淤泥质土； ③ 当 $w > w_L$，$e \geq 1.5$ 时称淤泥
泥炭质土	$10\% < W_u \leq 60\%$	深灰或黑色，有腥臭味，能看到未完全分解的植物结构，浸水体胀，易崩解，有植物残渣浮于水中，干缩现象明显	根据地区特点和需要可按 W_u 细分为： 弱泥炭质土 $10\% < W_u \leq 25\%$ 中泥炭质土 $25\% < W_u \leq 40\%$ 强泥炭质土 $40\% < W_u \leq 60\%$
泥炭	$W_u > 60\%$	除有泥炭质土特征外，结构松散，土质很轻，暗无光泽，干缩现象极为明显	

注：有机质含量 W_u 按灼失量试验确定；w 为含水量，w_L 为液限，e 为孔隙比。

⑤ 具有一定分布区域且具有某些特殊的工程性质的土称为特殊性土,《岩土工程勘察规范(2009 年版)》(GB 50021—2001)中将其分为湿陷性土、红黏土、软土(包括淤泥和淤泥质土)、混合土、填土、多年冻土、膨胀土、盐渍土、污染土 10 种类型。

4.3 土的物质组成

土的物质成分包括作为土骨架的土颗粒,充填于土颗粒之间的孔隙中的水或水溶液,以及气体 3 个部分。因此,土是由固相(颗料)、液相(水)和气相(气)所组成的三相体系。由于土的形成年代和自然条件的不同,各种土的颗粒大小、矿物成分及土的三相间的数量比例有很大的差异,造成了土的轻重、疏密、干湿、软硬等一系列物理性质和状态上的不同反映,从而导致各种土在工程应力作用下的物理力学性质也各不相同。所以,要研究土的工程性质就必须了解土的三相组成性质、比例、环境条件及在天然状态下土的结构和构造等总体特征。

4.3.1 土颗粒

在土的三相组成物质中,固体颗粒(以下简称土粒)是土的最主要的物质成分。它既构成土的骨架主体,也是土中最稳定、变化最小的成分。在土的三相之间相互作用中,土粒一般也居于主导地位。就本质而言,土的工程性质主要取决于组成土的土粒的工程特性。土粒的工程特性可以从土粒的矿物组成和大小(即土的粒度成分和矿物成分)两个基本方面来描述。一般地说,组成土粒的矿物的亲水性越强,土的工程特性受含水量的影响越大;组成土粒的颗粒越粗、越坚硬、物理力学性质及化学性质越稳定、表面越粗糙,土的透水性越好、可压缩性越小、强度越高,土的总体工程特性越好;反之,组成土粒的颗粒越细、越软、物理力学性质及化学性质越不稳定、表面越光滑,则单位体积土中所有土粒的总表面积即土的比表面积越大,土粒间的摩擦阻力和孔隙越小,土粒与孔隙中的水的接触面积越大,土的透水性越差,工程特性受含水量的影响越大,在工程应力作用下承受荷载和抵抗变形的能力越弱。

1. 土的粒度成分

土的粒度成分是指土粒的大小和不同大小的土颗粒的相对含量(或称颗粒级配),它以各粒组颗粒的重量占该土颗粒的总重量的百分数来表示。它是决定土的工程性质的主要内在因素之一,因而也是土的类别划分的主要依据。

土颗粒的直径称为粒径(或粒度)。由于土的粒径由大到小逐渐变化时,土的工程性质也会相应地发生变化。因此,在工程上习惯于根据土粒的工程性质的差异将土的粒径划分为若干个区段,把介于一定粒径范围的土粒归为一组,形成一个粒组。

土颗粒粒组的划分在于使同一粒组中的土粒的工程性质相近,而与相邻粒组中的土粒的工程性质有明显差别。目前土颗粒的粒组划分标准并不完全一致,工程中常用的粒组划分界限粒径为 200 mm,20 mm,2 mm,0.075 mm 和 0.005 mm,与之相对应,可以将土颗粒分成六大粒组:漂石(块石)颗粒、卵石(碎石)颗粒、圆砾(角砾)颗粒、砂粒、粉粒及黏粒。具体各粒组土粒的工程性质特征见表 4.3.1。

根据颗粒分析试验成果,可以绘制如图 4.3.1 所示的颗粒级配累积曲线,其横坐标表示土粒粒径。由于土粒粒径相差常在百倍、千倍以上,如果直接采用土粒的粒径数值坐标画图,则为使图形清晰,就需要将图画得很大。在实际工程中,经研究发现,如果采用土粒粒径的对数值为坐标画图,则颗粒级配累积曲线图可以画得既小又清晰。所以,目前工程中颗粒级配累积曲线图中的横坐标均采用对数坐标。颗粒级配累积曲线图中纵坐标表示小于(或大于)某粒径的土的百分含量(或称累计百分含量)。

表 4.3.1 土粒粒组的划分

粒组名称		粒径范围/mm	一般特征
漂石、块石组		>200	颗粒间的孔隙很大,透水性强,颗粒之间无连结;无毛细作用
卵石、碎石组		200~20	
圆砾、角砾组	粗	20~10	颗粒间的孔隙较大,透水性较强,颗粒之间无连结;毛细水上升高度不超过粒径大小
	中	10~5	
	细	5~2	
砂粒组	粗	2~0.5	易透水,无黏性,无塑性,干燥时松散;毛细水上升高度不大(一般小于1 m)
	中	0.5~0.25	
	粉、细	0.25~0.075	
粉粒组	粗	0.075~0.01	透水性较弱;湿时有毛细力连结,干燥时松散,饱和时易流动,无塑性和遇水膨胀性;毛细水上升高度大;饱和土震动时有液化现象
	细	0.01~0.005	
黏粒组		<0.005	几乎不透水;湿时有黏性、可塑性,遇水膨胀大;干时收缩显著,毛细水上升高度大,但速度缓慢

注:漂石、卵石和圆砾颗粒呈一定的磨圆形状,为圆形或亚圆形;块石、碎石和角砾颗粒带有棱角。

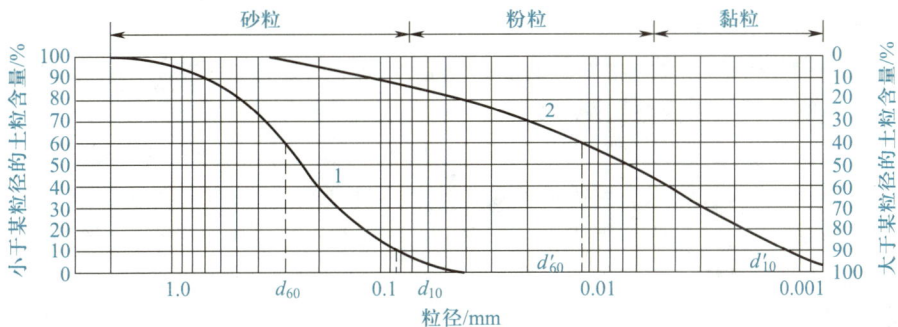

图 4.3.1 颗粒级配累积曲线图

根据颗粒级配累积曲线的坡度可以大致判断土的均匀程度。如曲线较陡,则表示粒径大小相差不多,土粒较均匀;反之,曲线平缓,则表示粒径大小相差悬殊,土粒不均匀,即级配良好。

为了定量描述土中颗粒的均匀程度,在《岩土工程基本术语标准》(GB/T 50279—2014)和《土工试验方法标准》(GB/T 50123—2019)中,将颗粒级配累积曲线上与小于某粒径的土粒重量累计百分数为10%相对应的粒径定义为有效粒径,记为 d_{10};而颗粒级配累积曲线上与小于某粒径的土粒重量累计百分数为60%相对应的粒径则定义为限制粒径,记为 d_{60};并将 d_{60} 与 d_{10} 之比值定义为不均匀系数 C_u,即

$$C_u = \frac{d_{60}}{d_{10}}$$

(4.3.1)

不均匀系数反映颗粒级配的不均匀程度，C_u 愈大，土颗粒愈不均匀（颗粒级配累积曲线愈平缓），作为填方工程的土料时，则比较容易获得较小的孔隙比，较大的密实程度。根据《岩土工程基本术语标准》(GB/T 50279—2014)中的划分标准，$C_u \geq 5$ 的土为良好级配土，即土颗粒不均匀的土；$C_u < 5$ 的土则是不良级配土，即土颗粒比较均匀的土。

d_{10} 之所以被称为有效粒径，是因为它是土中具有代表性的粒径，对分析评定土的某些工程性质有一定意义，例如碎石土、砂土等粗颗粒土的透水性与由有效粒径土颗粒构成的均匀土的透水性大致相同，因而可由 d_{10} 估算土的渗透系数，预测土被机械潜蚀的可能性等。

除不均匀系数(C_u)外，《岩土工程基本术语标准》(GB/T 50279—2014)和《土工试验方法标准》(GB/T 50123—2019)中还定义了曲率系数(C_c)来说明累积曲线的弯曲情况，其定义式如下：

$$C_c = \frac{d_{30}^2}{d_{10} \cdot d_{60}}$$

(4.3.2)

式中，d_{60} 与 d_{10} 的意义同上，d_{30} 为颗粒级配累积曲线上与小于某粒径的土颗粒重量累计百分数为 30% 相对应的粒径值。

C_c 值在 1~3 之间的土为良好级配土。C_c 值小于 1 或大于 3 的土，则是不良级配土。若土的级配累积曲线不是呈光滑的弯曲（凹面朝下或朝上），而是呈阶梯状，则说明土的粒度成分不连续，主要由大颗粒和小颗粒组成，缺少中间颗粒。

2. 土的矿物成分

组成土的固体颗粒的矿物成分有原生矿物、次生矿物、可溶盐类、有机质四大类别，它们的工程特性各不相同。

（1）原生矿物

原生矿物是指母岩风化后仍然保留的矿物。它们的特点是颗粒粗大，物理、化学性质比较稳定，所以，原生矿物对土的工程性质影响比其他几类矿物要小得多。

常见的组成土的原生矿物主要有石英、长石、角闪石、云母等。这些矿物是漂石、块石、卵石、碎石、圆砾、角砾、砂粒和粉粒的主要组成矿物。它们对土的工程性质的影响取决于自身的颗粒形状、坚硬程度和抗风化稳定性等因素。一般地说，颗粒表面的棱角越分明、坚硬程度越高、物理力学性质及化学性质越稳定，组成土的工程特性越好。

（2）次生矿物

次生矿物是指母岩风化过程中形成的新矿物。它们是组成黏粒的主要成分。组成土的这类矿物主要有黏土矿物、次生 SiO_2（胶态、准胶态 SiO_2）、倍半氧化物（Al_2O_3 和 Fe_2O_3 等）。其中最常见、对土的工程性质影响最大的是黏土矿物。

黏土矿物为含水铝硅酸盐，主要有高岭石、伊利石、水云母及蒙脱石等。这类矿物的最主要特点是呈高度分散状态——胶态或准胶态，具有很高的表面能、亲水性及一系列特殊的性质。所以，只要这类矿物在土中有少量存在就可使土的工程性质发生显著改变，即增大土的变形和塑性、降低土的强度和透水性。但是，黏土矿物的不同矿物种类之间，随着它们的化学成分和结晶格架构造的不同，对土的工程性质影响也有差异。

a. 高岭石　高岭石的结晶格架的每个晶胞由一个铝氢氧八面体层和一个硅氧四面体层组

成,具有较稳固的结晶格架,水较难进入其结晶格架内,所以高岭石与水之间的作用比较弱。主要由高岭石组成的黏性土的膨胀性和压缩性等均较小。

b. 蒙脱石　蒙脱石的晶胞由两个硅氧四面体层夹一个铝氢氧八面体层组成,水分子很容易在晶胞之间浸入。吸水时晶胞间距变宽,晶格膨胀;失水时晶格收缩。所以,蒙脱石与水作用很强烈,当土中蒙脱石较多时,土的膨胀性和压缩性等都很大,遇水后强度剧烈变小。

c. 伊利石、水云母　伊利石、水云母的晶胞与蒙脱石都由两个硅氧四面体层夹一个铝氢氧八面体层组成,不同的是伊利石、水云母的晶胞内的硅氧四面体中的部分 Si^{4+} 离子常被 Al^{3+},Fe^{3+} 所置换,因而在相邻晶胞间将出现若干正离子(如 K^+)以补偿晶胞中正电荷的不足,并将相邻晶胞连接。所以伊利石、水云母的结晶格架没有蒙脱石类那样易于活动,其亲水性及对土的工程性质影响介于蒙脱石和高岭石之间。

土中次生 SiO_2 和倍半氧化物的胶体活动性、亲水性及对土的工程性质影响,一般比黏土矿物要小。

(3) 可溶盐

土中常见的可溶盐类,按其被水溶解的难易程度可分为易溶盐、中溶盐和难溶盐三类。

a. 易溶盐主要有 $NaCl$,$CaCl_2$,$Na_2SO_4 \cdot 10H_2O$(芒硝),$Na_2CO_3 \cdot 10H_2O$(苏打)等。

b. 中溶盐主要为 $CaSO_4 \cdot 2H_2O$(石膏)和 $MgSO_4$ 等。

c. 难溶盐主要为 $CaCO_3$ 和 $MgCO_3$ 等。

这些盐类既可以以夹层、透镜体、网脉、结核等形式在土层中形成独立体分布于土层中,也可以构成土粒间的胶结物。其中易溶盐类极易被大气降水或地下水溶滤出去,所以,仅出现在干旱气候区和地下水排泄不良地区,是干旱气候区和地下水排泄不良地区地表上层土中的典型产物,常形成盐碱土和盐渍土。

当土中含有可溶盐类时,若土浸水后,盐类被溶解,可使土的粒间连结削弱,甚至消失,从而增大土的孔隙性和可压缩性,降低土体的强度和稳定性。

可溶盐对土的工程性质的影响程度取决于盐类的含量、溶解度、分布的均匀性和分布方式等。含量少、溶解度低、均匀、分散分布者,盐的抗溶蚀能力较强,盐分溶解对土的工程性质及结构工程的影响较小;含量和溶解度高、不均匀、集中分布者,盐分的抗溶蚀能力较弱,盐分溶解对土的工程性质的影响则较剧烈。

(4) 有机质

在自然界的一般土,特别是淤泥质土中,通常都含有一定数量的有机质。有机质比黏土矿物有更强的胶体特性和亲水性。所以,有机质对土性质的影响比黏土矿物更剧烈。当黏性土中的有机质含量达到或超过 5%,砂土中的有机质含量达到或超过 3% 时,土的工程性质就开始具有显著的变化,会导致土的含水量显著增大,并呈现出较高的压缩性和较低的强度。

有机质对土的工程性质的影响程度主要取决于有机质含量、分解程度和土被水浸的程度或饱和度,以及有机质土层的厚度、分布均匀性及分布方式等。一般地说,有机质含量愈高、分解程度愈高,对土的性质影响愈大;当含有机质的土体较干燥时,有机质可起到较强的粒间黏结作用;当土的含水量增大,则有机质将使土粒结合水膜剧烈增厚,削弱土的粒间黏结,土的强度将显著降低;有机质土层的厚度越大、分布越不均匀,即分布越集中,对土工程性质及结构工程的影响越剧烈。

有机质在土中一般呈混合物,与组成土粒的其他成分稳固地结合一起,有时也以整层或透镜体形式存在,多分布在古湖沼和海湾地带的泥炭层和腐殖层等。

此外,土中有时还含有部分易分解矿物,呈大小不同的结核状,或与土颗粒紧密结合的薄膜状,或以充填物的形式出现。土中常见的易分解矿物主要有黄铁矿及其他硫化物和硫酸盐类。土中所含黄铁矿、硫酸盐等遇水分解后会导致土的粒间黏结被削弱或破坏,孔隙性增大。有些易分解矿物分解后还会分离出硫酸等有害物质,对建筑基础及各种管道设施有腐蚀作用。

关于含易分解矿物所分离有害物质对混凝土和金属建筑材料侵蚀性的评价与判别标准,详见《岩土工程勘察规范(2009 年版)》(GB 50021—2001)第 12 章。

4.3.2　土中水

在自然条件下,土中总是含水的。在一般黏性土,特别是饱和软黏性土中,水的体积常占据整个土体相当大的比例。土中细颗粒、可溶盐、有机质、易分解矿物含量愈多,水对土的工程性质的影响愈大。所以,研究土中水的含量及其类别与性质,对了解土的工程性质有着非常重要的意义。

按与土粒的相互作用关系及其对土的工程性质的影响程度,土中水可分为矿物内部结合水、结合水和自由水三大类。

1. 矿物内部结合水

存在于土粒矿物结晶格架内部或参与矿物晶格构成的水称为矿物内部结合水。其中以离子形式存在于土粒矿物结晶格架内部的固定位置上的水称为结构水;以固定数量的分子形式存在于土粒矿物结晶格架内部的固定位置上的水称为结晶水;以不定数量的分子形式存在于土粒矿物相邻晶胞之间的水称为沸石水。矿物内部结合水只有在高温(140~700 ℃)下才能化为气态水而与土粒分离。所以,它是矿物颗粒的一部分,对土的工程性质几乎没有影响。

2. 结合水

结合水是指受分子引力、静电引力的作用,吸附于土粒表面的土中水。这种吸引力高达几千到几万个大气压,使水分子牢固地黏结在土粒表面。

由于土粒表面一般带有负电荷,围绕土粒形成电场,而水分子是强极性分子,其 O^{2-} 和 $2H^+$ 的分布各偏向一方,氢原子端显正电荷,氧原子端显负电荷。在土粒电场范围内的水分子被吸附在土粒表面,而呈定向排列(图 4.3.2)。

土粒周围的水分子,一方面受到土粒所形成电场的静电引力作用,另一方面又受到布朗运动(热运动)的扩散力作用。在最靠近土粒表面处,静电引力最强,把水分子牢固地吸附在颗粒表面,使其发生整齐的定向排列,形成固定层。在固定层外围,静电引力比较小,水分子发生不整齐的疏松排列,形成扩散层。扩散层比固定层厚一些。当土粒周围水中含阳离子时,固定层和扩散层中所含的阳离子(亦称反离子)与土粒表面负电荷一起即构成双电层。

在土粒与水溶液分界面上产生的总电位称为热力电位(ε 电位),它取决于土粒和水溶液的成分及相互作用时的环境。在固定层与扩散层的分界面上的电位称为电动电位(ζ 电位)。电动电位比热力电位小得多。当热力电位为一定数值时,电动电位愈大,形成扩散层水膜的厚度愈大。扩散层水膜的厚度对黏性土的特性影响很大。土粒扩散层厚度(即结合水膜厚度)愈大,土的膨胀性、压缩性愈高,强度愈低。

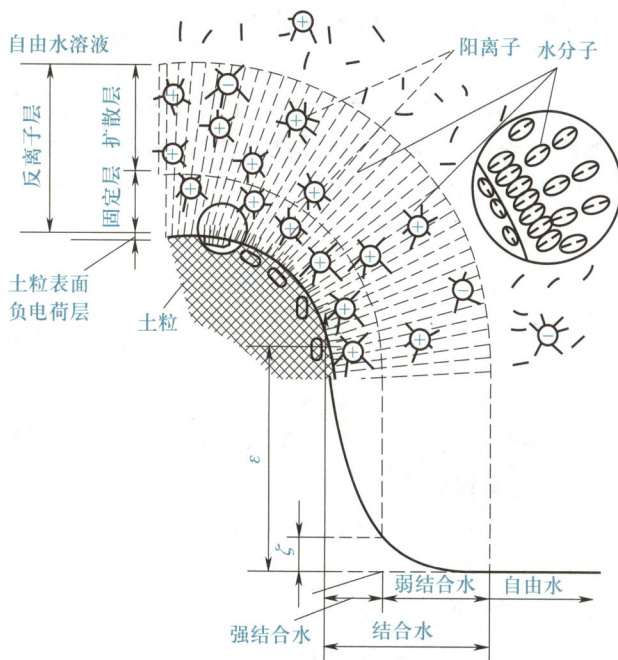

图 4.3.2 土粒表面双电层、结合水及其所受静电引力变化示意图

从上述双电层的概念可知,当水溶液中存在阳离子(也称反离子)时,离子的价数愈高、离子半径愈小、离子浓度愈大,它中和土粒表面负电荷的能力愈强,则土粒表面电位下降愈大,电动电位愈小,扩散层愈薄。在工程中可以利用离子交换原理来改良土质。例如,可以用 3 价及 2 价离子等高价离子处理黏土,使得它的扩散层变薄,从而增加土的稳定性,减少膨胀性,提高土的强度;也可用含 1 价离子的盐溶液处理黏土,使扩散层增厚,而大大降低土的透水性。

根据结合水分子与土粒表面的靠近程度,结合水又可以分为强结合水和弱结合水两种。强结合水相当于固定层中的水,而弱结合水则相当于扩散层中的水。

（1）强结合水(亦称吸着水)

强结合水是指紧靠土粒表面的结合水。强结合水极其牢固地结合在土粒表面,所以,它厚度很小,一般只有几个水分子厚。强结合水的性质接近于固体,密度约为 $1.2 \sim 2.4$ g/cm³,冰点为 $-78\ ℃$,没有溶解能力,也不能传递静水压力,只有吸热变成蒸汽时才能移动。强结合水具有很大的黏滞度、弹性,因此,对颗粒极细的黏性土,当土中只含有强结合水时,强结合水可以使土粒间形成较强的连结,具有较高的抗剪强度,呈固体状态,磨碎后则呈粉末状态。对于土粒间孔隙较大的无黏性土,由于土粒间的接触面积较小,强结合水在土粒间的连结所形成的抗剪强度不明显。

（2）弱结合水(亦称薄膜水)

弱结合水是紧靠强结合水的外围形成的结合水膜,其厚度比强结合水大得多,且变化大,是整个结合水膜的主体。弱结合水的密度约为 $1.0 \sim 1.7$ g/cm³,冰点低于 $0\ ℃$。弱结合水仍然不能传递静水压力,没有溶解能力,但水膜较厚的弱结合水能向邻近的较薄的水膜缓慢转移。土中含弱结合水时,土具有一定的可塑性。同样由于土颗粒间的接触面积的原因,弱结合水主要对黏性土的工程特性影响较大,而对无黏性土的影响不明显。

3. 自由水

自由水为土粒孔隙中超出土粒表面静电引力作用范围的水。它受重力作用控制,可以传递静水压力,并具有溶解能力,一般呈液态,在温度 0 ℃ 左右冻结成冰,在温度 100 ℃ 左右变成蒸汽,以水汽状态存在。按照其在土粒孔隙中的存在特点,自由水又可分为毛细水和重力水两种。

(1) 毛细水

毛细水是存在于土的细小孔隙中,因土粒的分子引力和水与空气界面的表面张力共同构成的毛细力作用而形成的孔隙水。

毛细水主要存在于直径为 0.002~0.5 mm 的毛细孔隙中。孔隙更细小者,土粒周围的结合水膜有可能充满孔隙而不能再有毛细水。粗大的孔隙中毛细力极弱,难以形成毛细水。故毛细水主要存在于砂土、粉土和粉质黏性土中。

按毛细水所处部位及其与重力水所构成的地下水面的关系可分为毛细上升水和毛细悬挂水两种。前者是因毛细作用上升而形成的,下部与地下水面相连,并随地下水面升降一起发生升降变化,在土中往往呈较稳定的毛细水带。后者是指毛细力作用在下渗水流下部土层的孔隙中形成的毛细水,或由于地下水面急剧下降而在地下水面以上残留于原毛细水带中的毛细水。

毛细水除了会增加土的含水量,造成土的工程性质的恶化外,在不同的气候区对土的工程性质及工程的影响有很大的区别:

a. 在潮湿地区,毛细水上升接近建筑物基础底面时,会增加建筑物的基础湿度,所以应做好底层的防潮。

b. 在寒冷地区,毛细水将加剧冻胀作用。

c. 在干旱地区,毛细水含有盐分时,蒸发后盐分会在土粒中积聚,形成盐渍土。

d. 在具有腐蚀性的地下水地区,毛细水将加剧基础和地下管道的腐蚀作用。

(2) 重力水

重力水是存在于较粗大孔隙中,具有自由活动能力,在重力作用下可以流动的液态水。重力水对土的工程性质的影响有以下几个方面:

a. 机械潜蚀作用:重力水流动时,产生动水压力,能冲刷带走土中的细小土粒。

b. 化学潜蚀作用:重力水溶滤土中的水溶盐。

这两种潜蚀作用都将使土的孔隙增大,增大压缩性,降低抗剪强度。

c. 增加土的含水量,造成土的工程性质的恶化。

d. 地下水位以下的饱和土对于含水层以下的隔水层而言,土重将增加,而对于含水层内土而言,却因浮力作用,土重将相对减小。

e. 产生孔隙水压力,使有效应力降低。

(3) 气态水

气态水以水汽形式存在于土粒间,可以从气压高的地方向气压低的地方移动,也可以在土粒表面凝聚转化为其他各种类型的水。气态水的迁移和聚集使土中水和气体的分布状况发生变化,从而改变土的工程性质。

（4）固态水

当温度降低至 0 ℃以下时,土中的水(主要是重力水)冻结成固态水(冰)。固态水在土中可以起到胶结作用,提高土的力学强度,降低透水性。但温度升高后,固态水融化,又使土的这种胶结作用消失、孔隙增加、结构变疏松,从而导致土的强度急剧降低和压缩性增大,土的工程性质显著恶化。

4.3.3 土中气体

土中孔隙未被水充填部分会被气体充满,因此,土中气体含量的多少取决于土中孔隙体积的大小和水的充填程度。

土中的气体有封闭气体和游离气体两种。游离气体通常存在于近地表的包气带中,与大气相通,并随外界条件改变与大气有交换作用,处于动平衡状态。它一般对土的性质影响较小。

封闭气体存在于呈封闭状态的土孔隙中,与大气隔绝。封闭气体多存于黏性土中,对土的性质影响较大。一方面,当土层受压缩荷载作用时,体积变小,荷载撤销时,体积又会膨胀,使土的弹性增加,不易压实;另一方面,封闭气体具有一定的压力,会阻止水的通过,从而导致土的透水性降低。

此外,在淤泥和泥炭质土等有机土中,由于微生物的分解作用,土中有时聚积有毒气体和可燃气体,例如二氧化碳、沼气及硫化氢等。若这些气体长期被埋藏于较深的土层中且含量很高,当开挖地下工程揭露这类土层时会对人的生命安全产生严重危害。

4.4 土的结构和构造

4.4.1 土的结构

土的结构是指土颗粒间的排列和连结方式。一般把土的结构分为单粒结构和团聚结构两大类。

1. 单粒结构

也称散体结构,是指土颗粒直接接触和支承、固体颗粒没有连结或只在潮湿时具有微弱的毛细连结的结构形式。均匀土粒和不均匀土粒的单粒结构分别如图 4.4.1 和图 4.4.2 所示。它是碎石(卵石)、砾石类土和砂土等无黏性土的基本结构形式。这些土的颗粒粗大,在沉积过程中,土颗粒可以靠自身的重力作用而沉积下来,形成土颗粒的相互接触、相互支承堆积体。

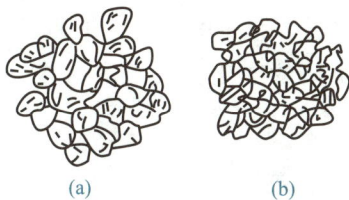

（a）　　　　（b）

图 4.4.1　均匀土粒的单粒结构

（a）疏松单粒结构;（b）紧密单粒结构

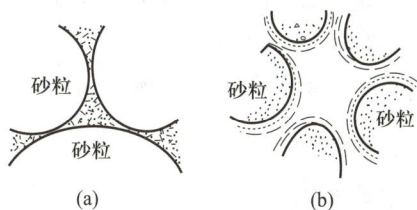

砂粒　　砂粒　　砂粒

砂粒　　　　砂粒

（a）　　　　（b）

图 4.4.2　不均匀土粒的单粒结构

（a）黏粒起充填作用;（b）黏粒起接触连结作用

2. 团聚结构

也称集合结构或絮凝结构,是指细小的土粒,沉积过程中粒间引力大于重力,使之在水中不能以单个颗粒沉积下来,需要凝聚成团聚体(也称为集合体)后才能沉积。由土颗粒团聚体形成的疏松多孔的结构称为团聚结构。这类结构为黏性土所特有。

根据团聚体的组成、连结特点,团聚结构可分为蜂窝状结构和絮状结构两种类型(图4.4.3)。

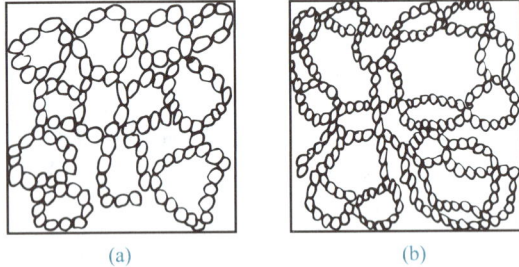

(a)   (b)

图 4.4.3 团聚结构
(a)蜂窝状结构;(b)絮状结构

较粗的黏粒和粉粒(粒径在 0.075~0.005 mm 之间)在沉积过程中,虽然由于粒间引力大于重力,在水中不能以单个颗粒沉积下来,但一旦凝聚形成团聚体后,便可以靠团聚体自身的重力作用而直接沉积下来,形成疏松多孔的结构。由于在这种结构中的单个土粒之间常连结成不规则的环,而不规则的环又彼此组成形似蜂窝的结构,故称蜂窝状结构。

更小的黏性土颗粒(粒径小于 0.005 mm)在水中长期处于悬浮状态,土粒在水中不仅粒间引力大于重力,不能以单个颗粒沉积下来,而且由土粒碰撞连结而成的团聚体也无法靠自身的重力作用直接沉积下来,只有当由土粒碰撞连结而成的团聚体彼此碰撞,连结成更大、更重的复合团聚体后,才能靠自身的重力作用沉积下来,从而形成疏松多孔的结构。这种结构称为絮状结构,实际上是蜂窝状的团聚体之间组合而成的二级蜂窝状团聚体。因此,絮状结构亦称二级蜂窝状结构,其结构更为疏松、孔隙体积更大。

团聚结构的孔隙主要被结合水和空气所充填,并对土体压密起阻碍作用。具有团聚结构的土体,有如下特征:

① 孔隙度很大(可达 50%),而各单独孔隙的直径很小,特别是聚粒絮凝结构的孔隙更小,但孔隙度更大,因此,土的压缩性更大。

② 含水量很大,有时超过 50%,且排水困难,故压缩过程缓慢。

③ 具有较大的易变性、不稳定性。它对外界条件的变化(如加压、震动、干燥、浸湿及水溶液成分和性质变化等)很敏感,且往往因外界条件产生质的变化。故团聚结构又称为易变结构。

4.4.2 土的构造

土的构造是指整个土层(或土体)构成上均匀性特征的总和,常见的土的构造类型如下。

① 层状构造　土体由成分相同或相近的土粒组成基本的土层或层理,再由基本的土层单元

平行组成复合土层。多见于古平坦地区形成的土层。

②分散构造　由均匀分布的土粒组成的构造。如单一的砂层、卵石层。

③结核状构造　由均匀分布的土粒和成分各异、大小不等的结核所共同组成的构造。如含姜结石的黄土。

④裂隙状构造　由形态各异、大小不等的土块和切割土块的裂隙所共同组成的构造。如干的膨胀土。

⑤粗石状构造　由相互挤靠着的粗大岩石碎屑像干砌石一样堆积形成的构造。岩堆、泥石流上游堆积及山区河流上游的河床沉积物等常具有这种构造特征。

⑥假斑状构造　在较细颗粒组成的土体中，混杂着一些粗大土粒，且粗大的土粒间互不接触所形成的构造。洪积扇中上部位和冰积层等常具有这种特征。

⑦透镜体构造　指具有某些方面特征的土体单元与其周围土层的边界线构成透镜体状的构造。

表面上看，土的结构和构造反映了土的物质成分的连结特点、空间分布和变化形式。实际上，其中包含了大量的土的特征信息。例如，含有砂夹层或透镜体的土层，多为河流三角洲沉积层；厚层黏性土层中间夹数量极多的极薄层（厚度常仅 1～2 mm）砂，呈"千层饼"状的构造多为滨海相或三角洲相静水环境沉积层；粒度较均匀的交错层构造多为风积砂层等。因此，通过对土的结构、构造特征的研究可以了解当地的古地理环境。

4.5　土的物理性质指标

表示土的三相比例关系的指标称为土的物理性质指标，亦即土的三相比例指标，包括土的密度、重力密度（简称重度）、含水量、饱和度、孔隙比、孔隙率和土粒比重等。

土的物质组成、结构和构造从本质上决定了土的工程性质。但是，具有相同的物质组成、结构和构造的土体，随着土的三相组成的重量和体积之间的比例关系的变化，土的重量性质（轻、重情况）、含水性（含水程度）和孔隙性（密实程度）等基本物理性质也各不相同，因而表现出不同的工程性质。所以，要想全面了解土的工程性质，就需要对土的三相——土粒（固相）、土中水（液相）和土中气体（气相）的组成情况进行数量上的研究。

4.5.1　指标的定义

为了便于说明和计算，用图 4.5.1 所示的土的三相组成示意图来表示各部分之间的数量关系。

1. 土粒比重

土颗粒烘干至恒重后，土粒质量与同体积的 4 ℃纯水质量的比值，称为土粒比重，即

$$G = \frac{m_s}{V_s \rho_{w4}} \tag{4.5.1}$$

式中　G——土粒比重；

　　ρ_{w4}——4 ℃时纯水的密度，g/cm³。

土粒比重可在试验室内用比重瓶法测定，具体测定方法见附录 A。一般土的土粒比重参考

体积 质量

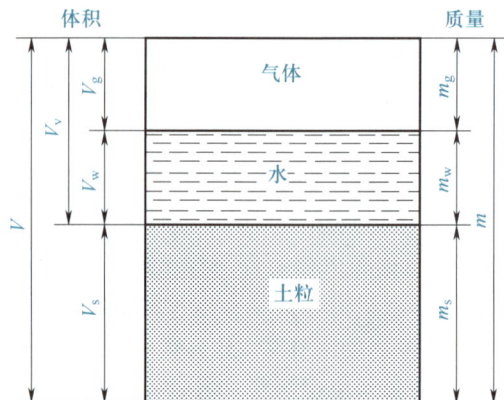

m_s——土中所含土粒的质量,g;m_w——土中所含水(仅指自由水)的质量,g;m_g——土中所含气体的质量,g;

m——土的总质量,g;V_s——土中所含土粒的体积,m^3;V_w——土中所含水的体积,m^3;

V_g——土中所含气体的体积,m^3;V_v——土中孔隙的体积,m^3;V——土的总体积,m^3。

图 4.5.1 土的三相组成示意图

值见表 4.5.1。由于土粒比重的变化幅度不大,通常可按经验数值选用。

表 4.5.1 土粒比重参考值

土的名称	砂土	粉土	黏性土	
			粉质黏土	黏土
土粒比重	2.65~2.69	2.70~2.71	2.72~2.73	2.74~2.75

土粒比重的大小主要取决于土的矿物成分,一般为 2.65~2.76。同一种类的土,其颗粒比重的变化幅度很小。

2. 土的密度和重度

单位体积土的质量称为土的密度,单位为 g/cm^3。根据土的含水状况,土的密度可分为土的天然密度、干密度、饱和密度和浮密度 4 个指标。通常所说的土的密度是指土的天然密度。

(1)土的天然密度

单位体积天然土的质量称为土的天然密度(ρ),单位为 g/cm^3,即

$$\rho = \frac{m}{V} \tag{4.5.2}$$

土的天然密度值的变化范围较大。一般黏性土 $\rho = 1.8~2.0 \ g/cm^3$;砂土 $\rho = 1.6~2.0 \ g/cm^3$;腐殖土 $\rho = 1.5~1.7 \ g/cm^3$。

土的天然密度一般用"环刀法"测定,即用一个圆环刀(刀刃向下)放在削平的原状土样面上,徐徐削去环刀外围的土,边削边压,保持天然状态的土样压满环刀内。当土样完全充满环刀后,称得环刀内土样的质量,求得它与环刀容积之比值即为土的天然密度。

(2)土的干密度

单位体积土中固体颗粒部分的质量称为土的干密度(ρ_d),即

$$\rho_{\mathrm{d}} = \frac{m_{\mathrm{s}}}{V} \qquad (4.5.3)$$

在工程上,常把土的干密度作为评定土体紧密程度的标准,特别是用于控制填土工程。

（3）土的饱和密度

土孔隙中充满水时的单位体积土的质量称为土的饱和密度(ρ_{sat}),即

$$\rho_{\mathrm{sat}} = \frac{m_{\mathrm{s}} + V_{\mathrm{v}}\rho_{\mathrm{w}}}{V} \qquad (4.5.4)$$

式中　ρ_{w}——水的密度,近似等于 1 g/cm^3。

（4）土的浮密度

单位体积土粒的质量与同体积水的质量之差称为土的浮密度(ρ'),即

$$\rho' = \frac{m_{\mathrm{s}} - V_{\mathrm{s}}\rho_{\mathrm{w}}}{V} \qquad (4.5.5)$$

工程中还常用土的重度这一物理性质指标来综合反映土的组成和结构特征。土重度的定义与密度相似(单位体积土的重量称为土的重度),也分为天然重度、干重度、饱和重度和浮重度 4 个指标。土重度的测定方法与土密度测定完全相同,也用"环刀法"测定,只是计算时,将土的质量换成土的重量即可。

3. 土的含水量

土中水的重量与土粒重量之比,称为土的含水量(w),以百分数计,即

$$w = \frac{W_{\mathrm{w}}}{W} \times 100\% \qquad (4.5.6)$$

含水量是标志土的湿度的一个重要物理指标。天然土层的含水量变化范围很大,它与土的种类、埋藏条件及其所处的自然地理环境等有关。一般干的粗砂土,其值接近于零,而饱和砂土,可达 35%;坚硬的黏性土的含水量为 20%~30%,而饱和状态的软黏性土(如淤泥),则可达 60% 或更大。一般说来,同一类土,当其含水量增大时,则其强度会降低。

土的含水量一般用"烘干法"测定。先称小块原状土样的湿土重,然后置于烘箱内维持 105~110 ℃烘至恒重,再称干土重,湿、干土重之差与干土重的比值,就是土的含水量。

对于粉土,由于毛细作用引起的假塑性,按液性指数评价状态已失去意义,根据对全国各地粉土资料的综合分析,《建筑地基基础设计规范》(GB 50007—2011)和《岩土工程勘察规范 (2009 年版)》(GB 50021—2001)等国家规范中给出了按含水量确定粉土的含水(湿度)状态的标准,详见表 4.5.2。

表 4.5.2　按含水量 $w(\%)$ 确定粉土湿度

湿度	稍湿	湿	很湿
w	$w<20\%$	$20\% \leqslant w \leqslant 30\%$	$w>30\%$

4. 土的饱和度

土中被水充满的孔隙体积与孔隙总体积之比,称为土的饱和度(S_{r}),以百分率计,即

$$S_r = \frac{V_w}{V_v} \times 100\% \qquad (4.5.7)$$

饱和度 S_r 值愈大,表明土孔隙中充水愈多。孔隙完全被水充满时, $S_r = 100\%$,土处于饱和状态;孔隙中全是气体,没有水分, $S_r = 0\%$,土处于干燥状态(这种状态自然界实际很少)。工程实际中,按饱和度常将土划分为如下三种含水状态:

$$S_r < 50\% \qquad 稍湿的$$
$$S_r = 50\% \sim 80\% \qquad 很湿的$$
$$S_r > 80\% \qquad 饱水的$$

但应指出,黏性土主要含结合水,结合水膜厚度的变化将使土体积发生膨胀、收缩而改变土中孔隙的体积,即孔隙体积可因含水量而变化。所以,对黏性土通常不按饱和度,而按稠度指标——液性指数 I_L 评述其含水状态(参见 4.8 节)。

5. 土的孔隙性指标

(1)孔隙比

土的孔隙比(e)是土中孔隙体积与土粒体积之比,即

$$e = \frac{V_v}{V_s} \qquad (4.5.8)$$

孔隙比用小数表示。它是一个重要的物理性指标,可以用来评价天然土层的密实程度。如《岩土工程勘察规范(2009 年版)》(GB 50021—2001)等国家规范中按孔隙比 e 确定粉土密实程度状态的标准见表 4.5.3。

表 4.5.3　按孔隙比 e 确定粉土密实程度

密实程度	稍密	中密	密实
孔隙比 e	$e < 0.75$	$0.75 \leqslant e \leqslant 0.90$	$e > 0.90$

(2)孔隙率

土的孔隙率(n)是土中孔隙所占体积与土的总体积之比,以百分数表示,即

$$n = \frac{V_v}{V} \times 100\% \qquad (4.5.9)$$

土的孔隙率与孔隙比为表征土结构特征的重要指标。数值愈大,土中孔隙体积愈大,土结构愈疏松;反之,结构愈密实。

孔隙率和孔隙比都说明土中孔隙体积的相对数值。孔隙率虽然能直接说明土中孔隙体积占土体积的百分比值,概念非常清楚,但工程计算中却常用孔隙比这一指标。

自然界土的松密程度差别极大,土的孔隙比变化范围也大,一般为 0.25 ~ 4.0,相应孔隙率为 20% ~ 80%。但常见土的孔隙比一般为 0.5 ~ 1.2,相应孔隙率为 33% ~ 55%。需要说明的是,无黏性土孔隙虽较大,但因数量少,孔隙比相对较小,一般为 0.5 ~ 0.8,孔隙率相应为 33% ~ 45%;黏性土则因孔隙数量多,孔隙比常相对较大,一般为 0.67 ~ 1.2,孔隙率为 40% ~ 55%。

4.5.2　指标的换算关系

上述土的三相比例指标中,土粒比重、含水量和重度三个指标是通过试验测定的,为基本指

标。其余各个指标可以在测定这三个基本指标后推导求得。常用各指标之间的相互关系列于表 4.5.4。

表 4.5.4　土的三相比例指标换算公式

名称	符号	三相比例表达式	常用换算公式
土粒比重	G	$G = \dfrac{m_s}{V_s \rho_{w4}}$	$G = \dfrac{S_r e}{w}$
含水量	w	$w = \dfrac{W_w}{W_s} \times 100\%$	$w = \dfrac{S_r e}{w}$ $w = \left(\dfrac{\gamma}{\gamma_d} - 1 \right)$
重度	γ	$\gamma = \dfrac{W}{V}$	$\gamma = \gamma_d (1 + w)$ $\gamma = \dfrac{G + S_r e}{1 + e}$
干重度	γ_d	$\gamma_d = \dfrac{W_g}{V}$	$\gamma_d = \dfrac{\gamma}{1 + w}$ $\gamma_d = \dfrac{G}{1 + e}$
饱和重度	γ_{sat}	$\gamma_{sat} = \dfrac{W_s + V_v \gamma_w}{V}$	$\gamma_{sat} = \dfrac{G + e}{1 + e}$
浮重度	γ'	$\gamma' = \dfrac{W_s - V_v \gamma_w}{V}$	$\gamma' = \gamma_{sat} - 10$
孔隙比	e	$e = \dfrac{V_v}{V_s}$	$e = \dfrac{G}{\gamma_d} - 1$ $e = \dfrac{wG}{S_r}$ $e = \dfrac{G(1 + w)}{\gamma} - 1$
孔隙率	n	$n = \dfrac{V_v}{V} \times 100\%$	$n = \dfrac{e}{1 + e}$ $n = \left(1 - \dfrac{\gamma_d}{G} \right)$
饱和度	S_r	$S_r = \dfrac{V_w}{V_v} \times 100\%$	$S_r = \dfrac{wG}{e}$ $S_r = \dfrac{w\gamma_d}{n}$

4.6 土的力学性质

土的力学性质是指土的变形和强度特性。

在实际工程中,无论是把土作为地基和环境,还是把土作为建筑材料使用,工程的修筑都会使土中原有的应力状态发生变化,从而引起土的变形,甚至破坏。为保证工程的正常使用和安全、经济,应对土的力学性质进行研究。

4.6.1 土的压缩性

1. 基本概念

土在压力作用下体积缩小的特性称为土的压缩性。计算地基沉降量时,必须取得土的压缩性指标。由于土的应力-应变关系曲线并非直线,实际工程中多用室内试验或原位试验测定。考虑到在一般工程中,土体的变形均要受到其周围土层的限制,为力求试验条件与土的天然状态及其在外荷载作用下的实际应力状态相符合,常采用室内完全侧限条件下(即不允许土样产生侧向变形)的压缩试验来测定土的压缩性指标,其试验条件虽然与土的实际工作情况不能完全符合,但这种误差是可以被一般工程所接受的,因而,具有一定的实用价值。

2. 土的压缩和再压缩曲线

土的压缩性一般通过室内土的压缩试验(试验过程及方法见附录 B)来研究。通过在室内土的压缩试验过程中对土的孔隙比和试验压力的记录可以绘制出多种反映土的压缩性特点的曲线。通常将土的压缩试验时的孔隙比和试验压力所绘制的 e-p 曲线或 e-lg p 曲线称为土的压缩曲线,而将加压到某一值 p_i 后逐级进行卸载过程中的孔隙比与压力的关系曲线称为土的回弹曲线。根据土在回弹稳定后再逐级进行加载过程中的孔隙比和试验压力所绘制的曲线则称为土的再压缩曲线。

大量的压缩试验结果表明,典型的土的压缩和再压缩曲线如图 4.6.1 所示,由图中可以看出:

① 土的压缩曲线并非直线,而是曲线,这说明土是非弹性材料。

② 如加压到某一值(相应于图 4.6.1 中 e-p 曲线上的 b 点)后不再加压,相反,逐级进行卸压后所观察到土的回弹曲线(如图 4.6.1 中 bc 曲线)与土加载的压缩曲线并不重合,即土样并不能完全恢复到相当于初始孔隙比 e_0 的 a 点处,也就是说土的压缩变形并不能完全恢复。通常将其中可以恢复的变形称为弹性变形,而将

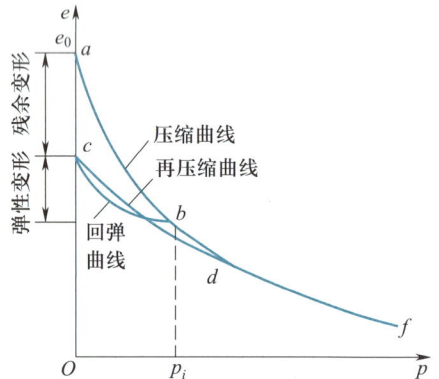

图 4.6.1 典型的土的压缩性特征曲线

其中不能恢复的变形称为残余变形。显然,土在外力作用下所产生的压缩变形是由弹性变形和残余变形两部分组成的。

③ 当施加在土样上的某一压力卸压完毕后,如重新逐级加压,则可测得土样在各级荷载下再压缩稳定后的孔隙比,从而可以绘制出土的再压缩曲线(如图 4.6.1 中的 cdf)。其中 df 段像

是 ab 段的延续,犹如其间没有经过卸载和再加压过程一样。在半对数曲线(e-lg p 曲线)中也同样可以看到这种现象。这说明土的应力历史对黏性土的压缩性有影响。

3. 土的压缩性指标

(1) 土的压缩系数

压缩性不同的土,其 e-p 曲线的形状是不一样的。曲线愈陡,说明随着压力的增加,土孔隙比的减小愈显著,因而土的压缩性愈高。所以,曲线上任一点的切线斜率 a 就表示了相应压力作用下土的压缩性,故称 a 为压缩系数。

$$a = -\frac{de}{dp} \tag{4.6.1}$$

此时,土的压缩性可用图 4.6.2 中割线 $M_1 M_2$ 的斜率表示。设割线与横坐标的夹角为 α,则

$$a = \tan \alpha = \frac{\Delta e}{\Delta p} = \frac{e_1 - e_2}{p_2 - p_1} \tag{4.6.2}$$

式中　a——土的压缩系数,MPa^{-1};

　　　p_1——地基某深度处土中自重应力,MPa;

　　　p_2——地基某深度处土中自重应力与附加应力之和,MPa;

　　　e_1——相应于 p_1 作用下压缩稳定后的孔隙比;

　　　e_2——相应于 p_2 作用下压缩稳定后的孔隙比。

压缩系数愈大,表明在同一压力变化范围内土的孔隙比减小得愈多,也就是土的压缩性愈大。

式(4.6.1)中的负号表示随着压力 p 的增加,e 逐渐减小。由于土的压缩曲线并非直线,因而土的压缩系数不是一个常数,而是随着所取压力变化范围的不同而改变的。在实际工程中,为了便于应用和比较,并考虑到一般建筑物地基通常受到的压力变化范围,常采用压力间隔由 p_1 = 100 kPa 增加到 p_2 = 200 kPa 时所得的压缩系数 a_{1-2} 来评定土的压缩性,如《建筑地基基础设计规范》(GB 50007—2011)中采用以下分类标准:

$a_{1-2} < 0.1$ MPa^{-1} 时,属低压缩性土;

$0.1 \leqslant a_{1-2} < 0.5$ MPa^{-1} 时,属中压缩性土;

$a_{1-2} \geqslant 0.5$ MPa^{-1} 时,属高压缩性土。

(2) 土的压缩指数

土的 e-p 曲线改绘成半对数压缩曲线 e-lg p 曲线后,它的后段将接近直线(图 4.6.3)。其斜率(C_c)即为土的压缩指数。即

$$C_c = \frac{e_1 - e_2}{\lg p_2 - \lg p_1} = (e_1 - e_2) / \lg \frac{p_2}{p_1} \tag{4.6.3}$$

同压缩系数 a 一样,压缩指数 C_c 值越大,土的压缩性越高。从图 4.6.3 可见 C_c 与 a 不同,它在直线段范围内并不随压力而变,试验时要求斜率确定得很仔细,否则误差很大。低压缩性土的 C_c 值一般小于 0.2,C_c 值大于 0.4 一般用于高压缩性土。采用 e-lg p 曲线可分析研究应力历史对土压缩性的影响,这对重要建筑物的沉降计算具有现实意义。

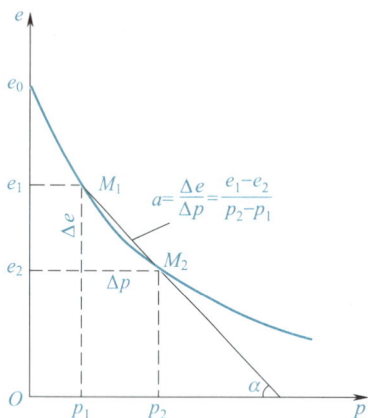

图 4.6.2　土的压缩系数

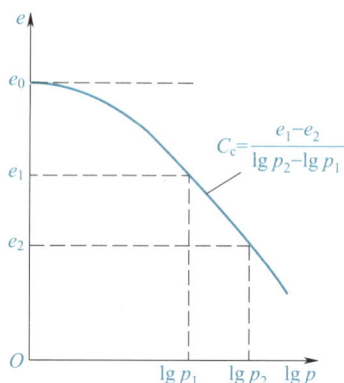

图 4.6.3　土的压缩指数

（3）土的压缩模量

土的压缩模量（E_s）是指土在完全侧限条件下的竖向附加压应力与相应的应变增量之比值。即

$$E_s = \frac{\Delta p}{\Delta \varepsilon} = \frac{p_2 - p_1}{\dfrac{e_1 - e_2}{1 + e_1}} = \frac{1 + e_1}{a} \tag{4.6.4}$$

式中　E_s——土的压缩模量，MPa；

a，e_1，e_2——意义同式（4.6.2）。

土的压缩模量是土压缩性的另一种表达方式。E_s 越小土的压缩性越高。

4. 土的变形模量

（1）概述

前述的用室内完全侧限条件下的压缩试验来测定土的压缩性指标，虽然力求试验条件与土的天然状态及其在外荷载作用下的实际应力状态相符合，但毕竟其试验条件与土的实际工作情况之间存在一定的差异。为了获得更加接近实际工作情况土的压缩性指标，人们又研究出了在实际土层上进行直接加载来测定土的压缩性指标的现场原位测试方法，如荷载试验、旁压试验等。其中荷载试验是《建筑地基基础设计规范》（GB 50007—2011）和《岩土工程勘察规范（2009年版）》（GB 50021—2001）等国家规范所推荐的测定土的承载力和压缩性指标的主要试验方法之一。

荷载试验是通过在实际土层上直接施加荷载，再根据试验中各级压力 p（MPa）及其相应的稳定沉降量 s（mm）绘制出土的 p-s 曲线，即测得的土体变形与压力之间的比例关系，从而获得土的承载力和压缩性指标的试验方法［荷载试验的设备、试验标准、操作要领及资料整理等详见《岩土工程勘察规范（2009 年版）》（GB 50021—2001）］，其测得的土的压缩性指标为土的变形模量 E_0。

大量的试验结果表明，典型的土体变形与压力之间的关系可以用图 4.6.4 来表示。由图 4.6.4 可知，曲线压力较小

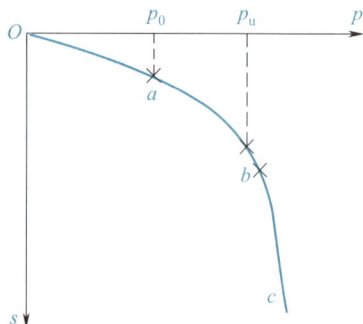

图 4.6.4　土体变形与压力之间的关系曲线

部分往往接近于直线。与直线段终点相对应的压力 p_0 称为地基土的比例极限压力。此阶段可以近似地认为土的工程特性符合弹性材料的规律,可以利用弹性力学公式计算土的弹性模量。由于土体并非真正的弹性材料,为了避免混淆,特将该弹性模量称为变形模量。其计算公式对于浅层平板荷载试验为

$$E_0 = I_0(1-\mu^2)\frac{pd}{s} \tag{4.6.5}$$

对于深层平板荷载试验为

$$E_0 = \omega\frac{pd}{S} \tag{4.6.6}$$

式中 I_0——刚性承压板的形状系数,对方形压板 $I_0 = 0.886$;对圆形压板 $I_0 = 0.785$。

  μ——土的泊松比(碎石土取 0.27,砂土取 0.30,粉土取 0.35,粉质黏土取 0.38,黏土取 0.42)。

  d——承压板直径或边长,m。

  p——$p\text{-}s$ 曲线线性段的压力,kPa。

  s——与 p 对应的沉降,mm。

  ω——与试验深度和土类有关的计算系数,可按表 4.6.1 选用。

表 4.6.1 深层平板荷载试验计算系数 ω

d/z	土类				
	碎石土	砂土	粉土	粉质黏土	黏土
0.30	0.477	0.489	0.491	0.515	0.524
0.25	0.469	0.480	0.482	0.506	0.514
0.20	0.460	0.471	0.474	0.497	0.505
0.15	0.444	0.454	0.457	0.479	0.487
0.10	0.435	0.446	0.448	0.470	0.478
0.05	0.427	0.437	0.439	0.461	0.468
0.01	0.418	0.429	0.431	0.452	0.459

注:d/z 为承压板直径或边长与承压板底面深度之比。

与室内试验相比,荷载试验具有压力影响深度大、取样所受到的应力与机械的扰动小、土中应力状态在荷载板较大时与实际基础条件比较接近、试验成果能反映较大一部分土体的压缩性等优点,但其试验设备笨重,操作繁杂、费时、费用高,因而只有在比较大型或重要的工程中才会使用。

需要指出的是,据有些地区的经验,它所反映的土的压缩性仅相当于实际工程施工完毕时的早期沉降。因此,采用荷载试验所确定的压缩性指标仍带有一定的近似性,其主要原因是土不是理想的弹性体而用弹性理论来研究。

此外,在实际工程中,对于深层土或地下水位以下等试验条件复杂的土层,国内外还可以采用旁压试验、触探试验等现场快速测定变形模量的方法,限于篇幅在此不一一介绍,有兴趣者可参阅《岩土工程勘察规范(2009 年版)》(GB 50021—2001)。

(2)变形模量与压缩模量的关系

如前所述,土的变形模量 E_0 是土体在单轴向受力,且无侧限条件下的应力与应变的比值,而土的压缩模量 E_s 则是土体在完全侧限条件下的应力与应变的比值。因此,从理论上讲,二者是完全可以相互换算的,其理论关系推导如下:

据压缩模量定义 $E_s = \dfrac{\sigma_z}{\lambda_z}$,可得竖向应变

$$\lambda_z = \frac{\sigma_z}{E_s} \tag{a}$$

根据弹性理论可知

$$\lambda_x = \frac{\sigma_x}{E} - \frac{\mu}{E}(\sigma_y + \sigma_z) \tag{b}$$

$$\lambda_y = \frac{\sigma_y}{E} - \frac{\mu}{E}(\sigma_z + \sigma_x) \tag{c}$$

$$\lambda_z = \frac{\sigma_z}{E} - \frac{\mu}{E}(\sigma_x + \sigma_y) \tag{d}$$

在完全侧限条件下

$$\lambda_x = \lambda_y = 0$$

由式(b)、(c)可得

$$\sigma_x = \sigma_y = \frac{\mu}{1-\mu}\sigma_z \tag{e}$$

将式(e)代入式(d)得

$$\lambda_z = \left(1 - \frac{2\mu^2}{1-\mu}\right)\frac{\sigma_z}{E} \tag{f}$$

将式(f)代入式(a)后可得

$$E = \left(1 - \frac{2\mu^2}{1-\mu}\right)E_s$$

式中 E——土的弹性模量。

根据变形模量的定义可知,此时土的弹性模量即为土的变形模量,即

$$E_0 = E$$

从而可得变形模量与压缩模量的关系为

$$E_0 = E_s\left(1 - \frac{2\mu^2}{1-\mu}\right) \tag{4.6.7}$$

令 $\beta = 1 - \dfrac{2\mu^2}{1-\mu}$,可得

$$E_0 = \beta E_s \tag{4.6.8}$$

$$\beta = E_0 / E_s \tag{4.6.9}$$

通常情况下,对土体而言 μ 在 $0 \sim 0.5$ 之间,则 β 应在 $1.0 \sim 0$ 之间,但实际统计资料所得的 β 值与它相比,却有较大的出入,E_0 可能是 E_s 的几倍(表 4.6.2)。其原因可能是:

① 用弹性理论来研究非理想的弹性体(土体)而带来的误差。

② 从钻孔取样一直到进行室内压缩试验过程,土样受到应力释放和结构扰动较大,而荷载试验所试验的土体为真实土层,且二者的受力条件也不相同。

③ 荷载试验与室内压缩试验的加载速率、压缩稳定标准不一致等。

表 4.6.2　变形模量与压缩模量的经验关系

土的种类	$\beta = E_0 / E_s$
老黏性土,低压缩性土	2～3
一般黏性土	1.4～2
新近沉积黏性土	0.8～1.0
一般高压缩性土	0.9～1.2
淤泥及淤泥质土	1.1～1.5
黄土	2～5

由表 4.6.2 可见,土愈坚硬或土的结构性愈显著,β 值愈大;土的压缩性愈大,则 β 值愈小。因而在实际使用时,应按地区经验,采用适当的 β 值进行变形模量与压缩模量的换算,不可盲目采用理论关系。

4.6.2　土的抗剪强度

土的强度是指土体抵抗外力时保持自身不被破坏所能承受的极限应力。对工程土体而言,土的强度也就是工程土体承受工程荷载的能力。在工程实践中,土的强度问题涉及地基、边坡和地下硐室的稳定性等问题,因而是土的力学性质的基本问题之一。

大量的工程实践表明,土体在通常应力状态下的破坏多表现为塑性破坏,或称剪切破坏,如图 4.6.5 所示。即在土的自重或外荷载作用下,在土体中某一个曲面上产生的剪应力值达到了土对剪切破坏的极限抗力(这个极限抗力称为土的抗剪强度),于是土体沿着该曲面发生相对滑移,土体失稳。所以,一般情况下所说的土的强度特指抗剪强度。

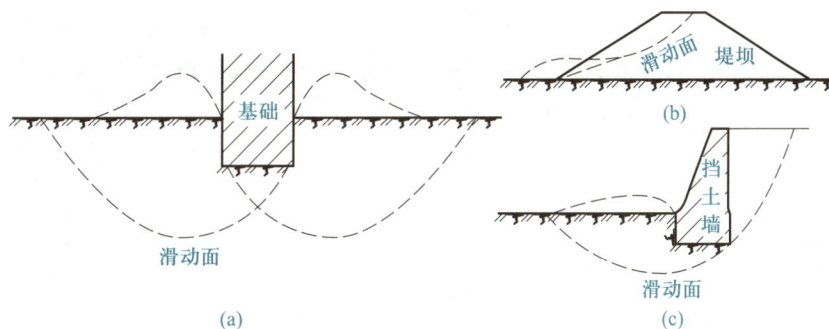

图 4.6.5　土的强度破坏的工程类型

1. 莫尔-库仑破坏理论

材料强度理论有多种,不同的理论适用于不同的材料。通常认为,莫尔(O. Mohr)-库仑(C. A. Coulomb)理论最适合土体的情况。

18 世纪末,库仑通过一系列土的强度试验总结出了土的抗剪强度规律:

砂土的抗剪强度(τ_f)与作用在剪切面上的法向应力(σ)成正比,比例系数为内摩擦系数。黏性土的抗剪强度(τ_f)比砂土的抗剪强度增加了一项土的黏聚力(C),即

砂土:

$$\tau_f = \sigma \tan \varphi \qquad (4.6.10)$$

黏性土:

$$\tau_f = \sigma \tan \varphi + C \qquad (4.6.11)$$

式中 τ_f——土体破坏面上的剪应力,即土的抗剪强度,kPa;

σ——作用在剪切面上的法向应力,kPa;

φ——土的内摩擦角,(°);

C——土的黏聚力,kPa。

式(4.6.10)和式(4.6.11)即为著名的库仑定律。

在一般条件下对式(4.6.10)和式(4.6.11)的一种比较简单的解释是:黏聚力可以近似地看作土颗粒间的连结力,$\tan \varphi$ 可以近似地看作土颗粒间的摩擦系数。由于无黏性土的试验结果 $C = 0$,故土颗粒间无黏聚性;而黏性土的试验结果出现 C,土具有一定的结构强度。

经过长期的试验,人们已认识到,土的抗剪强度指标是随试验时的若干条件而变的,其中最重要的是试验时的排水条件,也就是说,同一种土在不同排水条件下进行试验,可以得出不同的 C,φ 值。因此,也可将 C 称为"视黏聚力",意思是它表面上看来好像是黏聚力,其实不能真正代表黏性土的黏聚力,而只能代表黏性土抗剪强度的一部分,是在一定试验条件下得出的 $\sigma-\tau$ 关系线在 τ 轴上的截距。同样,φ 也只是由试验结果得出 $\sigma-\tau$ 关系线的倾斜角,不能真正代表粒间的内摩擦角。然而,由于按库仑定律建立的概念在应用上比较方便,许多分析方法也都建立在这种概念的基础上,故在工程上仍旧沿用至今。

由式(4.6.10)和式(4.6.11)可以看出,土的抗剪强度由破坏面上的内摩擦力($\sigma \tan \varphi$)和黏聚力(C)构成,综合起来可以统一地用 $\sigma-\tau$ 坐标系的一条与 σ 轴呈 φ 角的直线来表示,此直线在 τ 轴上的截距为 C。该直线的方程形式可以统一地用式(4.6.11)来表示,其图形表示见图 4.6.6,只是对于砂土 $C = 0$,图形表示为一条通过坐标原点的直线。由此可见黏聚力 C 和内摩擦角 φ 一般能反映土抗剪强度的大小,故称 C 和 φ 为土的抗剪强度指标。

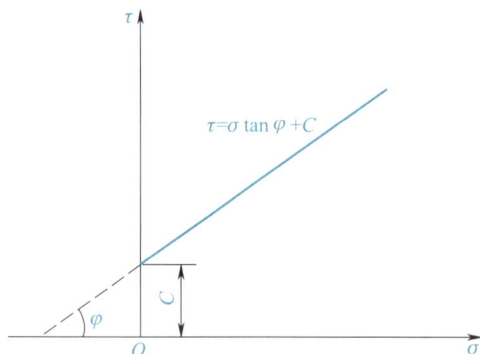

图 4.6.6 库仑定律

式(4.6.11)的函数关系表达了土在任何剪切面上破坏的强度条件,即该函数关系曲线上每一点的坐标值都代表土沿某一剪切面剪坏时所需的剪应力和正应力,当土内的任意斜断面上的剪应力和正应力都满足此函数式时,斜断面上的剪应力与抗剪力处于极限平衡状态,而当斜断面上的剪应力 τ 大于土的抗剪强度 τ_f,土体必然沿此面发生破裂,故此函数又称为土的强度条件,或称为强度曲线。即土的破坏条件为

$$\tau \geqslant \tau_f = \sigma \tan \varphi + C \tag{4.6.12}$$

由图 4.6.6 可以看出,库仑定律实际上是将 $\sigma-\tau$ 坐标系平面分为两部分,直线 $\tau = \sigma \tan\varphi + C$ 上部为不稳定区,下部为稳定区。如果土体内某斜截面上的应力状态(用坐标系中的一个点表示)在稳定区,则土体不会在此斜截面上破裂;若应力点落在不稳定区,则土体可能将沿此斜截面破裂;若应力点恰好落在直线上,则土体处于极限平衡状态。

需要说明的是,由于在岩土工程中通常假定土的抗拉强度为零,所以库仑定律只在正应力 σ 为正时有意义,不适用 $\sigma<0$ 的情况。

20 世纪初,莫尔在库仑定律的基础上,对材料的破坏规律进行了更加深入的研究,并提出了材料破坏的莫尔理论或称莫尔强度理论。该理论认为:材料在复杂应力状态下发生破坏,是由于材料在外荷载的作用下,沿材料内部某一斜截面上的剪应力达到了某一极限值造成的,且破坏时斜截面上的剪应力与剪切面上的正应力有关。因为剪切的结果会使材料内部面与面之间发生滑动,在滑动面上将产生摩擦力,而摩擦力的大小又取决于作用在面上的正应力。正应力越大,摩擦力也越大。所以,斜截面上的抗剪强度是该面上正应力的函数,即

$$\tau_f = f(\sigma) \tag{4.6.13}$$

当斜截面上的剪应力 $\tau = \tau_f$ 时,材料内受剪点所对应的面上的剪应力处于极限平衡状态。当斜截面上的剪应力 $\tau > \tau_f$ 时,材料就会发生剪切破坏。沿此剪切面上的剪应力不仅要克服此截面上材料颗粒间的连结力,而且还要克服沿此面上的摩擦阻力。并且 $\tau_f = f(\sigma)$ 所表达的曲线的形式可以是直线、抛物线、摆线和双曲线等各种形状,直线形只是其中的一种。这样一来,库仑定律就成了莫尔理论的一个特例。因此,莫尔理论和库仑定律之间有着难以割舍的联系,即库仑定律为莫尔理论的建立奠定了良好的基础,莫尔理论又为库仑定律的理论解释提供了充分依据。所以,通常岩土工程中也将库仑定律称为土体的莫尔-库仑破坏准则。

莫尔还提出,对材料破坏起决定作用的是最大主应力 σ_1 和最小主应力 σ_3,而与中间主应力 σ_2 的大小无关。材料内任意一点的极限状态应力,可以用图 4.6.7 所示的应力圆(也称莫尔应力圆或极限莫尔圆)来表示,图中 α 为潜在的破坏面的倾角。由于材料可在不同的应力状态下达到破坏,因此,可以作出很多极限应力圆。这些应力圆的公切线,也就是材料的强度曲线,或者说是这些极限莫尔圆的包络线,如图 4.6.8 所示。材料发生剪切破坏时的剪应力并不是最大剪应力,而是破坏面上的剪应力和正应力正好满足 $\tau > \tau_f$,具体地说就是莫尔圆与强度曲线相交。

有了莫尔-库仑破坏准则及某一种土的强度曲线后,就可以很容易地利用它来判断这种土内任一点在某一应力状态下是否会发生破坏,即如果以这一点的应力状态作出的莫尔圆与强度曲线相交,那么土内在这交点以上点所代表的斜截面必然发生破坏,当莫尔圆与强度曲线相切时,切点所对应的面就是土内剪应力处于极限平衡状态的面,也就是潜在的破坏面。如果所作的

莫尔圆不与强度曲线相切或相交,这一点处的应力状态是安全的。

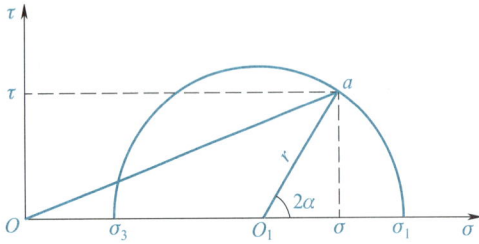

图 4.6.7 莫尔圆

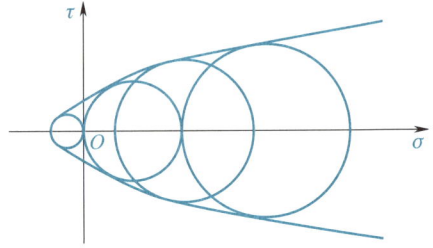

图 4.6.8 莫尔圆与莫尔强度曲线

2. 土的抗剪强度测定

土的抗剪强度一般通过室内试验测定。根据试验原理和方法的差异,土的抗剪强度试验可分为直接剪切试验和三轴剪切试验两种,详见附录 C。

3. 土的极限平衡条件

土处于极限平衡状态时,以这一点的应力状态作出的莫尔圆与强度曲线相切,如图 4.6.9 所示。

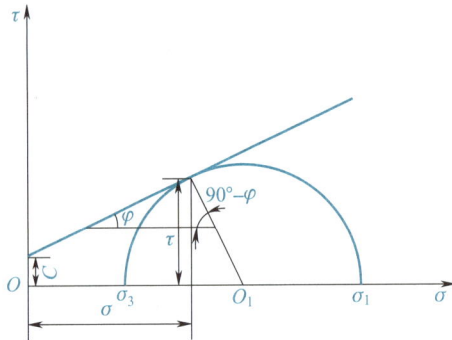

图 4.6.9 土的极限平衡条件

由图中可以得出

$$\tau = \frac{\sigma_1 - \sigma_3}{2} \cos \varphi \tag{4.6.14}$$

$$\sigma = \frac{\sigma_1 + \sigma_3}{2} - \frac{\sigma_1 - \sigma_3}{2} \sin \varphi \tag{4.6.15}$$

将式(4.6.14)和式(4.6.15)代入式(4.6.10)和式(4.6.11)并整理后可得砂土的极限平衡条件为

$$\sigma_1 = \sigma_3 \tan^2 \left(45° + \frac{\varphi}{2} \right) \tag{4.6.16}$$

$$\sigma_3 = \sigma_1 \tan^2 \left(45° - \frac{\varphi}{2} \right) \tag{4.6.17}$$

黏性土的极限平衡条件为

$$\sigma_1 = \sigma_3 \tan^2\left(45° + \frac{\varphi}{2}\right) + 2C\tan\left(45° + \frac{\varphi}{2}\right) \qquad (4.6.18)$$

$$\sigma_3 = \sigma_1 \tan^2\left(45° - \frac{\varphi}{2}\right) - 2C\tan\left(45° - \frac{\varphi}{2}\right) \qquad (4.6.19)$$

4.6.3　关于土的动力特性

前面所述为土体在静荷载作用下的压缩性和抗剪强度等力学性质问题,而在震动或机器基础等的作用下,土体会发生一系列不同于静力作用下的物理力学现象。一般而言,土体在动荷载作用下抗剪强度将有所降低,并且往往产生附加变形。

土体在动荷载作用下抗剪强度降低及变形增大的幅度除取决于土的类别和状态等特性外,还与动荷载的振幅、频率及震动(或振动)加速度有关。

4.7　无　黏　性　土

4.7.1　无黏性土的工程特征

由表 4.2.1 可知,无黏性土是指粒径大于 0.075 mm、颗粒质量超过总质量 50% 的土,包括碎石土和砂土。无黏性土通常具有以下特征:

① 颗粒粗大,且多为物理风化生成的、肉眼可见的原生矿物颗粒或更大的岩石碎屑。

② 颗粒间无连结或称无黏性,一般呈松散状态,现场采取原状土样比较困难。

③ 具有单粒结构。

④ 压缩性和抗剪强度等力学性质与土的粒度成分及密实程度关系密切。越是紧密的土,其强度越大,结构越稳定,压缩性越小。

⑤ 抗剪强度指标中仅有内摩擦角,没有黏聚力,即 $C = 0$。

⑥ 压缩过程迅速。

4.7.2　无黏性土的天然重度测定

由于要想获得土的各项物理力学性质指标,至少应实际测定土的土粒比重、含水量和天然重度(或天然密度)三个基本指标。在这三个基本指标中,天然重度指标是通过原状土样测定的。显然,对无黏性土,现场原状土样极难取得,必须采用特殊方法进行测定,常用的方法有环刀法、灌砂法和注水法三种。

1. 环刀法

这个方法是先挖一坑至欲取样的标高处,在坑底切一个直径较环刀内径略大的土柱,然后将环刀压入;或先将环刀压入砂土中,再仔细切削环刀试样;如压入有困难,还可以用锤击打入。该方法表面上看与黏性土的天然重度测定相同,但由于砂样易受扰动,所以应采用特殊规格的环刀,一般认为环刀面积应不小于 2 500 cm²,且该方法仅适用于地下水位以上的湿砂。

2. 灌砂法

当土体为地下水位以上的干砂时,环刀法也不适用,则可用灌砂法,这个方法(图 4.7.1)是先在选定取样位置整平地面,在整平面上铺置灌砂器底盘,底盘中部有一直径 12~15 cm 圆孔,在圆孔内向下挖一小圆坑。将挖出的砂全部称得质量为 m_1。在灌砂器中盛以足够数量的标准砂,称得质量为 m_2,使灌砂器漏斗对准底盘圆孔边缘。打开关,即可向小圆坑内灌砂,待砂停止流动后关闭开关,称灌砂器连同余下砂粒的质量为 m_3,则

$$\gamma = \frac{m_1}{m_2 - m_3 - m_0} \cdot \gamma_s \qquad (4.7.1)$$

式中 m_0——灌砂器底盘圆孔和灌砂器倒漏斗中标准砂的质量,g;

   γ_s——标准砂在模拟灌砂条件下的堆积重度,kN/m³。

标准砂为粒径 0.5~0.25 mm 的砂,可由河砂风干后过筛而得。

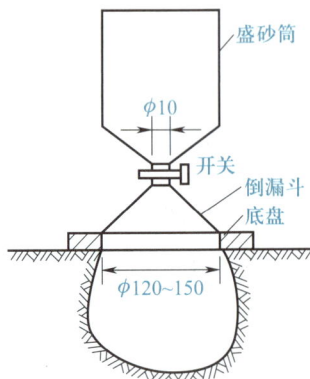

图 4.7.1   灌砂法求砂土重度

3. 注水法

该方法是首先将待测土体的表面整平,然后挖出部分土体并称重,再在开挖土体的坑内铺上塑料薄膜并向塑料薄膜上倒水至坑满为止。这样就可以通过事先倒入坑内水的体积或重量,或者通过事后称出塑料薄膜上水的重量来确定小土坑的容积,从而计算出土的天然重度。

注水法可适用于地下水位以上的几乎所有土体,但由于坑口水平面观测往往有一定的人为误差,因而测定结果的精度较低。

对于地下水位以下的无黏性土,采取原状试样和前述的方法均有困难,则必须采用动力触探等其他的方法来评价土的工程特征。

4.7.3   无黏性土的工程特征指标

由于无黏性土的力学性质与土的密实程度关系密切,所以,评价无黏性土的工程特征关键是确定土的密实程度。关于土的密实程度的评价指标,现行的国家规范推荐采用动力触探指标。在以往的国家规范及地区、行业规范中也有采用天然孔隙比、相对密度等指标评价的。

1. 动力触探指标

由于无黏性土的力学性质与土的粒度成分关系密切,在《岩土工程勘察规范(2009 年版)》(GB 50021— 2001)中对不同粒度成分的无黏性土推荐了不同的动力触探指标。

对于平均粒径大于 50 mm,或最大粒径大于 100 mm 的碎石土,规范推荐采用超重型动力触探指标 N_{120} 或用野外观察鉴别的方法确定其密实程度,具体确定标准见表 4.7.1。

表 4.7.1   碎石土密实程度按 N_{120} 的分类

超重型动力触探锤击数 N_{120}	$N_{120} \leqslant 3$	$3 < N_{120} \leqslant 6$	$6 < N_{120} \leqslant 11$	$11 < N_{120} \leqslant 14$	$N_{120} > 14$
密实程度	松散	稍密	中密	密实	很密

其中锤击数 N_{120} 应按下式修正：

$$N_{120} = \alpha_2 \cdot N'_{120} \qquad (4.7.2)$$

式中 N_{120}——修正后的超重型圆锥动力触探锤击数；

       α_2——超重型圆锥动力触探锤击数修正系数，按表 4.7.2 取值；

       N'_{120}——实测超重型圆锥动力触探锤击数。

表 4.7.2   超重型圆锥动力触探锤击数修正系数 α_2

L/m	N'_{120}										
	1	3	5	7	9	10	15	20	25	30	35	40
1	1.00	1.00	1.00	1.00	1.00	1.00	1.00	1.00	1.00	1.00	1.00	1.00
2	0.96	0.92	0.91	0.90	0.90	0.90	0.90	0.89	0.89	0.88	0.88	0.88
3	0.94	0.88	0.86	0.85	0.84	0.84	0.84	0.83	0.82	0.82	0.81	0.81
5	0.92	0.82	0.79	0.78	0.77	0.77	0.76	0.75	0.74	0.73	0.72	0.72
7	0.90	0.78	0.75	0.74	0.73	0.72	0.71	0.70	0.68	0.68	0.67	0.66
9	0.88	0.75	0.72	0.70	0.69	0.68	0.67	0.66	0.64	0.63	0.62	0.62
11	0.87	0.73	0.69	0.67	0.66	0.66	0.64	0.62	0.61	0.60	0.59	0.53
13	0.86	0.71	0.67	0.65	0.64	0.63	0.61	0.60	0.58	0.57	0.56	0.55
15	0.84	0.69	0.65	0.63	0.62	0.61	0.59	0.58	0.56	0.55	0.54	0.53
17	0.85	0.68	0.63	0.61	0.60	0.60	0.57	0.56	0.54	0.53	0.52	0.50
19	0.84	0.66	0.62	0.60	0.58	0.58	0.56	0.54	0.52	0.51	0.50	0.48

注：表中 L 为杆长。

对于平均粒径等于或小于 50 mm，且最大粒径小于 100 mm 的碎石土，规范推荐采用重型动力触探指标 $N_{63.5}$ 确定其密实程度，具体确定标准见表 4.7.3。

表 4.7.3   碎石土密实程度按 $N_{63.5}$ 的分类

重型动力触探锤击数 $N_{63.5}$	$N_{63.5} \leqslant 5$	$5 < N_{63.5} \leqslant 10$	$10 < N_{63.5} \leqslant 20$	$N_{63.5} > 20$
密实程度	松散	稍密	中密	密实

其中锤击数 $N_{63.5}$ 应按下式修正：

$$N_{63.5} = \alpha_1 \cdot N'_{63.5} \qquad (4.7.3)$$

式中 $N_{63.5}$——修正后的重型圆锥动力触探锤击数；

       α_1——重型圆锥动力触探锤击数修正系数，按表 4.7.4 取值；

       $N'_{63.5}$——实测重型圆锥动力触探锤击数。

表 4.7.4   重型圆锥动力触探锤击数修正系数 α_1

L/m	$N'_{63.5}$								
	5	10	15	20	25	30	35	40	$\geqslant 50$
2	1.00	1.00	1.00	1.00	1.00	1.00	1.00	1.00	
4	0.96	0.95	0.93	0.92	0.90	0.89	0.87	0.86	0.84

L/m	$N'_{63.5}$								
	5	10	15	20	25	30	35	40	≥50
6	0.93	0.90	0.88	0.85	0.83	0.81	0.79	0.78	0.75
8	0.90	0.86	0.83	0.80	0.77	0.75	0.73	0.71	0.67
10	0.88	0.83	0.79	0.75	0.72	0.69	0.67	0.64	0.61
12	0.85	0.79	0.75	0.70	0.67	0.64	0.61	0.59	0.55
14	0.82	0.76	0.71	0.66	0.62	0.58	0.56	0.53	0.50
16	0.79	0.73	0.67	0.62	0.57	0.54	0.51	0.48	0.45
18	0.77	0.70	0.63	0.57	0.53	0.49	0.46	0.43	0.40
20	0.75	0.67	0.59	0.53	0.48	0.44	0.41	0.39	0.36

注：表中 L 为杆长。

对于砂土的密实程度的评价指标，规范则推荐采用标准贯入试验锤击数实测值 N 进行划分，具体划分标准见表 4.7.5。对有经验的地区，也可以根据当地经验数据采用静力触探探头阻力划分砂土密实程度。

表 4.7.5 砂土密实程度分类

标准贯入锤击数 N	$N \leqslant 10$	$10 < N \leqslant 15$	$15 < N \leqslant 30$	$N > 30$
密实度	松散	稍密	中密	密实

2. 相对密度

相对密度（D_r）是指砂土的最大孔隙比与天然孔隙比之差与砂土的最大孔隙比与最小孔隙比之差的比值，即

$$D_r = \frac{e_{max} - e}{e_{max} - e_{min}} \tag{4.7.4}$$

式中　e_{max}——砂土的最大孔隙比，即砂土在最松散状态时的孔隙比；

　　　e_{min}——砂土的最小孔隙比，即砂土在最密实状态时的孔隙比；

　　　e——砂土的天然孔隙比。

砂土的最大孔隙比可以通过将疏松的风干砂样，经过长颈漏斗轻轻地倒入容器，求其最小重度的方法来测定。砂土的最小孔隙比则可以通过将疏松的风干砂样分几次装入金属容器，并加以震动或锤击夯实，直至密度不变为止，求其最大重度的方法来测定。砂土的最大孔隙比和最小孔隙比的详细测定步骤与方法见国家标准《土工试验方法标准》（GB/T 50123—2019）。

由于部分学者认为砂土的密实程度往往与砂粒的形状、粒径、级配等因素有关，有时疏松的级配良好的砂土的孔隙比，比紧密的颗粒均匀的砂土的孔隙比小，采用天然孔隙比 e 的某些界限作为砂土紧密状态的分类指标，缺乏概括性的条件下提出的一个能够综合地反映砂土的颗粒形状、颗粒级配等各个有关特征的、理论上比较完善的紧密状态的指标，因而，相对密度 D_r 曾被我国冶金工业部编制的《工程地质规范》及 1976 年的《铁路工程技术规范》所采用（表 4.7.6）。但

由于人为因素对其测定结果影响较大,目前在工程中已很少采用相对密度指标。

表 4.7.6　按相对密度划分砂土的紧密状态

D_r	紧密状态(冶金标准)	紧密状态(铁路标准)
$0.67 < D_r \leqslant 1$	密实	密实
$0.33 < D_r \leqslant 0.67$	中密	中密
$0.2 < D_r \leqslant 0.33$	稍密	稍松
$0 \leqslant D_r \leqslant 0.2$	松散	极松

4.7.4　无黏性土工程特征的影响因素

如前所述,无黏性土在工程特征上具有区别于其他土体的许多特点。这些特点实质上综合反映了无黏性土的矿物组成、粒度组成及颗粒形状等内在因素。一般地说,无黏性土的工程特征与以下因素有关。

1. 土的颗粒组成

① 组成土的颗粒越粗,土粒间的孔隙越大,但孔隙的数量越少,土的总孔隙比越小,土越密实,土的工程性质越好;反之,组成土的颗粒越细,土粒间的孔隙越小,但孔隙的数量越多,土的总孔隙比越大,土越疏松,土的工程性质越差。并且组成颗粒越粗,粒间孔隙越大,土颗粒间的排水通道越畅通,土的透水性越好,在外荷载作用下的压缩过程越迅速。

② 组成颗粒越均匀,即土的不均匀系数越大,土粒间越不易相互填充,总的孔隙比就越大,从而使土的密实程度越小,土的工程性质越差。

2. 土的矿物成分

当颗粒组成相同时,主要由云母等片状矿物组成的无黏性土的孔隙比,要远大于主要由石英、长石等柱状和粒状矿物组成的无黏性土的孔隙比。这主要与片状矿物间的架空有关。因此,无黏性土中含片状矿物越多,密实程度越差,强度和稳定性越低。

3. 土的颗粒表面特征和形成环境

土的颗粒表面越粗糙,颗粒间的摩擦力越大,土的强度越高。而土颗粒表面的粗糙程度又与土的形成环境关系密切。如洪积物、坡积物及冰积物往往因搬运路程较短,颗粒的磨圆程度较低,常具有较高的强度;而冲积物和海积物的颗粒间摩擦较为充分,颗粒的磨圆程度较高,则具有较低的强度。

4. 土的形成及受载历史

形成年代较老或形成后受到过超过目前土层的自重应力以外的其他荷载作用的土的密实程度较高,工程性质较好。所以,为了区分土的受载历史,常将土分为超固结土、正常固结土和欠固结土三类。

正常固结土是指历史上所受的最大荷载等于目前上覆土层的自重,且在自重应力作用下已完全固结的土;超固结土是指历史上所受的最大荷载超过目前上覆土层的自重的土;而欠固结土则是指历史上所受的最大荷载等于目前上覆土层的自重,但在自重应力作用下尚未完全固结的土。

4.7.5 无黏性土的描述

无黏性土的描述主要应针对影响土的工程性质,反映土的组成、结构、构造和状态的特征而进行。因此,对于各种不同的土,描述的侧重点也有所不同。

1. 碎石类土的描述

碎石类土应描述碎屑物的成分,即指出碎屑是由哪类岩石组成的;碎屑物的大小及最大、最小粒径,并估计各粒组的含量(以百分数表示,下同);碎屑物的形状,即碎屑的磨圆程度;碎屑的坚固程度。

当碎石类土的主要组成颗粒之间有充填物时,应描述充填物的成分,并确定充填物的土类和估计其含量。如果没有充填物时,应研究其孔隙的大小,颗粒间的接触是否稳定等现象。

碎石土还应描述其密实程度,碎石土密实程度的定性划分标准见表 4.7.7,碎石土密实程度的定量划分可以根据表 4.7.1 和表 4.7.3 进行。

表 4.7.7 碎石土密实程度野外鉴别

密实程度	骨架颗粒含量和排列	可挖性	可钻性
松散	骨架颗粒质量小于总质量的 60%,排列混乱,大部分不接触	锹可以挖掘,井壁易坍塌,从井壁取出大颗粒后,立即塌落	钻进较易,钻杆稍有跳动,孔隙易坍塌
中密	骨架颗粒质量等于总质量的 60%~70%,呈交错排列,大部分接触	锹可挖掘,井壁有掉块现象,从井壁取出大颗粒处,能保持四面形状	钻进较困难,钻杆、吊锤跳动不剧烈,孔壁有坍塌现象
密实	骨架颗粒质量大于总质量的 70%,呈交错排列,连续接触	锹、镐挖掘困难,用撬棍方能松动,井壁较稳定	钻进困难,钻杆、吊锤跳动剧烈,孔壁较稳定

注:密实程度应按表列各项特征综合确定。

2. 砂土的描述

砂类土按其颗粒的粗细可分为砾砂、粗砂、中砂、细砂和粉砂。描述砂类土时应对其中所包含的各种粒径的含量进行说明。

当砂类土中含有机质等细颗粒成分时,其工程性质会被恶化,所以,对砂类土中的细颗粒物质的矿物组成及含量应进行重点描述。砂类土中的细颗粒物质的矿物组成可以根据土的颜色进行初步判断:当土呈黑色时,常表示土中有机质的含量较高;当土呈灰色时,常表示土中含少量的有机质;当土呈红色时,常表示土中含较多的 Fe_2O_3;当土呈黄色或橙黄色时,常表示土中含少量的 FeO_3;当土中含 SiO_2、$CaCO_3$ 及 $Al(OH)_3$ 和高岭土时,土常呈白色或浅色。

砂类土的密实程度对其工程性质具有较大影响,所以,对砂类土的密实程度进行适当划分也是描述砂类土时不可缺少的工作。具体的划分办法可以根据工程的特点,选择相应的指标按表4.7.5、表 4.7.6 中的一种或多种标准进行。通常是根据钻探过程的标准贯入指标将砂类土的密实程度分为密实、中密、稍密和松散 4 个等级。

对以细砂或粉砂为主的土,土的干湿程度常对其工程性质有较大影响,因而应对土的含水量进行测定,特别是饱和土,应说明是否可能发生液化。

4.8 黏 性 土

4.8.1 黏性土的工程特征

由于黏性土的颗粒组成与无黏性土有较大的差异,因而其工程性质也与无黏性土不同,具有以下特征:

① 颗粒细小,且多由化学风化生成的次生黏土矿物颗粒组成。

② 具有黏性和可塑性。由于黏粒与水相互作用产生黏结力,使得土表现为具有一定的黏性和可塑性。

③ 黏性土的工程特征与土的含水量有着密切的关系。随着土的含水量的变化,黏性土可以是从干而坚硬的固体一直到具有流动性的液体间的各种不同类型的物理状态。随着土的物理状态变化,土的工程特性也将发生变化。

④ 具有胀缩性。随着土的含水量的变化,黏性土的体积也会发生变化。当黏性土的含水量增加时,由于土在浸湿过程中使结合水膜变厚,土粒间的距离增大,土的体积将发生膨胀;反之,当黏性土的含水量减少时,由于土粒间的结合水膜变薄、粒间距离减小,土的体积将发生收缩。这种由于含水量变化而引起土的体积变化的性质,即土的遇水膨胀和失水收缩的特性称为土的胀缩性。

黏性土的胀缩性容易使工程土体产生不均匀变形,对建筑基坑、路堤、路堑及新开挖河道岸边等工程边坡的稳定性造成不利影响。

⑤ 具有团聚结构。由于黏性土的颗粒非常细小,且黏粒与水之间有连结力,使得黏性土的颗粒间只有彼此相连形成各种团粒后才可以沉积,因而黏性土的结构类型为团聚结构。

⑥ 抗剪强度包括土颗粒间的摩擦力及连结力两个部分,即抗剪强度指标既包括内摩擦角,又包括黏聚力。

⑦ 具有触变性。黏性土颗粒间的连结力极其微弱,当土体受外力作用时,土颗粒间的静电引力、分子引力连结及水胶连结等连结力将被破坏,从而使土体的强度降低。这种由于土体结构受扰动破坏而造成土体强度降低的特性称为土的触变性。正因为黏性土具有触变性,在黏性土的原状样采取及工程施工过程中应采取有效措施来保护土体的结构强度,以免造成试验指标的失真或工程土体强度的降低。

⑧ 透水性极其微弱。当黏性土的含水量较少时,由于土粒与水相互作用产生黏结力,使得其余水体难以通过;当黏性土的含水量较高时,由于土粒间的孔隙已被水占据,会妨碍其他水体的通过。所以,黏性土的透水性极其微弱,甚至不透水。

⑨ 部分黏性土具有崩解性。当黏性土颗粒间连结物为可溶胶结物,特别是易溶的胶结物时,其遇水后,胶结物的溶解或软化会造成土粒间连结力的降低,很快就可以使土由表及里地分散成小块或碎片。黏性土的这种遇水分散的特性称为土的崩解性。

鉴于黏性土的这些特征,显然,前述的描述无黏性土的工程特征的指标将不再适用,必须采用新的指标描述黏性土的工程特征。

4.8.2　黏性土的工程特征指标

1. 黏性土的界限含水量

黏性土区别于无黏性土的一大特性是随着本身含水量的变化,黏性土可以处于各种不同的物理状态,其工程性质也相应地发生很大的变化。当含水量很小时,黏性土比较坚硬,处于固体状态,具有较高的力学强度;随着土中含水量的增大,土逐渐变软,并在外力作用下可任意改变形状,即土处于可塑状态;若再继续增大土的含水量,土变得愈来愈软弱,甚至不能保持一定的形状,呈现流塑-流动状态。黏性土这种因含水量变化而表现出的各种不同物理状态,称为土的稠度。

随着含水量的变化,黏性土由一种稠度状态转变为另一种稠度状态,相应于转变点的含水量称为界限含水量,也称为稠度界限。

如图 4.8.1 所示,土由可塑状态转到流塑-流动状态的界限含水量称为土的液限(w_L),也称塑性上限或流限;土由半固态转到可塑状态的界限含水量称为土的塑限(w_P),也称塑性下限;土由半固体状态不断蒸发水分,则体积逐渐缩小,直到体积不再缩小时土的界限含水量称为土的缩限(w_S)。它们都以百分数表示。

图 4.8.1　黏性土的界限含水量

界限含水量是黏性土的重要特性指标,它们对于黏性土工程性质的评价及分类等有重要意义,而且各种黏性土有着各自并不相同的界限含水量。

黏性土的界限含水量一般通过室内试验的方法进行测定,具体的试验仪器、方法和步骤见附录 A.3。

2. 黏性土的塑性指数和液性指数

（1）塑性指数

塑性指数(I_P)是指液限和塑限的差值,用不带百分数符号的数值表示,即

$$I_P = w_L - w_P \tag{4.8.1}$$

它表示土处在可塑状态的含水量变化范围。显然塑性指数愈大,土处于可塑状态的含水量范围也愈大,可塑性就愈强。

塑性指数的大小与土中结合水的发育程度和含量有关,亦即与土的颗粒组成（黏粒含量）、矿物成分及土中水的离子成分和浓度等因素有关。土中黏土颗粒含量愈高,则土的比表面积和相应的结合水含量愈高,因而 I_P 愈大。如土中不含或极少含黏粒时（例如小于 3%）,I_P 近于零;当黏粒含量增大,但小于 15%时,I_P 值一般不超过 10,此时土表现出粉土特征;当黏粒含量再大,则土表现为黏性土的特征。按土粒的矿物成分,黏土矿物（其中尤以蒙脱石类）具有的结合水量最大,因而 I_P 值也最大。根据土中水的离子成分和浓度,当高价阳离子的浓度增加时,土粒表面

吸附的反离子层的厚度变薄,结合水含量相应减少,I_P 也减小;反之,随着反离子层中低价阳离子的增加,I_P 变大。总之,土的塑性指数 I_P 值是组成土粒的胶体活动性强弱的特征指标。所以,塑性指数是黏性土的颗粒组成及颗粒间的水中离子成分的综合反映,塑性指数相近的黏性土,一般表现出相似的物理力学性质。这也正是可以用塑性指数作为黏性土分类标准的理由。

(2)液性指数

液性指数(I_L)是指黏性土的天然含水量和塑限的差值与塑性指数之比,用小数表示,即

$$I_L = \frac{w - w_P}{w_L - w_P} = \frac{w - w_P}{I_P} \tag{4.8.2}$$

从式中可见,当土的天然含水量小于塑限时,I_L 小于 0,天然土处于坚硬状态;当土的天然含水量大于液限时,I_L 大于 1,天然土处于流动状态;当土的天然含水量在液限与塑限之间时,即 I_L 在 0 ~ 1 之间,则天然土处于可塑状态。因此可以利用液性指数 I_L 来表征黏性土所处的软硬状态,I_L 值愈大,土质愈软;反之,土质愈硬。根据《岩土工程勘察规范(2009 年版)》(GB 50021—2001)、《建筑地基基础设计规范》(GB 50007—2011)等国家标准中的规定,黏性土的状态根据液性指数值可划分为坚硬、硬塑、可塑、软塑及流塑 5 种,其划分标准见表 4.8.1。

应当指出,土的塑限和液限都是用扰动土样进行测定的,所以表 4.8.1 中对黏性土状态分类是针对结构已彻底破坏的土而言的。对于天然土,由于其在自重作用下已有很长的历史,具有一定的结构强度,其实际状态可能与表 4.8.1 中的黏性土分类状态不完全一致,但当土的结构遭到破坏后,它的状态会将与表 4.8.1 中的黏性土分类状态保持一致。

表 4.8.1 黏性土状态分类

液性指数	$I_L \leq 0$	$0 < I_L \leq 0.25$	$0.25 < I_L \leq 0.75$	$0.75 < I_L \leq 1$	$I_L > 1$
状态	坚硬	硬塑	可塑	软塑	流塑

3. 灵敏度

触变性是黏性土区别于其他土体的特征之一。对于黏性土的触变特性,一般用灵敏度进行定量评价。

所谓灵敏度是指原状黏性土试样与具有相同含水量的同种黏性土的重塑试样的无侧限抗压强度的比值,即

$$S_t = \frac{q_u}{q_u'} \tag{4.8.3}$$

式中 S_t——灵敏度;

q_u——原状黏性土试样的无侧限抗压强度,kPa;

q_u'——与测定 q_u 的试样具有相同含水量的同种黏性土的重塑试样的无侧限抗压强度,kPa。

对于饱和软黏性土,由于其土颗粒间的孔隙已被水完全充满,可以近似地认为其内摩擦角等于 0,此时土的无侧限抗压强度与抗剪强度相等,均等于土的黏聚力,土的灵敏度也可以用下式表示:

$$S_t = \frac{C}{C'} \tag{4.8.3}'$$

式中　S_t——饱和软黏土灵敏度；

　　　C——原状黏性土试样的黏聚力，kPa；

　　　C'——与测定 C 的试样具有相同含水量的同种黏性土的重塑试样的黏聚力，kPa。

根据灵敏度的高低，黏性土可以分为低灵敏度土、中灵敏度土和高灵敏度土 3 类，原《工业与民用建筑工程地质勘察规范》(TJ 21—1977) 中的分类标准如下：

$$S_t \leqslant 2 \qquad 低灵敏土$$
$$2 < S_t \leqslant 4 \qquad 中灵敏土$$
$$S_t > 4 \qquad 高灵敏土$$

土的灵敏度愈高，其结构性愈强，受扰动后土的强度降低就愈多。所以在工程施工中应注意保护土体，尽量减少对土体结构的破坏。

4. 活动度

如上所述，黏性土的颗粒组成多为由化学风化生成的次生黏土矿物，并且黏性土的工程特征与土的含水量有着密切的关系，因此，黏土矿物与水之间作用的强烈程度会对土的工程特性产生影响。例如，因高岭石类矿物与水之间的作用比较弱，主要由高岭石组成的黏性土的胀缩性和压缩性等均较小；蒙脱石与水作用很强烈，当黏性土中含蒙脱石较多时，其胀缩性和压缩性等都很大。工程中将黏性土矿物与水之间作用的强烈程度称为黏性土矿物的活动性。黏性土矿物与水之间的作用越强烈，则黏性土矿物的活动性越高，由这类矿物所组成的土的工程性质越差。因此，在实际工程中有时需要对工程土体的组成矿物的活动性进行分析。这种分析常用指标为活动度。

所谓活动度是指土的塑性指数 I_P 与胶粒（粒径小于 0.002 mm 的颗粒）含量百分数的比值，即

$$A = \frac{I_P}{m} \tag{4.8.4}$$

式中　A——活动度；

　　　m——粒径小于 0.002 mm 的颗粒含量百分数。

土的活动度越高，说明土中组成矿物的活动性越高或土中高活动性矿物（如蒙脱石）所占的比例越高，土的工程性质越差。在实际工程中，可按活动度 A 的大小把黏性土划分为不活动性黏性土、正常黏性土和活动性黏性土 3 类，具体分类标准如下：

$$A < 0.75 \qquad 不活动性黏性土$$
$$0.75 \leqslant A \leqslant 1.25 \qquad 正常黏性土$$
$$A > 1.25 \qquad 活动性黏性土$$

4.8.3　黏性土工程特征的影响因素

综上所述，不难看出黏性土的工程特征归根到底是由土自身的组成特点和含水量所共同决定的，具体影响因素如下。

1. 土的矿物成分

土中含蒙脱石等亲水矿物越多，矿物与水之间的作用越强烈，土的胀缩性和压缩性越大，总体工程特性越差；土中含易溶盐越多，易溶盐溶解前后的结构强度差别越大，土的触变性越强，灵

敏度越高。

2. 含水量

随着含水量的变化,黏性土可以具有不同的稠度,从而表现出不同的工程特性。土的含水量越高,土的压缩性越大,强度越低,总体工程特性越差。

3. 土的形成及受荷历史

和无黏性土一样,黏性土的工程特性与其形成历史的关系也非常密切,具体特征和无黏性土相同。

4.9 粉 土

粉土属于无黏性土和黏性土的过渡类型,因而其工程特性也介于无黏性土和黏性土之间,与土的密实程度和含水量的关系均比较密切。具体评价标准见表 4.5.2 和表 4.5.3。

本章知识工程应用要点

土的工程地质特征是进行土体工程设计和施工的基础,因而熟悉并掌握土体的工程地质特征方面的知识是对所有岩土工程技术人员的基本要求。其中特别应当注意以下几点:

① 土是由土颗粒、充填于土颗粒之间的孔隙中的水或水溶液及气体所共同组成的三相体系。

② 土的工程地质特征是由土的颗粒成分、矿物成分、土颗粒形状及表面特征、密实程度、含水量等因素所共同决定的,在进行土体工程的设计和施工之前,设计和施工人员应对工程土体的上述因素进行充分的研究和分析,并针对工程土体的具体特点采取相应措施保证工程的安全可靠和经济合理。

③ 土是自然历史的产物,各不同成因和不同堆积年代形成的土的工程性质差别很大,在进行土体工程的设计和施工之前,设计和施工人员应对工程土体进行适当分类,并根据分类结果有针对性地选择适当的评价指标对土体工程进行合理评价。

④ 黏性土与无黏性土在工程特性方面和评价指标方面均有很大差别,在实际工程中应区别对待。

思 考 题

1. 什么是土的三相组成?
2. 什么是土的结构?
3. 黏性土和无黏性土有何区别?
4. 什么是土的孔隙度和孔隙比?
5. 什么是土的饱和度?
6. 什么是土的干密度、饱和密度和有效密度?
7. 什么是土的相对密度?
8. 土的工程特性有哪些?

9. 什么是土的液限、塑限和缩限？

10. 什么是土的塑性指数和液性指数？

11. 什么是土的灵敏度？

12. 简述土的应力-应变关系。

13. 简述并比较土的两种剪切试验。

14. 简述土的强度特征。

15. 简述土的粒度成分的含义及其评价指标。

16. 已知某土样的 $w_P = 12\%$, $w = 18\%$, $w_L = 30\%$, 试计算该土样的 I_L 和 I_P。

17. 已知某土样的 $e_{max} = 1.2$, $e_{min} = 0.30$, $e = 0.6$, 试计算该土样的相对密度 D_r。

18. 50 cm³ 某土样的湿土质量为 90 g, 干土质量为 75 g, 土粒比重为 2.5, 试计算该土样的孔隙比、有效密度、饱和度、干重度、有效重度。

第 5 章

岩体的工程地质特性

5.1 概　　述

岩石是由矿物或岩屑在地质作用下按一定的规律聚集而成的自然结合体。它由矿物颗粒或岩屑及肉眼难以觉察的微裂隙共同构成，是组成地壳的基本物质。通常也把岩石称为岩块。

岩体是在漫长的自然历史过程中经受了各种地质作用，并在地应力的长期作用下形成的、内部保留了各种各样的地质构造形迹的、具有一定工程尺度的自然地质体。它由岩石和层面、节理、断层等各种性质的软弱结构面共同构成。所以通常也把岩体称为多裂隙岩体。

岩体和岩石(岩块)是两个既有联系又有区别的概念。岩石是组成岩体的基本单元；而岩体则是指天然埋藏条件下，由岩块和一种以上的软弱结构面所共同组成的复杂地质体，是岩石受到各种性质的软弱结构面切割而形成的综合体。由于软弱结构面的存在，岩体的强度要远低于岩石的强度。因此，对于建在岩体上或岩体中的各类工程的稳定性起决定作用的是岩体强度，而不是岩石强度。所以，实际工程中不仅要深入研究岩石的物理力学性能，而且要深入研究岩体的物理力学性能。

5.2 岩石的物理和水理性质

5.2.1 岩石的基本物理性质

岩石的基本物理性质包括比重、重度、干重度、天然重度、饱和重度、孔隙率(度)、孔隙比等，其定义的实质与土完全相同，只是将其中的土换成岩石，土颗粒换成岩石中的固体部分，故此处不再重复。

5.2.2 岩石的水理性质

岩石的水理性质是指岩石与水作用时所表现的性质，主要有岩石的吸水性、透水性、溶解性、软化性、抗冻性等。

1. 岩石的吸水性

岩石吸收水分的性能称为岩石的吸水性。常以吸水率、饱和吸水率和饱水系数等指标来表示。

岩石的吸水率(w_a)是指在常压下岩石的吸水能力，以岩石所吸水分的质量与干燥岩石质量

之比的百分数表示,即

$$w_a = \frac{m_0 - m_s}{m_s} \times 100\% \qquad (5.2.1)$$

式中 w_a——岩石的吸水率,%;

m_0——岩石在常压下吸水后的质量,kg;

m_s——干燥岩石的质量,kg。

岩石吸水率的大小取决于岩石所含孔隙、裂隙的数量、大小、开闭程度及其分布情况。

岩石的吸水率愈大,水对岩石的侵蚀、软化作用就愈强,岩石的强度和稳定性受水作用的影响也就愈显著。

岩石的饱和吸水率(w_{sat})是指岩石在煮沸或真空条件下所吸水分的质量与干燥岩石质量之比的百分数:

$$w_{sat} = \frac{m_P - m_s}{m_s} \times 100\% \qquad (5.2.2)$$

式中 w_{sat}——岩石的饱和吸水率,%;

m_P——岩石在煮沸或真空条件下吸水后的质量,kg;

m_s——干燥岩石的质量,kg。

岩石的吸水率与饱和吸水率之比,称为岩石的饱水系数。岩石的抗冻性与其饱水系数的大小有关,饱水系数越大,岩石越易被冻胀破坏。一般认为饱水系数小于 0.8 的岩石是抗冻的。

2. 岩石的透水性

岩石的透水性是指在一定的压力作用下,岩石允许水通过的性质。地下水存在于岩石的孔隙或裂隙中,因而岩石的透水性大小不仅与岩石的孔隙率大小有关,而且还与孔隙或裂隙贯通程度有关。一般来说,岩石中的孔隙或裂隙都非常细小且贯通性差,因此大多数岩石的透水性很差。

岩石的透水性用渗透系数(K)来表示。渗透系数的定义及其物理意义详见第 6 章第 3 节。

3. 岩石的溶解性

岩石的溶解性是指岩石溶解于水的性质,常用溶解度或溶解速度来表示。岩石的溶解性主要取决于岩石的化学成分,和水的性质也有密切的关系。如富含 CO_2 的水具有较大的溶解能力。常见的可溶性岩石有石灰岩、白云岩、石膏、岩盐等。

4. 岩石的软化性

岩石的软化性是指岩石在水的作用下,强度和稳定性降低的性质。

岩石的软化性常以软化系数来表示。软化系数为岩石饱水状态的抗压强度与岩石干燥状态的抗压强度之比,用小数表示。即

$$K_R = \frac{R_w}{R_d} \qquad (5.2.3)$$

式中 K_R——岩石的软化系数;

R_w——岩石饱水状态的抗压强度,kPa;

R_d——岩石干燥状态的抗压强度,kPa。

显然,软化系数越小岩石的软化性越强。一般岩石的饱和抗压强度都低于正常含水量时的抗压强度。也就是说,岩石都不同程度地具有软化性。

岩石软化性的强弱主要与岩石的矿物成分、结构、构造等特征有关。岩石中黏土矿物的含量越高、孔隙率越大、吸水率越高，则遇水后越容易被软化，岩石浸水后的强度和稳定性损失越大，其软化系数越小。

由于岩石的软化系数较易测定，因而软化系数在生产实践中，特别是在水工建筑物的地基勘察中的应用较为广泛，常用来间接评价岩石的抗风化性和抗冻性。一般地讲，软化系数 $K_R>0.75$ 的岩石被认为是软化性弱，抗水、抗风化和抗冻性强的岩石；而 $K_R<0.75$ 的岩石则被认为是软化性强，抗水、抗风化和抗冻性弱的岩石。K_R 愈小，表示岩石在水作用下的强度和稳定性愈差，岩石的工程地质性质也愈差。

常见岩石的比重、密度、孔隙率、吸水率、软化系数见表 5.2.1。

5. 岩石的抗冻性

岩石抵抗冰冻作用的能力称为岩石的抗冻性。由于岩石中存在孔隙和裂隙，受高寒冰冻作用后，其中的水将结成冰，体积将膨胀，在岩石中产生较大的膨胀应力，使岩石的强度和稳定性遭到破坏。因此，抗冻性是评价高寒冰冻地区岩石工程地质性质的一个重要指标。

岩石的抗冻性有不同的表示方法，一般用岩石在抗冻试验前后抗压强度的降低率表示。抗压强度降低率小于 20%～25% 的岩石，认为是抗冻的；大于 25% 的岩石，认为是非抗冻的。

岩石的抗冻性与岩石的饱水系数、软化系数和气候条件有关。一般是饱水系数、软化系数愈小，岩石的抗冻性愈强。温度变化剧烈，岩石反复冻融，其抗冻能力会降低。

表 5.2.1 常见岩石的物理及水理指标

岩石名称		比重	密度/(g·cm⁻³)	孔隙率/%	吸水率/%	软化系数
岩浆岩	花岗岩	2.50～2.84	2.30～2.80	0.04～0.92	0.10～0.92	0.72～0.97
	正长岩	2.50～2.90	2.40～2.85	—	0.47～1.94	—
	闪长岩	2.60～3.10	2.52～2.96	0.25～3.00	0.30～0.48	0.60～0.80
	辉长岩	2.70～3.20	2.55～2.98	0.92～1.13	—	—
	辉绿岩	2.60～3.10	2.53～2.97	0.40～6.38	0.22～5.00	0.33～0.90
	玢岩	2.60～2.84	2.40～2.80	—	0.07～1.65	0.78～0.81
	斑岩	2.62～2.84	2.70～2.74	0.29～2.75	0.20～2.00	—
	粗面岩	2.40～2.70	2.30～2.67	—	—	0.81～0.91
	安山岩	2.40～2.80	2.30～2.70	1.08～2.19	0.29	0.30～0.95
	玄武岩	2.60～3.30	2.50～3.10	0.35～3.00	0.31～2.69	0.52～0.86
	凝灰岩	2.56～2.78	2.29～2.50	1.50～4.50	0.12～7.45	—
沉积岩	砾岩	2.67～2.71	2.42～2.66	0.34～9.30	0.20～5.00	0.50～0.96
	砂岩	2.60～2.75	2.20～2.71	1.60～2.83	0.20～12.19	0.65～0.97
	页岩	2.57～2.77	2.30～2.62	1.46～2.59	1.80～3.10	0.24～0.74
	石灰岩	2.48～2.85	2.30～2.77	0.53～2.00	0.10～4.55	0.70～0.94
变质岩	片麻岩	2.63～3.10	2.30～3.05	0.70～4.20	0.10～3.15	0.75～0.97
	片岩	2.75～3.02	2.69～2.92	0.70～2.92	0.08～0.55	0.44～0.84
	石英岩	2.53～2.84	2.40～2.80	0.50～0.80	0.10～1.45	0.94～0.96
	大理岩	2.80～2.85	2.60～2.70	0.22～1.30	0.10～0.80	—
	板岩	2.68～2.76	2.31～2.75	0.36～3.50	0.10～0.95	—

5.3 岩石的力学性质

岩石的力学性质是指岩石抵抗外力作用的性能。由于岩石是由矿物颗粒或岩屑及肉眼难以觉察的微裂隙共同构成的,因而岩石是非均质、各向异性的固体材料。又由于岩石的结构、构造和形成历史极为复杂,即使是同一种岩石,在不同的环境条件下所表现出来的力学性质也有较大的差异。

岩石在外力作用下,首先发生变形,当外力增加到某一数值时,岩石便开始破坏。因此,岩石的力学特征包括岩石的变形特征和破坏特征两个方面。

5.3.1 岩石的变形

岩石在外力作用下,由于其内部各质点的位置发生改变而引起的岩石的形状和尺寸的变化,称为岩石的变形。

1. 岩石在单向加载条件下的变形

岩石的变形规律可用应力-应变曲线来表示。岩石在不同的受力状态下具有不同的应力-应变关系,如单向受压状态下应力-应变关系、三向受压状态下应力-应变关系和流变曲线等,其中最能代表岩石工程性质特点的是岩石在单向压力作用下的应力-应变曲线。完整的岩石在单向压力作用下的应力-应变曲线如图 5.3.1 所示。图中各曲线段的物理过程如下:

① 压密阶段(*OA* 段) 在给岩石施加外力的开始阶段,岩石内的微裂隙在外力的作用下被压密,岩石体积缩小。该阶段岩石的应力-应变曲线一般呈上凹型,对应于 *A* 点的应力称为岩石的压密极限。

② 弹性变形阶段(*AB* 段) 该阶段岩石的应力-应变曲线近似为上升的直线,岩石呈线弹性变形,试件的轴向被压缩,横向应变有所增大,但体积仍在缩小。对应于 *B* 点的应力称为岩石的弹性极限。

③ 屈服破坏阶段(*BC* 段) 该阶段岩石的应力-应变曲线一般呈上凸型。即随着轴向压力的增加,岩石内原有的微裂隙

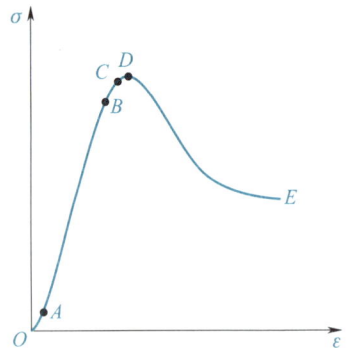

图 5.3.1 岩石的应力-应变曲线

开始扩展,试件开始发生破裂,体积由缩小转为增大(膨胀),即发生"扩容"。扩容起始点所对应的应力称为岩石的临界应力,它是断定岩石是否发生破坏的一个重要依据。与 *C* 点对应的应力称为岩石的屈服极限。岩石的临界应力位于弹性极限与屈服极限之间,在应力-应变曲线上的特征不很明显。

④ 加速破坏阶段(*CD* 段) 该阶段岩石的应力-应变曲线呈平缓的上凸型。即随着试件轴向压力的进一步增加,岩石中的裂隙加速扩展,并显示出宏观破坏的迹象,体积膨胀加剧,岩石的承载能力达到极限。对应于 *D* 点的应力值称为岩石的强度极限,也称岩石的峰值强度。

⑤ 全面破坏阶段(*DE* 段) 试件的轴向压力达到岩石的强度极限后,岩石中的破裂逐渐发展为贯通的破裂面,岩石全面破坏,承载能力逐渐降低,岩石内的应力随应变的增大而下降。岩石的应力-应变曲线由平缓的上凸型逐渐过渡为平缓的上凹型,再过渡为陡降的上凹型,最终演

变为平缓的或下降的直线。

需要指出的是,岩石全面破坏后的承载能力虽然在降低,但并不是全部立即丧失,而是仍然具有一定的承载能力。工程中常将岩石的这种尚存的承载能力称为岩石的残余强度。

上述曲线为理想的应力-应变曲线。实际岩石的应力-应变曲线会因岩石的硬度及致密程度的不同而表现出较大的差异性。对于致密而坚硬的岩石,内部的孔隙或裂隙极其有限,压密阶段常不出现或很不明显,应力-应变曲线的 OA 段很难被测到;而对于软弱而疏松的岩石,则残余强度极低或几乎没有,应力-应变曲线的 DE 段为陡降的直线。

由以上描述不难看出,岩石的变形和破坏过程与一般的固体材料有着显著的区别:一般固体材料的变形有一个明显的"屈服点",在屈服点以前表现为弹性变形,在屈服点以后才出现塑性变形;而岩石却在产生弹性变形的初期,甚至在开始出现弹性变形的同时便出现塑性变形,即在外力作用的一开始便同时具有弹性和塑性。其原因为岩石是由多种矿物组成的,且矿物之间还具有胶结物。不同的矿物具有不同的弹性极限,因而岩石在荷载的作用下,当一部分矿物还处在弹性极限以内、处于弹性变形时,而另一部分矿物所承受的荷载已超出了其弹性极限,发生了塑性变形。另一方面,岩石中还包含有孔隙和裂隙,孔隙和裂隙的压密,也是岩石的初始塑性变形的主要来源之一。

由岩石内孔隙的压密或裂隙的产生、扩展与移动等产生的塑性变形卸载后不能完全恢复,因而岩石抗压试验的卸载曲线不能回归到加载的起始点,也不会与加载曲线重合。如果对岩石重复等量加载、卸载多次,则可获得图 5.3.2a 所示的应力-应变曲线,即最初应力-应变曲线很弯曲,且在卸载后不能恢复的塑性变形较大;往后则塑性变形逐渐变小,应力-应变关系曲线逐渐变陡,愈来愈接近于直线,且后一级与前一级曲线分别近似平行,说明岩石经多次加载、卸载后,将逐渐呈现弹性变形的特征。如果对岩石每次卸载后,再一次加载的荷载逐级加大,且最大值相对于前一次加载的最大值有规律地递增,则各级峰值应力连线基本呈有规律的直线或曲线,并且其形态与前述逐级等量加载下的应力-应变曲线相似,最初应力-应变曲线很弯曲,愈靠近末端愈近似直线;各级相邻加载、卸载的应力-应变曲线,分别近于平行(图 5.3.2b)。

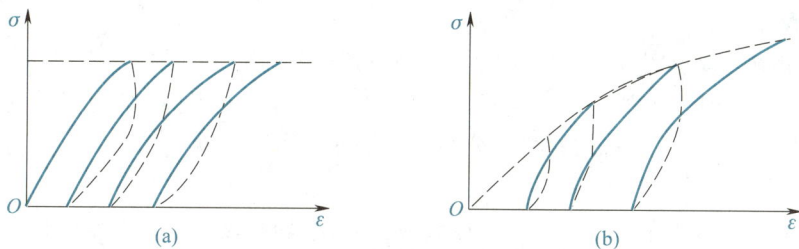

图 5.3.2 反复加载与卸载时的试验曲线
(a)等量加载、卸载;(b)逐级加大加载、卸载

2. 岩石在三向压力作用下的变形

岩石单元体的三向应力状态(图 5.3.3)可以有两种方式,一种是 $\sigma_1 > \sigma_2 > \sigma_3$,称为三向不等压试验,也称真三轴状态;另一种则是 $\sigma_1 > \sigma_2 = \sigma_3$,称假三轴状态。目前常用的岩石三向应力试验是后一种方式,因此,通常所说的三轴试验是指假三轴试验。

大量的岩石力学试验表明,岩石在三向受力状态下的应力-应变关系与单向受力状态下的应力-应变关系有很大的区别。最典型的特征可以用大理岩在三向压缩条件下的应力-应变曲线(图 5.3.4)来表示。由图 5.3.4 可以看出:

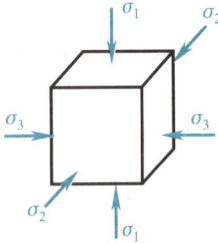

图 5.3.3 岩石单元体的
三向应力状态

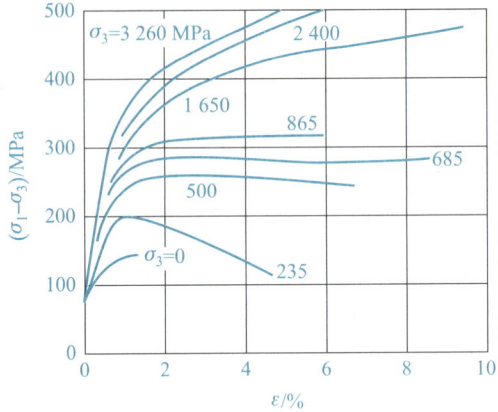

图 5.3.4 大理岩在三向压缩条件下的应力-应变曲线

① 在单向应力状态下($\sigma_3 = 0$),大理岩试件在变形不大的情况下就产生破坏,且表现为脆性破坏。

② 随着 σ_3 的增大,岩石在破坏以前的总变形量也随之增大,而且主要是塑性变形的变形量增大。当 σ_3 增大到一定范围以后,岩石变形就成为典型的塑性变形。这说明了岩石的变形和破坏的性质会随着应力状态的变化而变化。

③ 不论 $\sigma_3 = 0$ 或是 $\sigma_3 > 0$,在岩石的应力-应变曲线的初始阶段都表现为近似直线关系,说明了当 $\sigma_1 - \sigma_3$ 的数值在一定范围内,岩石的变形特征符合弹性阶段特征;而当 $\sigma_1 - \sigma_3$ 超出了某一范围后,岩石的变形才出现塑性变形的特征。

由此可见,岩石的应力-应变关系与围压的大小有关。

3. 岩石的蠕变

岩石在恒定应力或恒定应力差的作用下,变形随时间而增长的现象称为蠕变。岩石的蠕变特性可以通过在岩石试件上加一恒定荷载,观测其变形随时间的发展状况,即蠕变试验来研究。大量的蠕变试验结果表明,岩石的蠕变可分为稳定蠕变与不稳定蠕变两类,其典型的蠕变试验曲线见图 5.3.5。

稳定蠕变是指当作用在岩石上的恒定荷载较小时,初始阶段的蠕变速度较快,但随着时间的延长,岩石的变形趋近一稳定的极限值而不再增长的蠕变。不稳定蠕变是指当荷载超过某一临界值时,蠕变的发展将导致岩石的变形不断增长,直到破坏的蠕变。大量的蠕变试验结果表明,不稳定蠕变的发展过程分为 3 个阶段:

① 过渡蠕变阶段(OA 段) 在加载的瞬间有一个弹性变形,继而变形以较快的速度增长;随后蠕变速度逐渐降低,并过渡到等速蠕变阶段。

② 等速蠕变阶段(AB 段) 变形速度保持恒定。

③ 加速蠕变阶段(BC 段) 变形速度急剧加快,此时岩石内裂隙迅速发展,促使变形加剧直至破坏。

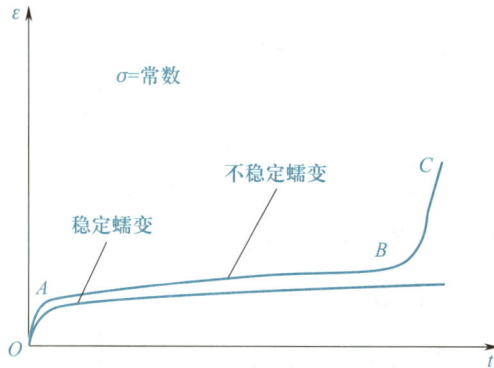

图 5.3.5 岩石的蠕变试验曲线

岩石蠕变发展的阶段性为监测和预报围岩破坏现象提供了一个可靠的判据。如果发现某部分岩体的位移速度开始由等速转入加速发展时,则表明岩体将要发生破坏,应立即采取安全措施保证施工或生产的安全。因此,在处理岩石问题时要特别注重时间性,尽可能加快工程进度。

4. 岩石的松弛

当应变保持恒定时,应力随着时间的延长而降低的现象称为松弛。松弛试验的条件就是使试件的变形保持一恒定值,借此来观察荷载 p 随时间 t 的变化。试验所得的荷载-时间曲线称为松弛试验曲线,见图 5.3.6。

5. 岩石的变形指标

岩石的变形指标主要有弹性模量、变形模量和泊松比。

① 弹性模量是应力与弹性应变的比值,即

$$E = \frac{\sigma}{\varepsilon_e} \qquad (5.3.1)$$

式中　E——弹性模量,MPa;

　　σ——岩石试件中的应力,MPa,压应力为正值;

　　ε_e——岩石的弹性应变。

岩石的弹性模量越大,变形越小,说明岩石抵抗变形的能力越高。

② 变形模量 E_0 是应力与总应变的比值,即

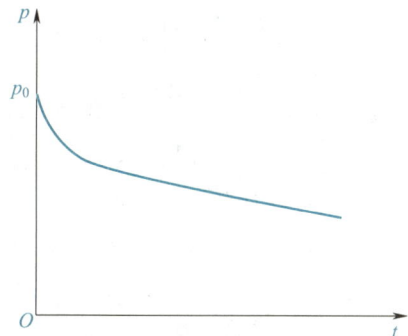

图 5.3.6 松弛试验曲线
(p_0 为初始荷载)

$$E_0 = \frac{\sigma}{\varepsilon_p + \varepsilon_e} \qquad (5.3.2)$$

式中　E_0——变形模量,MPa;

　　ε_p——岩石的塑性应变。

岩石的弹性模量和变形模量可以从试验曲线上某点的切线的斜率获得,也可从曲线上某点(通常在强度极限的一半处取点)与原点间所作直线的斜率获得。前者称为切线模量,后者称为割线模量。

③ 泊松比 μ 是横向应变 ε_d 与纵向应变 ε_1 的比值,即

$$\mu = \frac{\varepsilon_{\text{d}}}{\varepsilon_{\text{l}}} \tag{5.3.3}$$

5.3.2 岩石的强度

岩石的强度是指岩石试样抵抗外力保持自身不被破坏时所能承受的极限应力。它是用来表示岩石抵抗破坏能力大小的重要参数。根据岩石试样所抵抗外力种类的不同,岩石的强度可分为抗压强度、抗拉强度、抗剪强度等。

1. 岩石的抗压强度

岩石的抗压强度一般指岩石的单向抗压强度,其定义为岩石试样抵抗单轴压力时保持自身不被破坏所能承受的极限应力。可以通过将岩石试件置于压力机上进行轴向加载,直至试件破坏来测定。

一般认为,岩石试件在临破坏前的平均应力状态为

$$R = \frac{P_{\text{c}}}{A} \tag{5.3.4}$$

式中 R——岩石的单向抗压强度,MPa;

P_{c}——试件破坏时的荷载,N;

A——试件的横截面面积,mm^2。

岩石的单向抗压强度通常采用横截面尺寸为 50 mm ×50 mm(或70 mm ×70 mm)的正方柱状试件或直径 $d=50$ mm(或 70 mm)圆柱状试件测定。试件高度为:

正方柱状时 $\qquad\qquad h = (2 \sim 2.5)\sqrt{A}$ (5.3.5)

圆柱状时 $\qquad\qquad h = (2 \sim 3)d$ (5.3.6)

式中 A——正方柱状试件的横截面面积,mm^2;

d——圆柱状试件横截面直径,mm。

岩石的单向抗压强度试验最简单,同时它又能反映岩石的基本力学特性,因而在工程上的应用最广。

2. 岩石的抗拉强度

岩石试件抵抗增大的单轴拉伸时保持自身不被破坏的极限应力值就是岩石的抗拉强度,以 R_{t} 表示。即

$$R_{\text{t}} = \frac{P_{\text{t}}}{A} \tag{5.3.7}$$

式中 R_{t}——岩石的抗拉强度,MPa;

P_{t}——试件被拉断时的拉力,N;

A——试件的横截面面积,mm^2。

岩石的抗拉强度比起抗压强度来是很小的。不少岩石的抗拉强度 R_{t} 小于 20 MPa。在实际应用中,当缺乏实际试验资料时,常取岩石的抗拉强度为抗压强度的1/50~1/10。由于采用直接将岩石试件置于试验机上进行轴向拉伸的方法来测定岩石的抗拉强度在试件制作及试验技术方面都存在一定的困难,所以目前大多数采用间接拉伸法来测定,其中以劈裂法最为常用。

劈裂法是把一个经过加工的圆板状(或正方形板状)岩石试件,横置在压力机的承压板上,并在试件与上下承压板之间放置一根硬质钢丝作为垫条,然后加压,使试件受力后,沿直径轴面方向发生开裂破坏,以求其抗拉强度。加置垫条的目的,是为了把所施加的压力变为上下一对线布荷载,并使试件中产生垂直于上下荷载作用的张应力。因此,上下垫条必须严格位于通过试件垂直的对称轴面内。其装置如图5.3.7所示。

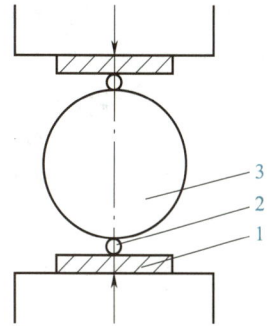

1—承压板;2—钢丝;3—试件。
图 5.3.7　劈裂法试验示意图

在这种试验条件下,由弹性理论得知,岩石的抗拉强度由如下公式确定:

$$R_t = \frac{2P}{\pi D t} \qquad (5.3.8)$$

式中　R_t——岩石的抗拉强度,MPa;

　　　P——试件破坏时的竖向总压力,N;

　　　D——圆板状试件的直径,mm;

　　　t——试件厚度,mm。

如试件为正方形板状,则可按下式计算:

$$R_t = \frac{2P}{\pi a t} \qquad (5.3.9)$$

式中　a——正方形边长,mm。

测定岩石抗拉强度的第二种试验方法是点荷载试验。点荷载试验是将点压荷载施加在轴向水平的圆柱形岩芯试件的曲面上,以测定点荷载抗拉强度。岩芯圆周面上的点荷载是通过钢珠、小直径硬钢柱或硬钢锥体垂直于试件轴向,在点荷载仪上施加的。用这种方法也是为了产生垂直于加载方向的拉应力。按以下经验公式可求得岩石的抗拉强度 R_{td}:

$$R_{td} = 0.96 \frac{P}{D^2} \qquad (5.3.10)$$

式中　R_{td}——岩石点荷载抗拉强度,MPa;

　　　P——试件破坏时的荷载,N;

　　　D——圆柱形试件的直径,mm。

3. 岩石的抗剪强度

岩石的抗剪强度有三种:抗剪断强度(完整岩石)、抗切强度($\sigma = 0$)及弱面抗剪强度(岩石内包含有沿剪切面的微裂隙,包括摩擦试验)。这三种试验的受力条件不同,见图5.3.8。

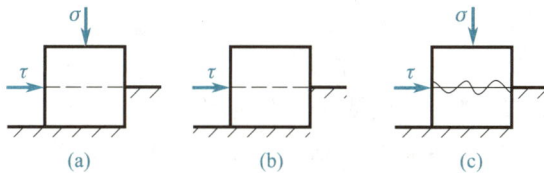

图 5.3.8　岩石的三种受剪方式示意图
(a)抗剪断试验;(b)抗切试验;(c)弱面抗剪切试验

　　室内的岩石抗剪强度测定,最常用的是测定岩石的抗剪断强度。一般用楔形剪切仪,其主要装置如图 5.3.9 所示。把岩石试件置于楔形剪切仪中,并放在压力机上进行加压试验,则作用于剪切平面上的法向压力 N 与切向力 Q 可按下式计算:

$$\begin{cases} N = P(\cos\alpha + f\sin\alpha) \\ Q = P(\sin\alpha - f\cos\alpha) \end{cases} \quad (5.3.11)$$

式中　P——压力机施加的总压力,kN;

　　　　α——试件倾角,(°);

　　　　f——圆柱形滚子与上下盘压板的摩擦系数。

　　以试件剪切面积 A 除上式,即可得到受剪面上的法向应力和剪应力:

$$\begin{cases} \sigma = \dfrac{N}{A} = \dfrac{P}{A}(\cos\alpha + f\sin\alpha) \\ \tau = \dfrac{Q}{A} = \dfrac{P}{A}(\sin\alpha - f\cos\alpha) \end{cases} \quad (5.3.12)$$

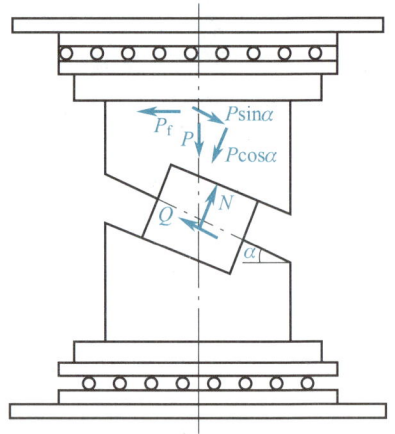

图 5.3.9　岩石抗剪断试验

　　以不同 α 值的夹具进行试验(一般采用 α 为 30°～70°,且以采用较大的角度为好),然后分别按上式求出试件受剪切破坏时受剪面上的法向应力 σ 和剪应力 τ 值,再根据及莫尔-库仑强度理论即可求得岩石的抗剪强度。

4. 岩石的三轴抗压强度

　　工程岩体通常都是处于双向或三向应力状态,单向应力状态比较少见。因此,单轴抗压强度不便于应用。为了研究岩石在三向应力状态下的强度特征,20 世纪初卡曼(Karman)试制出三轴等围压试验机,即 $\sigma_1 > \sigma_2 = \sigma_3$,试验围压通过高压油加载(最高围压可达 147 MPa),垂直压力的施加与普通单轴压力机相同,压力可达 4.9 MN。试验原理及资料整理方法同土的三轴剪切试验(见附录 C)。

　　岩石三轴抗压强度比单轴及双轴强度更高,岩石的三轴与单轴抗压强度之间的关系可用下式表示:

$$R_c''' = R_c + \frac{1+\sin\varphi}{1-\sin\varphi}\sigma_a \quad (5.3.13)$$

式中　R_c'''——岩石三轴抗压强度,MPa;

　　　　R_c——岩石单轴抗压强度,MPa;

　　　　φ——岩石内摩擦角;

　　　　σ_a——试验施加的围压,MPa。

　　三轴应力试验标准的岩石试件为圆柱体,直径 9 cm,高 20 cm。

　　卡曼型三轴岩石应力试验机的缺点是围压相等,不能根据实际情况调整 σ_2 及 σ_3。为了克服这一缺点,国内外都在研制不等压的真正三轴应力试验机,葛洲坝工程局设计院试制的真三轴应力试验机,将液压加载改为刚性加载,σ_2 及 σ_3 由独立的液压系统控制。三轴应力关系应该是 $\sigma_1 > \sigma_2 > \sigma_3$。通过刚性加载方式实现真正三轴应力的条件,但试件表面与加压板之间的摩擦是影响试验结果的一个问题。因表面有摩擦力,即试件表面不仅受轴向荷载,而且有剪应力存在,因而此受力面不再是主平面,原来所施加的轴向力,也将不是主应力。该问题的解决办法是减少试验过程中的摩擦力,使它的影响减少到可以忽略不计的程度,或是准确地计算出试件表面的剪应力,再通过坐标变换求出等效主应力的方向及大小。

5. 岩石强度特征

试验资料表明,同一种岩石,由于受力状态不同,强度值相差悬殊(表 5.3.1)。各种强度间的统计关系如下:

$$\begin{cases} R_t = \left(\dfrac{1}{5} \sim \dfrac{1}{38} \right) R_c \\ R_c''' = R_c + \xi \sigma_a \end{cases} \tag{5.3.14}$$

式中 ξ——塑性系数。

此外,岩石在荷载长期作用下的抗破坏能力,要比短时间加载下的抗破坏能力小。对于坚固岩石,长时强度约为短时强度的 $70\% \sim 80\%$;对于软质与中等坚固岩石,长时强度约为短时强度的 $40\% \sim 60\%$。

表 5.3.1 几种岩石的力学参数

岩石种类	抗压强度/ MPa	抗拉强度/ MPa	弹性模量/ GPa	泊松比	内摩擦角/ (°)	黏聚力/ MPa
花岗岩	$100 \sim 250$	$7 \sim 25$	$50 \sim 100$	$0.2 \sim 0.3$	$45 \sim 60$	$14 \sim 50$
流纹岩	$180 \sim 300$	$15 \sim 30$	$50 \sim 100$	$0.1 \sim 0.25$	$45 \sim 60$	$10 \sim 50$
安山岩	$100 \sim 250$	$10 \sim 20$	$50 \sim 120$	$0.2 \sim 0.3$	$45 \sim 50$	$10 \sim 40$
辉长岩	$180 \sim 300$	$15 \sim 35$	$70 \sim 150$	$0.1 \sim 0.2$	$50 \sim 55$	$10 \sim 50$
玄武岩	$150 \sim 300$	$10 \sim 30$	$60 \sim 120$	$0.1 \sim 0.35$	$48 \sim 55$	$20 \sim 60$
砂 岩	$20 \sim 200$	$4 \sim 25$	$10 \sim 100$	$0.2 \sim 0.3$	$35 \sim 50$	$8 \sim 40$
页 岩	$10 \sim 100$	$2 \sim 10$	$20 \sim 80$	$0.2 \sim 0.4$	$15 \sim 30$	$3 \sim 20$
石灰岩	$50 \sim 200$	$5 \sim 20$	$50 \sim 100$	$0.2 \sim 0.35$	$35 \sim 50$	$10 \sim 50$
白云岩	$80 \sim 250$	$15 \sim 25$	$40 \sim 80$	$0.2 \sim 0.35$	$30 \sim 50$	$20 \sim 50$
片麻岩	$50 \sim 200$	$5 \sim 20$	$10 \sim 100$	$0.2 \sim 0.35$	$30 \sim 50$	$3 \sim 5$
大理岩	$100 \sim 250$	$7 \sim 20$	$10 \sim 90$	$0.2 \sim 0.35$	$35 \sim 50$	$15 \sim 30$
板 岩	$60 \sim 200$	$7 \sim 15$	$20 \sim 80$	$0.2 \sim 0.3$	$45 \sim 60$	$2 \sim 20$
石英岩	$150 \sim 350$	$10 \sim 30$	$60 \sim 200$	$0.1 \sim 0.25$	$50 \sim 60$	$20 \sim 60$

5.3.3 岩石的破坏机理

从材料力学可知,物体受外力作用后,在其内部将同时产生正应力、剪应力、线应变和剪应变等。那么岩石受力后这些可能导致岩石破坏的因素中的哪一个因素或哪一些因素会引起岩石的破坏呢? 这虽然是岩石力学中最基本的问题,但到目前为止,岩石力学对此尚存在分歧。归纳起来有以下几种解释。

1. 最大正应力强度理论

最大正应力强度理论也称朗肯(Rankine)理论,是最早提出而现在有时仍然采用的一种强度理论。这种强度理论认为材料破坏取决于绝对值最大的正应力。因此,对于作用于岩石的三个主应力(σ_1、σ_2、σ_3),只要有一个主应力达到岩石的单轴抗压强度 R_c 或单轴抗拉强度 R_t 时,岩石便被破坏。据此,岩石强度条件可以表示为

$$\begin{cases} \sigma_1 \leqslant R_c \\ \sigma_3 \leqslant -R_t \end{cases} \tag{5.3.15}$$

或者写成如下解析式形式:

$$(\sigma_1^2 - R^2)(\sigma_2^2 - R^2)(\sigma_3^2 - R^2) = 0 \tag{5.3.16}$$

式中 R——岩石单轴抗压强度及单轴抗拉强度的泛称。

满足式(5.3.15)或式(5.3.16),岩石将处于受力极限平衡状态或接近破坏。应当指出,这种强度理论只适用于岩石单向受力状态或者脆性岩石在二维应力条件下的受拉状态,对处于复杂的应力状态中的岩石不宜采用这种强度理论。

2. 最大正应变强度理论

试验表明,某些材料受压时在平行于受力方向产生张性破裂。据此,提出最大正应变强度理论,认为材料破坏取决于最大正应变,材料发生张性破裂是由于其最大正应变达到或超过一定的极限应变(确保材料不破坏所能承受的最大应变)所致。所以,只要变形岩石中任一方向的最大正应变 ε_{max} 达到其单轴压缩或单轴拉伸破坏时的应变值(极限应变)ε_m 时,岩石便被破坏。因此,岩石强度条件可以表示为

$$\varepsilon_{max} \leqslant \varepsilon_m \tag{5.3.17}$$

式中,ε_{max} 根据广义胡克定律求出,ε_m 由岩石单轴压缩或单轴拉伸试验确定。

由广义胡克定律,岩石强度条件也能够写成如下解析式形式:

$$\{[\sigma_1 - \mu(\sigma_2 + \sigma_3)]^2 - R^2\}\{[\sigma_2 - \mu(\sigma_3 + \sigma_1)]^2 - R^2\}$$
$$\{[\sigma_3 - \mu(\sigma_1 + \sigma_2)]^2 - R^2\} = 0 \tag{5.3.18}$$

满足式(5.3.17)或式(5.3.18),岩石将处于受力极限平衡状态或接近破坏。应当指出,这种强度理论只适用于无围压或低围压条件下的脆性岩石,而不宜用于岩石的塑性变形。

3. 最大剪应力强度理论

最大剪应力强度理论也称为特雷斯卡(H. Tresca)破坏条件或屈服条件,是研究塑性材料破坏而获得的强度理论。试验表明,当材料屈服时,试件表面便出现大致与轴线呈 45°夹角的斜破裂面。由于最大剪应力正是出现在与试件轴线呈 45°夹角的斜面上,所以这些斜破裂面即为材料沿着该斜面发生剪切滑移的结果,而这种剪切滑移又是材料塑性变形的根本原因。据此,提出最大剪应力强度理论,认为材料破坏取决于最大剪应力。所以,当岩石承受的最大剪应力 τ_{max} 达到极限剪应力 τ_m 时,岩石便被剪切破坏。因此,岩石强度条件可以表示为

$$\tau_{max} \leqslant \tau_m \tag{5.3.19}$$

在复杂的应力状态中,最大剪应力为 $\tau_{max} = (\sigma_1 - \sigma_3)/2$,在单轴压缩或单轴拉伸条件下,极限剪应力为 $\tau_m = R/2$。将二者代入式(5.3.19),便得到岩石强度条件又一形式:

$$\sigma_1 - \sigma_3 \leqslant R \tag{5.3.20}$$

或者写成如下解析式形式:

$$[(\sigma_1 - \sigma_3)^2 - R^2][(\sigma_3 - \sigma_2)^2 - R^2][(\sigma_2 - \sigma_1)^2 - R^2] = 0 \tag{5.3.21}$$

则满足式(5.3.19)、式(5.3.20)或式(5.3.21)时,岩石处于受力极限平衡状态或接近破坏。应

当指出：这种强度理论对于塑性岩石会得出满意的结果，但是不适用于脆性岩石。此外，这种强度理论没有考虑中间主应力（σ_2）的影响。在进行岩石弹塑性分析时，需要用到这种强度理论。

4. 最大剪应变能强度理论

剪应变能强度理论是从能量角度出发研究材料强度条件。这种强度理论认为，当剪应变能达到一定值时，便引起材料屈服或破坏。具体来说，在三向应力（σ_1、σ_2、σ_3）状态下，当材料单位体积形变能（剪应变能）与其单轴压缩或单轴拉伸破坏的应变能相等时，材料便发生屈服。因此，应首先获得材料在三向应力状态下的应变能，再求出材料单向受力至破坏时的应变能，然后将这两种应变能联系起来，便可以建立剪应变能强度条件或破坏准则。

5. 最大拉应力强度理论

该理论认为，岩石无论是受压、弯曲、扭转，还是受拉作用条件下，其最终的破坏形式均表现为拉断破坏（图5.3.10）。拉断破坏可直接由拉伸作用引起，也可由等承载状态衍生的拉伸作用引起。岩石强度条件可以表示为

$$\sigma \leqslant \sigma_t \qquad (5.3.22)$$

此种破坏的特点是：破坏时沿断裂面发生拉开运动，出现张开的裂缝，因此又称为张性破坏。关于这种破坏形式的发生和发展（即破坏机理），有两种推理及解释意见。

一种解释意见认为，岩石的拉断破坏是由于受力后的拉伸变形达到某种极限值（最大线应变）而导致断裂，这就是经典的第二强度理论。另一种解释认为岩石的拉断破坏是由于受外力作用后，内部原本存在着许多微细裂缝或孔隙出现局部拉应力集中，拉应力达到抗拉极限值便会导致微裂隙扩展、试块破坏（图5.3.11），这就是格里菲斯强度理论。

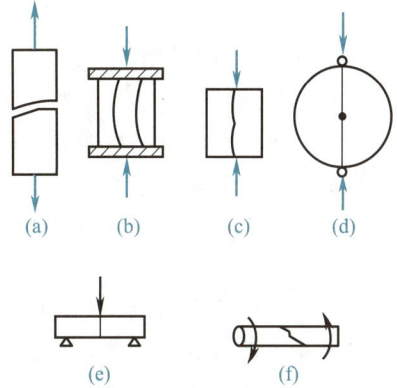

图 5.3.10 拉断破坏示意图
（a）直接拉断；（b）、（c）、（d）间接拉断；
（e）弯曲引起的拉断；（f）扭转引起的拉断

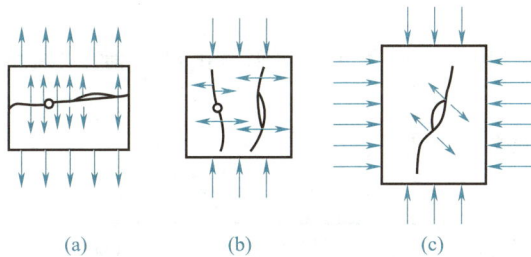

图 5.3.11 在外力作用下微裂隙端部
应力集中与裂隙扩展示意图
（a）单轴拉伸；（b）单轴压缩；（c）二轴或三轴压缩

正是由于上述多种多样的解释，使岩石力学性质的评价变得非常复杂。实际工程中往往采用试验实测强度指标来描述岩石的力学性质。

5.4 结构面的物理力学性质

5.4.1 岩体中的结构面分类

岩体是地质历史的产物,长期的地质作用在岩体内形成了各种不同的地质界面,包括物质分界面和构造面,如层理、层面、假整合面、不整合面、断层、节理和片理等。这些成因不同、性质各异的地质界面统称为结构面(或弱面)。由这些结构面彼此组合切割而成的形态不一、大小不等、成分各异的岩石块体统称为结构体。因此,岩体是以结构面和结构体为基本单元的组合体。岩体的工程特性既与组成结构体的岩石的物理力学性质紧密相关,又与其中所包含的结构面的产状、规模、组合情况、密集程度、粗糙程度等关系密切。

结构面是具有一定方向、延展性、厚度和密集程度的地质界面。结构面对工程岩体的力学性质的影响程度与结构面自身的特性有密切关系。因此,不同类型的结构面对工程岩体力学性质的影响程度也不同,对工程岩体中的结构面进行合理分类是对工程岩体物理力学性质分析和研究的基础。

结构面的分类方法很多,根据不同的分类标准,结构面的分类结果也各不相同。其中与岩体工程紧密相关的有以下几种。

1. 结构面按成因分类

结构面按成因可分为原生结构面、构造结构面和次生结构面三类。

① 原生结构面 指在成岩过程中形成的结构面,进一步又可分为:

a. 沉积结构面,如层理、层面、假整合面和不整合面等。

b. 火成结构面,如岩浆岩的流层、流纹、冷却收缩而形成的张裂隙、火成岩体与围岩的接触面等。

c. 变质结构面,如片理、板理等。

② 构造结构面 指在各种构造应力作用下所产生的结构面,如节理、断裂、劈理及由层间错动引起的破碎带等。

③ 次生结构面 指在各种次生应力作用下形成的结构面,如风化裂隙、冰冻裂隙、卸载裂隙等。

各种成因的结构面的具体特征见表 5.4.1。

表 5.4.1 各种成因结构面的特征

成因类型		地质类型	主要特征		
			产状	分布	特点
原生结构面	沉积结构面	层面、层理、沉积软弱夹层、不整合面、假整合面	一般与岩层产状一致,为层间结构面	海相沉积中分布稳定,陆相及滨海相沉积中易于尖灭	层面新鲜时多平整且结合良好,只显示暗淡或黑白条纹,风化后多张开,若经后期构造运动,常形成层间错动带;不整合面、假整合面中常有古风化残积物;软弱夹层易软化、泥化

续表

成因类型	地质类型	主要特征		
		产状	分布	特点
原生结构面	火成结构面	火成岩与围岩接触面、流层、流纹、蚀变带、冷凝节理	岩脉与围岩接触面常受构造结构面控制,原生节理受岩体接触面控制,其余分布的规律性较差	接触面延展较远,比较稳定,而原生节理往往短小、密集	接触面分熔合及破裂两种不同特征;原生节理一般为张性裂面,表面粗糙
	变质结构面	片理,片岩类软弱夹层	产状与岩系或构造线方向一致	片理短小,分布极密,软弱夹层延展较远	片理面光滑平直,在深部常为隐闭结构面,软弱夹层的特性与其规模和成因有关
构造结构面		断层、节理、层间错动带、劈理	层间错动带的产状与岩层一致,其余结构面产状与形成时的构造应力场有关	张性、压性断裂规模大,延展较远;剪切断裂较短小;彼此间常切割成不连续状	张性断裂多呈锯齿状,压性断裂常呈平缓波状,剪切断裂多平直;常具有次生矿物充填;表面常有擦痕、镜面伴生
次生结构面		卸载裂隙、风化裂隙、爆破裂隙、风化夹层、泥化夹层、次生夹层	受地形和原有结构面控制	主要在地表及风化带内发育,分布均匀,延展性和贯通性差,规模较小	裂隙呈张开状,一般有泥质物充填,夹层的水理性质很差

2. 结构面按贯通性分类

按结构面的贯通情况,可将结构面分为非贯通性结构面、半贯通性结构面和贯通性结构面三种类型(图 5.4.1)。

① 非贯通性结构面为在岩块中零星分布的、彼此不能相通的细小结构面。非贯通性结构面的存在使岩块及岩体的强度降低,变形增大。

② 半贯通性结构面较非贯通性结构面长,可以连通一个以上非贯通性结构面,但不能贯通整个岩块的结构面。半贯通性结构面的存在同样使岩块及岩体的强度降低,变形增大,且其影响较非贯通性结构面要大。

③ 贯通性结构面为长度达到或超过单个岩块尺寸的结构面。贯通性结构面常构成岩块或岩体的边界,对岩体的力学性质有较大的影响,岩体的破坏常受这类结构面控制。

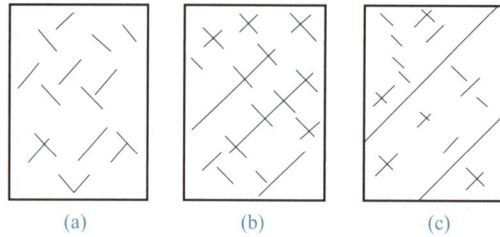

图 5.4.1 岩体内结构面贯通类型

(a)非贯通;(b)半贯通;(c)贯通

3. 结构面按规模分类

结构面按规模有绝对规模和相对规模之分。按绝对规模分类是以结构面的绝对延展长度为标准而进行的结构面分类;按相对规模分类是指综合考虑结构面的绝对延展长度和工程结构尺寸而进行的结构面分类,可将结构面分为细小的、中等的及大型的(表 5.4.2)。由于绝对规模分类没有与工程结构相结合,工程意义不大,故在此不作详细介绍。

表 5.4.2 结构面的相对分类

工程结构	尺寸/m	影响带直径/m	结构面的长度/m		
			细小	中等	大型
平硐 小型基础	$\Phi = 3$ $b = 3$	10	0~0.2	0.2~2	>2
隧道 斜坡	$\Phi = 30$ $h = 100$	100	0~2	2~20	>20
洞穴 小型水坝	$h = 40$	>100	0~2.5	2.5~25	>25
大型水坝 高斜坡	$h = 100$ $h = 300$	300	0~6	6~30	>30

注:Φ 为洞径;b 为基础宽度;h 为工程结构体高度。

4. 结构面按表面几何形态分类

结构面的表面几何形态特征是结构面表面空间展布的几何属性,按其规模大小可分为起伏度和粗糙度两类(图 5.4.2)。粗糙度表征小规模的不规则凹凸点,在发生剪切位移时,它们将被剪坏。但在结构面岩壁强度高或所施加的应力较低时,也可能不被剪坏而产生剪胀。起伏度表征大规模的起伏,有起伏度的结构面如果互相镶嵌和接触,在发生剪切位移时,起伏度不被剪坏,结构面就要产生膨胀。起伏度包括起伏波的幅度及长度两个要素:起伏波的幅度是指相邻两波峰连线与其下波槽的最大距离,见图 5.4.2 中的 a;起伏波的长度是指两相邻波峰之距离,见图 5.4.2 中的 l。当结构面的起伏波的幅度越大而波长越小,表面越粗糙,则表示结构面表面起伏越急峻,结构面的表面摩擦强度越高。

根据国际岩石力学学会的建议,结构面的起伏度可分为平面形的、波浪形的和台阶形的三

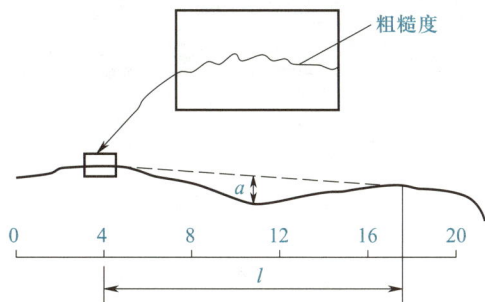

图 5.4.2　结构面的起伏度与粗糙度

种,粗糙度也可分为粗糙的、平坦的和光滑的三级,从而三种起伏度与三级粗糙度可组合成 9 类不同的结构面表面形态(图 5.4.3)。

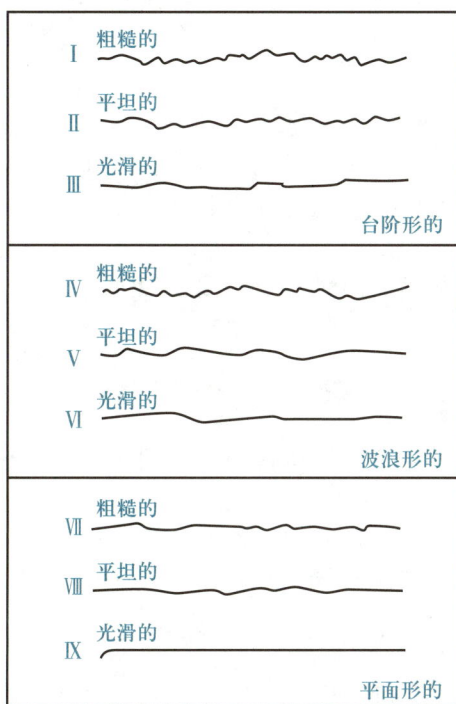

图 5.4.3　国际岩石力学学会建议的结构面表面形态类型

结构面的表面形态对其剪切强度等力学性质有极其重要的影响,尤其是对于没有发生位移和互相镶嵌的未充填节理。但结构面的表面形态的重要性会随充填物厚度和两侧相对位移的增加而逐渐降低。

5. 结构面按密集程度分类

岩体中结构面的密集程度将直接决定岩体的破碎程度,从而对岩体的强度产生较大影响,所以,它是岩体的重要特征指标。结构面的密集程度可以用裂隙度(K)、切割度(X_e)表示。它们的物理意义如下。

（1）裂隙度

裂隙度是沿取样线方向单位长度上结构面的数量。设取样直线的长度为 L，沿 L 长度内出现的结构面数量为 n，则

$$K = \frac{n}{L} \tag{5.4.1}$$

沿取样线方向结构面的平均间距 d 为

$$d = \frac{1}{K} = \frac{L}{n} \tag{5.4.2}$$

当取样线垂直结构面时，则 d 即为结构面的垂直间距。

结构面的垂直间距可用作岩体结构类型的判别指标。当结构面垂直间距 $d > 180$ cm 时，视为岩体具有整体结构性质；$13\text{cm} < d \leqslant 180$ cm 时，视为块状结构；$6.5\text{cm} < d \leqslant 13$ cm 时，视为碎裂状结构；当 $d \leqslant 6.5$ cm 时，则为极碎裂结构。

若岩体中有几组不同方向的结构面时（如图 5.4.4 所示的两组结构面 J_a 和 J_b），则沿测线 $x-x$ 方向上结构面的平均间距为

$$m_{ax} = \frac{d_a}{\cos \xi_a} \tag{5.4.3}$$

$$m_{bx} = \frac{d_b}{\cos \xi_b} \tag{5.4.4}$$

同理可得，对于含 n 组结构面的测线，第 n 组结构面的平均间距为

$$m_{nx} = \frac{d_n}{\cos \xi_n} \tag{5.4.5}$$

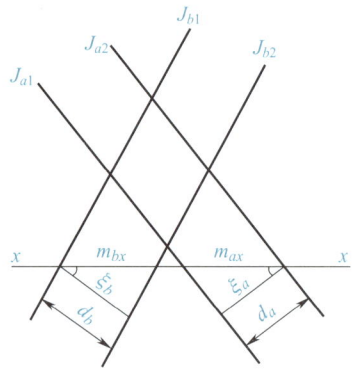

图 5.4.4　两组结构面的裂隙计算图

该取样线上的裂隙度 K 即为各组结构面裂隙度之和，即

$$K = K_a + K_b + \cdots + K_n \tag{5.4.6}$$

式中　$K_a, K_b, \cdots, K_n$——各组结构面的裂隙度，即

$$K_a = \frac{1}{m_{ax}}; K_b = \frac{1}{m_{bx}}; K_n = \frac{1}{m_{nx}} \tag{5.4.7}$$

按裂隙度 K 的大小，可将结构面的密集程度分为疏结构面、密结构面、非常密集结构面、压碎及糜棱化 5 类（表 5.4.3）。

表 5.4.3　结构面的密集程度分类

结构面密集程度	裂隙度 K/m^{-1}
疏结构面	0~1　（0,1]
密结构面	1~10　（1,100]
非常密集结构面	10~100　（100,100]
压碎	100~1 000　（100,1 000]
糜棱化	>1 000

（2）切割度

切割度是指岩体被结构面割裂分离的程度。有些结构面可将岩体完全切割,而有些结构面由于其延展尺寸不大,只能切割岩体的一部分。当岩体中只含有一个结构面时,可沿着结构面在岩体中取一个贯通整体的假想平直断面,则结构面面积 a 与该断面面积 A 的比,即称为该岩体的切割度（X_e）：

$$X_e = \frac{a}{A} \tag{5.4.8}$$

可见,当 $0<X_e<1$ 时,说明岩体是部分被切割的;$X_e=1$ 时,说明岩体被该断面整个地切割;当 $X_e=0$ 时,则该岩体为完整的连续体。

如果沿岩体某断面上,同时存在着面积分别为 $a_1,a_2,\cdots,a_n$ 的几个结构面,则岩体沿该断面的切割度为

$$X_e = \frac{a_1 + a_2 + \cdots + a_n}{A} \tag{5.4.9}$$

可以看出,上述的切割度只能说明岩体沿某一平面被切割的程度。有时为了研究岩体内部某组结构面切割的程度,可用指标 X_V 来表示。

$$X_V = X_e K \tag{5.4.10}$$

式中　X_V——岩体内由一个结构面组所产生的实际切割度,其单位为 $\mathrm{m^2/m^3}$;

　　　　K——该结构面组的裂隙度。

以上说明,结构面的密集程度决定着结构体的尺寸和形状,能表征岩体的完整程度。当结构面的发育组数越多、密度越大时,则结构体块度越小,岩体的完整程度越差,其强度也越低。工程中常按切割度的大小,将岩体分为表 5.4.4 所示的 5 种类型。

表 5.4.4　岩体按切割度分类

名称	切割度 X_e
完整的	0.1~0.2
弱节理化	0.2~0.4
中等节理化	0.4~0.6
强节理化	0.6~0.8
完全节理化	0.8~1.0

6. 结构面按结合程度分类

结构面的结合程度是指结构面的张开和充填情况,它对岩体的变形和破坏有很大影响,因而也是判别岩体质量的重要指标之一,在岩体工程中应对其进行测量和分析。根据《工程岩体分级标准》（GB/T 50218—2014）中的规定,结构面的结合程度可分为结合好、结合一般、结合差和结合很差 4 级,具体划分标准见表 5.4.5。

表 5.4.5 结构面结合程度的划分

结合程度	结构面特征
结合好	张开度小于 1 mm,为硅质、铁质或钙质胶结,或结构面粗糙,无充填物; 张开度 1~3 mm,为硅质或铁质胶结; 张开度大于 3 mm,结构面粗糙,为硅质胶结
结合一般	张开度小于 1 mm,结构面平直,钙泥质胶结或无充填物; 张开度 1~3 mm,为钙质胶结; 张开度大于 3 mm,结构面粗糙,为铁质或钙质胶结
结合差	张开度 1~3 mm,结构面平直,为泥质胶结或钙泥质胶结; 张开度大于 3 mm,多为泥质或岩屑充填
结合很差	泥质充填或泥夹岩屑充填,充填物厚度大于起伏差

5.4.2 结构面强度指标

1. 结构面强度的定义

由于结构面的破坏多为剪切破坏,故一般以结构面的抗剪强度和剪切破坏后的抗摩擦强度作为结构面的强度指标。结构面的抗剪强度 τ_j 是指在垂直结构面方向恒定荷载的作用下,沿结构面方向施加水平推力使结构面发生滑移时,结构面所能承受的剪应力。即

$$\tau_j = \frac{T}{A} \tag{5.4.11}$$

式中 τ_j——结构面的抗剪强度,MPa

T——试样剪坏时能承受最大水平推力,MN;

A——断裂面面积,m^2。

结构面的抗剪强度可以通过结构面的抗剪强度试验测定(图 5.4.5),即采用相同尺寸的同种岩石中的同一结构面或同一组结构面的不同试件,在结构面的法线方向分别施加不同大小正应力,分别测出沿着结构面破坏时的剪应力,再根据莫尔-库仑定律便可获得结构面的抗摩擦强度指标 C_j 和 φ_j。

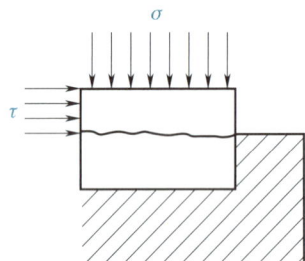

图 5.4.5 结构面的抗剪强度测定

根据试验时结构面的状态及施加正应力情况,结构面的抗剪强度试验可获得表 5.4.6 所示的三种结果。

表 5.4.6 结构面抗剪强度试验分类

结构面状态	试验条件	试验名称	测定指标
原始结构面	$\sigma > 0$	抗剪断试验	C_j, φ_j
	$\sigma = 0$	抗切试验	C_j
剪断后结构面	$\sigma > 0$	摩擦试验	φ_j

无试验指标时,结构面的抗剪强度可参考《建筑边坡工程技术规范》(GB 50330—2013)建议

的边坡岩体中结构面抗剪强度指标标准值(见表5.4.7)确定。

表 5.4.7 边坡岩体中结构面抗剪强度指标标准值

结构面类型		结构面结合程度	内摩擦角 $\varphi/(°)$	黏聚力 C/MPa
硬性结构面	1	结合好	>35	>0.13
	2	结合一般	35~27	0.13~0.09
	3	结合差	27~18	0.09~0.05
软弱结构面	4	结合很差	18~12	0.05~0.02
	5	结合极差(泥化层)	<12	<0.02

注:1. 除第1项和第5项外,结构面两壁岩石为极软岩、软岩时取较低值;

2. 取值时应考虑结构面的贯通程度;

3. 结构面浸水时取较低值;

4. 临时性边坡可取高值;

5. 已考虑结构面的时间效应;

6. 未考虑结构面参数在施工期和运营期结构面受其他因素影响发生的变化,当判定为不利因素时,可进行适当折减。

2. 结构面力学性质的影响因素

(1)结构面的表面形态

结构面的表面形态决定着结构体沿结构面滑动时的抗滑力大小。当结构面的起伏度大、粗糙度高时,其抗滑力就大。这可以通过对图5.4.6中结构面破坏过程的分析进行论证。

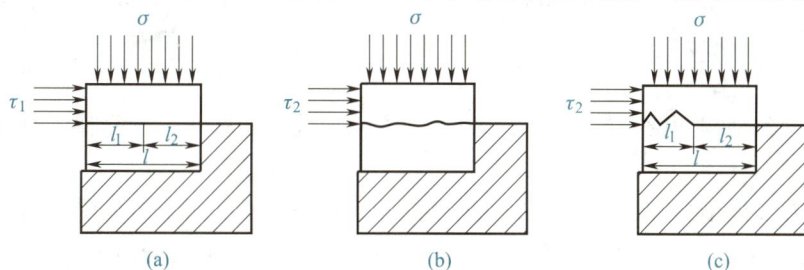

图 5.4.6 粗糙度对结构面抗剪强度的影响分析
(a)平直型结构面;(b)粗糙型结构面;(c)概念化后的粗糙型结构面

对图5.4.6a中单位宽度的平直型结构面,若需使结构面发生剪切破坏,所需的剪切力只需要克服结构面表面的摩擦阻力即可;即对整个长度为 l 的结构面,设剪断 l_1 段结构面所需的剪切力为 T_1,剪断 l_2 段结构面所需的剪切力为 T_2,剪断整个结构面所需的剪切力为 T,则

$$\begin{cases} T = T_1 + T_2 \\ T_1 = l_1(\sigma \tan \varphi_j + C_j) \\ T_2 = l_2(\sigma \tan \varphi_j + C_j) \end{cases} \quad (5.4.12)$$

而对图5.4.6b中单位宽度的、与图5.4.6a等长的粗糙型结构面,假设整个长度为 l 的结构面中,具有凸起部分结构面的累计总长度为 l_1,平直部分结构面的累计总长度为 l_2,则图5.4.6b中的结构面可概念化为图5.4.6c所示结构面。设剪断 l_1 段结构面所需的剪切力为 T_1',剪断 l_2

段结构面所需的剪切力为 T_2',剪断整个结构面所需的剪切力为 T',则可得

$$\begin{cases} T' = T_1' + T_2' \\ T_1' = l_1(\sigma \tan \varphi + C) \\ T_2' = l_2(\sigma \tan \varphi_j + C_j) \end{cases} \qquad (5.4.13)$$

此时若要分析粗糙度对结构面抗剪强度的影响,只要比较 T' 和 T 的大小即可。由于

$$T_2 = T_2' \qquad (5.4.14)$$

因此,比较 T' 和 T 的大小实质上就是比较 T_1 和 T_1' 的大小,由于 C 和 φ 分别大于 C_j 和 φ_j,所以 $T_1' > T_1$,从而有 $T' > T$。

（2）结构面的填充及胶结物

当结构面内有填充物或胶结物时,结构面的力学性质将会发生改变。这种影响主要取决于填充及胶结物的成分和厚度。

结构面被胶结后,原来被分离的岩块又被重新连成一体,原结构面的强度将随着胶结物的成分不同而表现出很大差异性,其中硅质胶结物的结构面强度最高,钙质胶结物的结构面强度次之,泥质胶结物的结构面强度最差。

结构面中的填充物包括结构面形成过程中或进一步风化而产生岩石碎屑、岩粉、夹泥,以及结构面形成后被水流、风带入的物质,一般以泥质为主。由于泥质成分的强度很低,因而结构面中的填充物常常会造成结构面的内摩擦角的降低,特别是填充物的厚度较大,形成软弱夹层后,结构面的破坏将演变为填充物的剪切破坏,结构面的抗剪强度将完全取决于填充物的强度。因此,填充物对结构面的物理力学性质的影响主要取决于填充物的厚度。

（3）地下水

地下水会导致结构面两侧的岩石及其内部填充物或胶结物软化,从而使结构面的强度降低。

（4）结构面的开度

结构面的开度即结构面的张开程度。张开的结构面一方面会增加岩体受外力作用时的变形量,另一方面也使地下水、填充物的进入更加容易,从而加速结构面及岩体强度的弱化。

（5）气候等环境因素

当结构面的前述条件一定时,其强度弱化的速度将主要取决于周围的环境因素。

5.5 岩体的力学性质

5.5.1 岩体的结构

岩体是结构体和结构面的综合体,岩体的力学性质是由其中所包含的结构体和结构面的力学性质及结构体与结构面的相互组合关系所共同决定的。通常把结构体与结构面的相互组合关系称为岩体的结构。因此,要研究岩体的力学性质首先应研究岩体的结构特征。

由于岩体是在漫长的地质历史过程中形成的,一般都经历了多次构造运动的改造,因此,对岩体的结构特征进行深入研究,并进行合理分类无疑会对发现和掌握其中的规律性大有益处。所以,岩土工程界历来对岩体结构的分类研究比较重视,目前已形成了多种分类方法,其中以

《岩土工程勘察规范(2009 年版)》(GB 50021—2001)中的分类最具代表性,其结果见表 5.5.1。

表 5.5.1 岩体按结构类型划分

岩体结构类型	岩体地质类型	结构体形状	结构面发育情况	岩土工程特征	可能发生的岩土工程问题
整体状结构	巨块状岩浆岩和变质岩,巨厚层沉积岩	巨块状	以层面和原生、构造节理为主,多呈闭合型,间距大于 1.5 m,一般为 1~2 组,无危险结构面	岩体稳定,可视为均质弹性各向同性体	局部滑动或坍塌,深埋硐室的岩爆
块状结构	厚层状沉积岩,块状岩浆岩和变质岩	块状柱状	有少量贯穿性节理裂隙,结构面间距 0.7~1.5 m,一般为 2~3 组,有少量分离体	结构面互相牵制,岩体基本稳定,接近弹性各向同性体	
层状结构	多韵律薄层、中厚层状沉积岩,副变质岩	层状板状	有层理、片理、节理,常有层间错动	变形和强度受层面控制,可视为各向异性弹塑性体,稳定性较差	可沿结构面滑塌,软岩可产生塑性变形
碎裂状结构	构造影响严重的破碎岩层	碎块状	断层、节理、片理、层理发育,结构面间距 0.25~0.50 m,一般 3 组以上,有许多分离体	整体强度很低,并受软弱结构面控制,呈弹塑性体,稳定性很差	易发生规模较大的岩体失稳,地下水加剧失稳
散体状结构	断层破碎带,强风化及全风化带	碎屑状	构造和风化裂隙密集,结构面错综复杂,多充填黏性土,形成无序小块和碎屑	完整性遭极大破坏,稳定性极差,接近松散体介质	易发生规模较大的岩体失稳,地下水加剧失稳

5.5.2 岩体的变形

与岩石的破坏相类似,完整的岩体的破坏过程为裂隙压密阶段→弹性变形阶段→塑性变形阶段→破坏阶段→破坏后的残余强度阶段,因此,岩体的应力-应变曲线在形状上与图 5.3.1 的应力-应变曲线相似,只是由于结构面的切割作用,使应力-应变关系曲线中的压密阶段更加常见和明显,绝对的应变量大大增加,因而与岩石相比,岩体的弹性模量、峰值强度和残余强度有所降低,泊松比则有所提高,各向异性将更加显著,如图 5.5.1 所示。

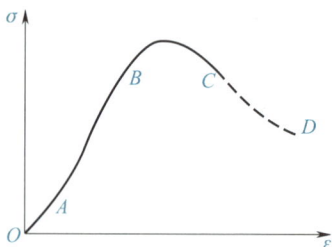

图 5.5.1　岩体的应力-应变曲线

5.5.3　岩体的强度

岩体的强度特征可用图 5.5.2 作概括说明。

当岩体中含有一个结构面,岩体受到外力作用时,结构面上将出现正应力 σ 及剪应力 τ,σ 和 τ 值的大小将随主应力最大主平面与岩体内斜面的交角的变化而变化。如图 5.5.2 所示的岩体受到主应力 σ_1 及 σ_3 的作用,P 点代表岩体内的任一斜面,其与最大主平面的交角为 β,则莫尔圆周上 P 点的坐标表示结构面的应力状态,即

$$\begin{cases} \sigma = \dfrac{1}{2}(\sigma_1 + \sigma_3) + \dfrac{1}{2}(\sigma_1 - \sigma_3)\cos 2\beta \\ \tau = \dfrac{1}{2}(\sigma_1 - \sigma_3)\sin 2\beta \end{cases} \tag{5.5.1}$$

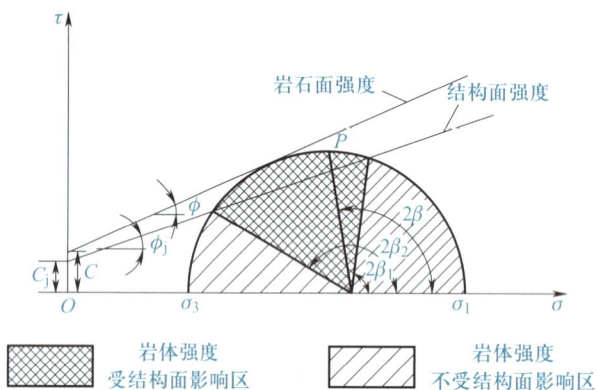

图 5.5.2　岩体强度的各向异性及其与岩石强度的关系

根据莫尔-库仑定律可得结构面强度曲线为

$$\tau_j = \sigma \tan \varphi_j + C_j \tag{5.5.2}$$

式中　C_j,φ_j——结构面的黏聚力及内摩擦角。

设结构面与最大主平面的交角为 β_j,则随着 P 点在莫尔圆周上的移动,岩体的破坏将会出现以下几种情况:

① 当 $\beta_1 < \beta < \beta_2$ 时,P 点在结构面强度曲线之上,此时结构面上出现的剪应力将大于结构面的抗剪强度,此时若岩体内恰好存在 $\beta_1 < \beta_j < \beta_2$ 的结构面,则岩体将沿结构面产生滑动,即岩体将发生沿结构面的剪切破坏。

② 当 $\beta=\beta_1$ 或 $\beta=\beta_2$ 时，P 点与结构面强度曲线相交，此时若岩体内恰好存在 $\beta_j=\beta_1$ 或 $\beta_j=\beta_2$ 的结构面，结构面上的应力状态正好处于极限平衡状态，岩体将开始沿结构面产生滑移，即岩体将开始发生沿结构面的剪切破坏。

③ 当 β 角减小至 $\beta<\beta_1$，或当 β 角增大至 $\beta>\beta_2$ 时，P 点同时位于结构面的强度曲线和岩石的强度曲线之下，岩体不会发生沿结构面的破坏。

综上所述，岩体的强度取决于结构面、岩石的强度及加载方向与结构面之间的夹角关系，当岩体中存在与最大主平面的交角不利的结构面时，岩体将发生沿结构面的剪切破坏；而当岩体中存在结构面与最大主平面的交角缓于某一特定角度或陡于另一特定角度时，岩体将发生沿岩石内新产生的潜在破坏面的剪切破坏，而与结构面无关。

5.6 岩体质量评价

岩体质量评价就是针对不同类型岩体工程的特点，根据影响岩体稳定性的各种地质条件和组成岩体的岩石及结构面的物理力学特性，对工程岩体的综合性能进行评定、划分成若干工程特性等级、为岩体工程建设提供最基础的决策依据的过程。

对岩体工程来说，如果能够事先进行相当详尽的工程地质勘察，物理力学试验研究和工程岩体稳定性的分析、判断及计算，获得充分的工程设计资料，再进行工程设计当然是求之不得的。这种方法对于大型的、重要的工程来说也是十分必要的，但这需要花费大量的人力、物力、财力和时间。对于一些临时的、小型的、简单的工程，特别是抢险工程来说，却是难以接受的。因此，寻求一种能够根据少量简易的工程地质勘察和岩石力学试验，结合以往工程实践和大量岩石力学试验经验就可以对工程岩体的稳定性作出评价，并获得这些岩体工程建设所需要的基本工程设计参数，减少勘察、试验工作量，缩短前期工作时间的方法一直是广大的岩土工程技术人员的强烈愿望。为了实现这一愿望，自 20 世纪五六十年代以来，国外提出了许多工程岩体的质量评价方法，其中有些方法已在国内外产生了很大的影响，并在许多工程中得到了不同程度的应用。自 20 世纪 70 年代以来，国内的有关部门也在各自工程经验的基础上制定了一些岩体质量评价方法，在本部门或本行业推广应用。

由于组成岩体的岩石的性质千差万别，岩体中结构面的性质及分布情况又复杂多变，致使国内外的岩体质量评价的原则、方法和标准不尽相同。目前，国内外的岩体分级方法已有数十种，其中我国的国家标准《工程岩体分级标准》（GB/T 50218—2014）是在充分吸收大量国内外岩体质量评价方法的优点和总结大量国内外岩体工程经验的基础上而制定的，具有较高的准确性、可靠性和先进性。

岩体基本质量应由岩石坚硬程度和岩体完整程度两个因素确定。岩石坚硬程度和岩体完整程度划分又包括定性划分和定量指标两种确定方法。另一方面，岩体是由岩石和结构面相互组合而成的，因此，岩体质量评价应包括岩石的质量评价、结构面的质量评价、岩体被结构面切割后的综合质量的总体评价等几个步骤。

5.6.1 岩石质量评价

1. 岩石坚硬程度划分

影响工程岩体稳定的因素是多种多样的，主要是岩体的物理力学性质、构造发育情况、承受的荷载(工程荷载和初始应力)、应力–应变状态、几何边界条件、水文地质环境特征等。这些因素中,岩体的物理力学性质和构造发育情况是独立于各种工程类型的、反映岩体的基本特性、基本因素。在岩体的各项物理力学性质中,与稳定性关系最大的是岩石坚硬程度和风化程度。因此,岩石的坚硬程度和风化程度质量评价是工程岩体的基础,它包括坚硬程度评价和风化程度评价两个部分,常用的评定标准分别见表 5.6.1~表 5.6.4。

表 5.6.1 岩石坚硬程度的定性划分

名称		定性鉴定	代表性岩石
硬质岩	坚硬岩	锤击声清脆,有回弹,震手,难击碎;浸水后大多无吸水反应	未风化至微风化的花岗岩、正长岩、闪长岩、辉绿岩、玄武岩、安山岩、片麻岩、硅质板岩、石英岩、硅质胶结的砾岩、石英砂岩、硅质石灰岩等
	较坚硬岩	锤击声较清脆,有轻微回弹,稍震手,较难击碎;浸水后,有轻微吸水反应	1. 中等(弱)风化的坚硬岩; 2. 未风化至微风化的熔结凝灰岩、大理岩、板岩、白云岩、石灰岩、钙质胶结的砂岩、粗晶大理岩等
软质岩	较软岩	锤击声不清脆,无回弹,较易击碎;浸水后指甲可刻出印痕	1. 强风化的坚硬岩; 2. 中等(弱)风化的较坚硬岩; 3. 未风化至微风化的凝灰岩、千枚岩、砂质泥岩、泥灰岩、泥质砂岩、粉砂岩、砂质页岩等
	软岩	锤击声哑,无回弹,有凹痕,易击碎;浸水后手可掰开	1. 强风化的坚硬岩; 2. 中等(弱)风化至强风化的较坚硬岩; 3. 中等(弱)风化的较软岩; 4. 未风化的泥岩、泥质页岩、绿泥片岩、绢云母片岩等
极软岩		锤击声哑,无回弹,有较深凹痕,手可捏碎;浸水后可捏成团	1. 全风化的各种岩石; 2. 强风化的软岩; 3. 各种半成岩

注:1. 表中岩石的风化程度应按表 5.6.3 确定。

2. 本表来源于《工程岩体分级标准》(GB/T 50218—2014)。

表 5.6.2 岩石坚硬程度的定量划分

单轴饱和抗压强度 R_c	$R_c>$ 60 MPa	60 MPa≥ $R_c>$30 MPa	30 MPa≥ $R_c>$15 MPa	15 MPa≥ $R_c>$5 MPa	R_c≤5 MPa
坚硬程度	坚硬岩	较坚硬岩	较软岩	软岩	极软岩

注:1. R_c 为实测值或 $R_c = 22.82 I_{S(50)}^{0.75}$,$I_{S(50)}$ 为岩石点荷载强度指数。

2. 本表来源于《岩土工程勘察规范(2009 年版)》(GB 50021—2001),《工程岩体分级标准》(GB/T 50218—2014)和《水利水电工程地质勘察规范》(GB 50487—2008)等与其基本一致。

2. 岩石风化程度的分级

风化作用一方面使岩石疏软以至松散,物理力学性质变差;另一方面又使岩体中裂隙增多,对工程岩体的特性有很大影响,是影响工程岩体质量和稳定性的重要因素。

岩石风化程度的分类目前尚无统一标准,常用的是 GB/T 50218—2014 和 GB 50021—2001 分类,分别如表 5.6.3 和表 5.6.4 所示。

表 5.6.3　岩石风化程度的 GB/T 50218—2014 分类

名称	风化特征
未风化	结构构造未变,岩质新鲜
微风化	结构构造、矿物色泽基本未变,部分裂隙面有铁锰质渲染
弱风化	结构构造部分破坏,矿物色泽较明显变化,裂隙面出现风化矿物或存在风化夹层
强风化	结构构造大部分破坏,矿物色泽明显变化,长石、云母等多风化成次生矿物
全风化	结构构造全部破坏,矿物成分除石英外,大部分风化成土状

表 5.6.4　岩石风化程度的 GB 50021—2001 分类

风化程度	野外特征	风化程度参数指标	
		波速比 K_v	风化系数 K_f
未风化	岩质新鲜,偶见风化痕迹	0.9~1.0	0.9~1.0
微风化	结构基本未变,仅节理面有渲染或略有变色,有少量风化裂隙	0.8~0.9	0.8~0.9
中等风化	结构部分破坏,沿节理面有次生矿物,风化裂隙发育,岩体被切割成岩块,用镐难挖,用岩芯钻方可钻进	0.6~0.8	0.4~0.8
强风化	结构大部分破坏,矿物成分显著变化,风化裂隙很发育,岩体破碎,用镐可挖,干钻不易钻进	0.4~0.6	<0.4
全风化	结构基本破坏,但尚可辨认,有残余结构强度,可用镐挖,干钻可钻进	0.2~0.4	—
残积土	组织结构全部破坏,已风化成土状,锹镐易挖掘,干钻易钻进,具可塑性	<0.2	—

注:1. 波速比 K_v 为风化岩石与新鲜岩石压缩波速度之比。

2. 风化系数 K_f 为风化岩石与新鲜岩石饱和单轴抗压强度之比。

3. 岩石风化程度,除按表列野外特征和定量指标划分外,也可根据当地经验划分。

4. 花岗岩类岩石,可采用标准贯入试验划分,$N \geq 50$ 为强风化;$50 > N \geq 30$ 为全风化;$N < 30$ 为残积土。

5. 泥岩和半成岩,可不进行风化程度划分。

5.6.2　岩体的完整性评价

1. 结构面特征分类

岩体的完整性评价是指对岩体被结构面切割的程度进行评价。由于岩体的完整程度既是判别岩体结构类型的基本要素,也是影响岩体工程性质的重要因素,因而几乎是所有国内外的岩体质量分类标准中共同包含的内容之一,我国的国家规范也不例外,在《工程岩体分级标准》(GB/T 50218—2014)和《岩土工程勘察规范(2009 年版)》(GB 50021—2001)中均对此作出了规定,具体评价标准见表 5.6.5。

2. 岩石质量指标(RQD)分类

RQD 是岩石质量指标(rock quality designation)的英文缩写。RQD 指标是最早由迪尔于 1964 年提出的根据钻探时的岩芯、完好程度来判断岩体完整性的等级划分指标,因其测量和计算均较简单,在工程中得到了广泛的应用。在我国已将该指标正式收入了国家规范《岩土工程勘察规范(2009 年版)》(GB 50021—2001)。

表 5.6.5　岩体完整程度的结构面特征分类

名称	结构面发育程度		主要结构面的结合程度	主要结构面类型	相应结构类型
	组数	平均间距/m			
完整	1~2	>1.0	结合好或结合一般	裂隙、层面	整体状或巨厚层状结构
较完整	1~2	>1.0	结合差	裂隙、层面	块状或厚层状结构
	2~3	1.0~0.4	结合好或结合一般		块状结构
较破碎	2~3	1.0~0.4	结合差	裂隙、层面、小断层	裂隙块状或中厚层状结构
	≥3	0.4~0.2	结合好		镶嵌碎裂结构
			结合一般		中、薄层状结构
破碎	≥3	0.4~0.2	结合差	各种类型结构面	裂隙块状结构
		≤0.2	结合一般或结合差		碎裂结构
极破碎	无序		结合很差		散体状结构

注:平均间距指主要结构面(1~2 组)间距的平均值。

RQD 指标在数值上等于用直径为 75 mm 的金刚石钻头在钻孔中连续采取同一岩层的岩芯,其中长度大于等于 10 cm 的岩芯累计长度与相应于该统计段的钻孔总进尺之比,一般用去掉百分号的百分比值来表示。即

$$RQD = \frac{长度大于等于 10\ cm 的岩芯累计长度}{统计段钻孔总进尺} \times 100 \tag{5.6.1}$$

根据岩石质量指标(RQD)对岩体完整性进行分类的标准见表 5.6.6。

表 5.6.6　岩体完整性的 RQD 指标分类

RQD	>90	75~90	50~75	25~50	<25
岩体完整性	好	较好	较差	差	极差

3. 岩体完整性指数分类

岩体完整性指数（K_V）是指岩体弹性纵波速度与同一岩体中所包含的岩石的弹性纵波速度之比的平方，即

$$K_V = (V_{pm}/V_{pr})^2 \qquad (5.6.2)$$

式中　V_{pm}——岩体弹性纵波速度，m/s；

　　　V_{pr}——岩石弹性纵波速度，m/s。

岩体完整性指数与岩体完整程度之间的对应关系可按表 5.6.7 确定。

表 5.6.7　岩体完整程度的完整性指数划分

K_V	>0.75	0.75~0.55	0.55~0.35	0.35~0.15	<0.15
完整程度	完整	较完整	较破碎	破碎	极破碎

当工程岩体中包含不止一种岩石或不止一个不同的工程地质岩组时，应针对不同的工程地质岩组或岩性段，选择有代表性的点、段分别评价。

当无条件取得岩体完整性指数的实测值时，也可用单位体积岩体内的节理数，即岩体体积节理数（J_V），按表 5.6.8 确定对应的 K_V 值。

$$J_V = S_1 + S_2 + \cdots + S_n + S_k \qquad (5.6.3)$$

式中　J_V——单位体积岩体内的节理数，条/m³；

　　　S_n——第 n 组节理每米测线上的条数；

　　　S_k——每立方米岩体中延伸长度大于 1m 的非成组节理条数。

表 5.6.8　J_V 与 K_V 对照表

$J_V/(条·m^{-3})$	<3	3~10	10~20	20~35	>35
K_V	>0.75	0.75~0.55	0.55~0.35	0.35~0.15	<0.15

需要说明的是，岩体体积节理数的统计过程中应针对不同的工程地质岩组或岩性段，选择有代表性的露头或开挖壁面进行节理（结构面）统计，每一测点的统计面积，不应小于 $2×5\ m^2$，且对已被硅质、铁质、钙质充填胶结的节理不应统计。

5.6.3　岩体基本质量分类

岩体基本质量是岩体固有的，由岩石坚硬程度和岩体完整程度所决定的影响工程岩体稳定性的最基本属性。显然确定了岩石坚硬程度和岩体完整程度之后，就可以对岩体基本质量进行判断。根据《工程岩体分级标准》（GB/T 50218—2014）中的标准，岩体基本质量可分 5 级，且可以采用定性和定量两种方法进行确定。

1. 岩体基本质量的定性分类

岩体基本质量的定性分类是指根据岩体的定性特征，即岩石坚硬程度（由表 5.6.1 确定）和岩体完整程度（由表 5.6.5 确定）进行的岩体基本质量分类。其具体确定方法见表 5.6.9。

表 5.6.9　岩体基本质量分类

基本质量级别	岩体基本质量的定性特征
I	坚硬岩,岩体完整
II	坚硬岩,岩体较完整; 较坚硬岩,岩体完整
III	坚硬岩,岩体较破碎; 较坚硬岩或软硬岩互层,岩体较完整; 较软岩,岩体完整
IV	坚硬岩,岩体破碎; 较坚硬岩,岩体较破碎至破碎; 较软岩或软硬岩互层,且以软岩为主,岩体较完整至较破碎; 软岩,岩体完整至较完整
V	较软岩,岩体破碎; 软岩,岩体较破碎至破碎; 全部极软岩及全部极破碎岩

2. 岩体基本质量的定量分类

岩体基本质量的定量分类是指根据岩体的基本质量指标(BQ)进行的岩体基本质量分类。岩体基本质量指标(BQ)的计算方法如下:

$$BQ = 90 + 3R_c + 250K_V \tag{5.6.4}$$

式中　R_c——岩石单轴饱和抗压强度(MPa),当 $R_c > 90K_V + 30$ 时,$R_c = 90K_V + 30$;当 $K_V > 0.04R_c + 0.4$ 时,$K_V = 0.04R_c + 0.4$。

　　K_V——岩体完整性指数。

岩体基本质量的定量分类标准见表 5.6.10。

表 5.6.10　岩体基本质量定量分类标准

基本质量级别	岩体基本质量指标(BQ)
I	>550
II	550~451
III	450~351
IV	350~251
V	≤250

在实际应用过程中,岩体基本质量分级应根据岩体基本质量的定性特征和岩体基本质量指标(BQ)两者相结合确定,当根据基本质量定性特征和基本质量指标(BQ)确定的级别不一致时,应通过对定性划分和定量指标的综合分析,确定岩体基本质量级别。必要时,应重新进行测试。

5.6.4　工程岩体质量分类

1. 地下工程的岩体质量分类

岩体基本质量级别划分虽然对岩体质量作出了初步等级判断,但其判断的依据仅有岩石坚硬程度和岩体完整程度两个方面,而实际工程中,岩体的质量除了取决于岩体的该两个方面的因素外还与工程的类型、地下水状态、初始应力状态、工程轴线或走向线的方位与主要软弱结构面产状的组合关系等因素有关,因而对工程岩体进行详细定级时还应在岩体基本质量等级划分的基础上根据以上因素进行必要的修正。根据《工程岩体分级标准》(GB/T 50218—2014)中的规定,其地下工程的岩体质量修正方法如下:

$$[BQ] = BQ - 100(K_1 + K_2 + K_3) \tag{5.6.5}$$

式中　$[BQ]$——岩体基本质量指标修正值;

　　　BQ——岩体基本质量指标;

　　　K_1——地下水影响修正系数;

　　　K_2——主要软弱结构面产状影响修正系数;

　　　K_3——初始应力状态影响修正系数。

K_1,K_2,K_3 值,可分别按表 5.6.11、表 5.6.12 和表 5.6.13 确定。无表中所列表情况时,修正系数取零。$[BQ]$出现负值时,应按特殊问题处理。

表 5.6.11　地下水影响修正系数 K_1

地下水出水状态	BQ			
	>450	450~351	350~251	≤250
潮湿或点滴状出水	0	0.1	0.2~0.3	0.4~0.6
淋雨状或涌流状出水,水压≤0.1 MPa 或单位出水量≤10 L/min·m	0.1	0.2~0.3	0.4~0.6	0.7~0.9
淋雨状或涌流状出水,水压>0.1 MPa 或单位出水量>10 L/min·m	0.2	0.4~0.6	0.7~0.9	1.0

表 5.6.12　主要软弱结构面产状影响修正系数 K_2

结构面产状及其与硐轴线的组合关系	结构面走向与硐轴线夹角<30°,结构面倾角 30°~75°	结构面走向与硐轴线夹角>60°,结构面倾角>75°	其他组合
K_2	0.4~0.6	0~0.2	0.2~0.4

表 5.6.13　初始应力状态影响修正系数 K_3

初始应力状态	BQ				
	>550	550~451	450~351	350~251	≤250
极高应力区	1.0	1.0	1.0~1.5	1.0~1.5	1.0
高应力区	0.5	0.5	0.5	0.5~1.0	0.5~1.0

在无实测成果时,可用工程埋深 $H(m)$、岩体重度 $\gamma(kN/m^3)$ 和岩体泊松比 μ 按下列方法对初始应力场作出评估:

① 较平缓的孤山体,一般情况下,初始应力的垂直向应力为自重应力,水平向应力不大于 $\gamma H\mu/(1-\mu)$。

② 通过对历次构造形迹的调查和对近期构造运动的分析,以第一序次为准,根据复合关系,确定为新构造体系,据此确定初始应力的最大主应力方向。

当垂直向应力为自重应力,且是主应力之一时,水平向主应力较大的一个,可取 $(0.8\sim1.2)\gamma H$ 或更大。

③ 埋深大于 1 000 m,随着深度的增加,初始应力场逐渐趋向于静水压力分布,大于 1 500 m 以后,一般可按静水压力分布考虑。

④ 在峡谷地段,从谷坡至山体以内,可区分为应力释放区、应力集中区和应力稳定区。峡谷的影响范围,在水平方向一般为谷宽的 $1\sim3$ 倍。对两岸山体,最大主应力方向一般平行于河谷,在谷底较深部位,最大主应力趋于水平且转向垂直于河谷方向。

⑤ 地表岩体剥蚀显著地区,水平向应力仍按原覆盖层厚度计算。

⑥ 发生岩爆或岩芯饼化现象,应考虑存在高初始应力的可能,此时,可根据岩体在开挖过程中出现的主要现象,按表 5.6.14 进行评估。

表 5.6.14　岩体初始应力场等级

应力情况	主要现象	$\dfrac{R_c}{\sigma_{max}}$
极高应力	1. 硬质岩:开挖过程中时有岩爆发生,有岩块弹出,硐壁岩体发生剥离,新生裂缝多,成硐性差;基坑有剥离现象,成形性差。 2. 软质岩:岩芯常有饼化现象,开挖过程中硐壁岩体有剥离,位移极为显著,甚至发生大位移,持续时间长,不易成硐;基坑发生显著隆起或剥离,不易成形	<4
高应力	1. 硬质岩:开挖过程中可能出现岩爆,硐壁岩体有剥离和掉块现象,新生裂缝较多,成硐性较差;基坑有剥离现象,成形性一般尚好。 2. 软质岩:岩芯时有饼化现象,开挖过程中硐壁岩体位移显著,持续时间较长,成硐性差;基坑有隆起现象,成形性较差	$4\sim7$

注:σ_{max} 为垂直硐轴线方向的最大初始应力。

对跨度等于或小于 20 m 的地下工程,当已确定级别的岩体,其实际的自稳能力,与表 5.6.15 相应级别的自稳能力不相符时,应对岩体级别作相应调整。

表 5.6.15　地下工程岩体自稳能力

岩体级别	自稳能力
I	跨度≤20 m,可长期稳定,偶有掉块,无塌方
II	跨度 10~20 m,可基本稳定,局部可发生掉块或小塌方; 跨度<10 m,可长期稳定,偶有掉块

续表

岩体级别	自稳能力
III	跨度 10~20 m,可稳定数日到一个月,可发生小到中等的塌方; 距离 5~10 m,可稳定数月,可发生局部块体位移及小到中等的塌方; 跨度<5 m,可基本稳定
IV	跨度>5 m,一般无自稳能力,数日到数月内可发生松动变形、小塌方,进而发展为中到大塌方。 埋深小时,以拱部松动破坏为主,埋深大时,有明显塑性流动变形和挤压破坏; 跨度≤5 m,可稳定数日到一个月
V	无自稳能力

注:1. 小塌方:塌方高度<3 m,或塌方体积<30 m³。

2. 中塌方:塌方高度 3~6 m,或塌方体积 30~100 m³。

3. 大塌方:塌方高度>6 m,或塌方体积>100 m³。

对大型的或特殊的地下工程岩体,除应按《工程岩体分级标准》(GB/T 50218—2014)确定基本质量级别外,详细定级时,尚可采用有关标准的方法,进行对比分析,综合确定岩体级别。如《岩土锚杆与喷射混凝土支护工程技术规范》(GB 50086—2015)规定了表 5.6.16 所示的地下工程岩体的围岩分级标准。

2. 边坡工程的岩体质量分类

对边坡工程的岩体质量分类我国的国家标准《建筑边坡工程技术规范》(GB 50330—2013)中作了非常详细的规定,将边坡工程的岩体质量分为 4 级,详见表 5.6.17。

表 5.6.16 地下工程岩体的围岩分级标准

围岩类别	主要地质工程特征							
	岩体结构	构造影响程度、结构面发育情况和状态	岩石强度指标		岩体声波指标		岩体强度应力比	毛硐稳定情况
			单轴饱和抗压强度/MPa	点荷载强度/MPa	岩体纵波速度/(km·s⁻¹)	岩体完整性指标		
I	整体状及层间结合良好的厚层状结构	构造影响轻微,偶有小断层;结构面不发育,仅有 2~3 组,平均间距大于 0.8 m,以原生和构造节理为主,多数闭合,无泥质充填,不贯通;层间组合良好,一般不出现不稳定块体	>60	>2.5	>5	>0.75	>4	毛硐跨度为 5~10 m 时,长期稳定,一般无碎块掉落

续表

围岩类别	主要地质工程特征		岩石强度指标		岩体声波指标		岩体强度应力比	毛硐稳定情况
	岩体结构	构造影响程度、结构面发育情况和状态	单轴饱和抗压强度/MPa	点荷载强度/MPa	岩体纵波速度/(km·s⁻¹)	岩体完整性指标		
	同 I 级围岩结构	同 I 级围岩特征	30~60	1.25~2.5	3.7~5.2	>0.75		
II	块状结构和层间结合较好的中厚层或厚层状结构	构造影响较重,有少量断层。结构面较发育。一般为3组,平均间距0.4~0.8 m,以原生和构造节理为主,多数闭合,偶有泥质充填,贯通性较差,有少量软弱结构面。层间结合较好,偶有层间错动和层面张开现象	>60	>2.5	3.7~5.2	>0.5	>2	毛硐跨度为5~10 m时,围岩能较长时间(数月至数年)维持稳定,仅出现局部小块掉落
	同 I 级围岩结构	同 I 级围岩特征	20~30	0.85~1.25	3.0~4.5	>0.75		
	同 II 级围岩块状结构和层间结合较好的中厚层状结构	同 II 级围岩块状结构和层间结合较好的中厚层或厚层状结构	30~60	1.25~2.5	3.0~4.5	0.5~0.75	>2	
III	层间结合良好的薄层和软硬岩互层结构	构造影响较重;结构面发育,一般为3组,平均间距0.2~0.4 m,以构造节理为主,节理面多数闭合,少有泥质充填;岩层为薄层或以硬岩为主的软硬互层,层间结合良好,少见软弱夹层、层间错动和层面张开现象	>60(软岩>20)	>2.5	3.0~4.5	0.3~0.5	>2	毛硐跨度为5~10 m时,围岩能维持一个月以上的稳定,主要出现局部掉块、塌落
	碎裂镶嵌结构	构造影响较重。结构面发育,一般为3组以上,平均间距0.2~0.4 m,以构造节理为主,节理面多数闭合,少数有泥质充填,块体间牢固咬合	>60					

续表

围岩类别	主要地质工程特征							毛硐稳定情况
	岩体结构	构造影响程度、结构面发育情况和状态	岩石强度指标		岩体声波指标		岩体强度应力比	
			单轴饱和抗压强度/MPa	点荷载强度/MPa	岩体纵波速度/(km·s⁻¹)	岩体完整性指标		
IV	同Ⅱ类围岩块状结构和层间结合较好的中厚层或厚层状结构	同Ⅱ类围岩块状结构和层间结合较好的中厚层或厚层状结构特征	10～30	0.42～1.25	2.0～3.0	0.5～0.75	>1	毛硐跨度为5 m时,围岩能维持数日到一个月的稳定,主要失稳形式是冒落或片帮
	散块状结构	构造影响严重,一般为风化卸载带;结构面发育,一般为3组,平均间距0.4～0.8 m,以构造节理、卸载、风化裂隙为主,贯通性好,多数张开,夹泥厚度一般大于结构面的起伏高度,咬合力弱,构成较多的不稳定块体	>30	1.25	>2.0	>0.15		
	层间结合不良的薄层、中厚层和软硬岩互层结构	构造影响严重;结构面发育,一般为3组以上,平均间距0.2～0.4 m,以构造、风化节理为主,大部分微张(0.5～1.0 mm),部分张开(>1.0 mm),有泥质充填,层间结合不良,多数夹泥,层间错动明显	>30(软岩>10)	>1.25	2.0～3.5	0.2～0.4	>1	
	碎裂状结构	构造影响严重,多数为断层影响带或强风化带;结构面发育,一般为3组以上,平均间距0.2～0.4 m,大部分微张(0.5～1.0 mm),部分张开(>1.0 mm),有泥质充填,形成许多碎块体	>30					
V	散体状结构	构造影响很严重,多数为破碎带、全强风化带、破碎带交汇部位;构造及风化节理密集,节理面及其结合杂乱,形成大量碎块体;块体间多为泥质充填,甚至呈泥夹土状或土夹石状				<0.2		毛硐跨度为5 m时,围岩稳定时间很短,约数小时至数日

注:1. 围岩按定性分级与定量指标有差别时,应以低者为准。

2. 本表声波指标以孔测法测试值为准。如果用其他方法测试时,可通过对比试验进行换算。

3. 层状岩体按单位厚度可划分为:厚层,大于0.5 m;中厚层,0.1～0.5 m;薄层,小于0.1 m。

4. 一般条件下,确定围岩级别时,应以岩石单轴饱和抗压强度为准,对于毛硐跨度小于5 m,服务年限小于10年的工程,确定围岩类别时,可采用点荷载强度指标代替岩块单轴饱和抗压强度指标,可不做岩体声波指标测试。

5. 测定岩石强度,做单轴抗压强度测定后,可不做点荷载强度测定。

表 5. 6. 17   边坡工程的岩体质量分级

岩体类型	岩体完整程度	结构面结合程度	结构面产状	直立边坡自稳能力
I	完整	结构面结合良好或一般	外倾结构面或外倾不同结构面的组合线倾角>75°或<27°	30 m 高边坡长期稳定,偶有掉块
II	完整		外倾结构面或外倾不同结构面的组合线倾角为27°~75°	15 m 高边坡稳定,15~25 m 高边坡欠稳定
	完整	结构面结合差	外倾结构面或外倾不同结构面的组合线倾角>75°或<27°	边坡出现局部落块
	较完整	结构面结合良好或一般或差		
III	完整	结构面结合差	外倾结构面或外倾不同结构面的组合线倾角为27°~75°	8 m 高边坡稳定,15 m 高边坡欠稳定
	较完整	结构面结合良好或一般		
	较完整	结合面结合差	外倾结构面或外倾不同结构面的组合线倾角>75°或<27°	
	较破碎			
	较破碎(碎裂镶嵌)	结构面结合良好或一般	结构面无明显规律	
IV	较完整	结构面结合差或很差	外倾结构面以层面为主,倾角多为 27°~75°	8 m 高边坡不稳定
	较破碎	结构面结合一般或差	外倾结构面或外倾不同结构面的组合线倾角27°~75°	
	破碎或极破碎	碎块间结合很差	结构面无明显规律	

注:1. 结构面指原生结构面和构造结构面,不包括风化裂隙。

2. 外倾结构面指倾向与坡向的夹角小于30°的结构面。

3. 不包括全风化基岩,全风化基岩可视为土体。

4. I 类岩体为软岩,应降为 II 类岩体;I 类岩体为较软岩且边坡高度大于15 m时,可降为 II 类。

5. 当地下水发育时,II、III类岩体可根据具体情况降低一档。

6. 强风化岩应划为 IV 类;完整的极软岩可划为 III 类或 IV 类。

7. 当边坡岩体较完整、结构面结合差或很差、外倾结构面或外倾不同结构面的组合线倾角27°~75°,结构面贯通性差时,可划为 III 类。

8. 当有贯通性较好的外倾结构面时应验算沿该结构面破坏的稳定性。

9. 岩体完整程度按表5.6.18 划分。

10. 岩体结构面的结合程度按表 5.6.19 确定。

表 5.6.18 岩体完整程度划分

岩体完整程度	结构面发育程度		结构类型	K_V	J_V
	组数	平均间距/m			
完整	1~2	>1.0	整体状	>0.75	<3
较完整	2~3	1.0~0.3	厚层状结构、块状结构、层状结构和镶嵌碎裂结构	0.75~0.35	3~20
不完整	>3	<0.3	裂隙块状结构、碎裂结构、散体结构	<0.35	>20

表 5.6.19 岩体结构面的结合程度

结合程度	结合状况	起伏粗糙程度	结构面张开度/mm	充填状况	岩体状况
结合良好	铁硅钙质胶结	起伏粗糙	≤3	胶结	硬岩或较软岩
			3~5	胶结	
结合一般			≤3	胶结	软岩
			≤3（无充填时）	无充填或岩块、岩屑充填	硬岩或较软岩
			≤3	干净无充填	软岩
结合差	分离	平直光滑	≤3（无充填时）	无充填或岩块、岩屑充填	
				岩块、岩屑夹泥或附泥膜	
结合很差		平直光滑、略有起伏		泥质或泥夹岩屑充填	各种岩层
		平直很光滑	≤3	无充填	
结合极差	结构极差	—	—	泥化夹层	

注:1. 起伏度:当 $R_A \leqslant 1\%$ 时,平直;当 $1\% < R_A \leqslant 2\%$ 时,略有起伏;当 $2\% < R_A$ 时,起伏;其中 $R_A = A/L$,A 为连续结构面起伏幅度(cm),L 为连续结构面取样长度(cm),测量范围 L 一般为 1.0~3.0 m。

2. 粗糙度:很光滑,感觉非常细腻如镜面;光滑,感觉比较细腻,无颗粒感觉;较粗糙,可以感觉到一定的颗粒状;粗糙,明显感觉到颗粒状。

5.6.5 岩体基本质量分类的应用

1. 确定工业与民用建筑地基承载力

工业与民用建筑地基岩体应按表 5.6.1 及表 5.6.10 的规定确定基本质量级别后,即可按表

5.6.20 确定各级岩体地基的承载力基本值(f_0)。

表 5.6.20 基岩承载力基本值(f_0)

岩体级别	Ⅰ	Ⅱ	Ⅲ	Ⅳ	Ⅴ
f_0/MPa	>7.0	7.0~4.0	4.0~2.0	2.0~0.5	<0.5

考虑基岩形态影响时,基岩承载力标准值(f_k)可按下式确定:

$$f_k = \eta f_0 \tag{5.6.6}$$

基岩形态影响折减系数 η 可按表 5.6.21 选用。

表 5.6.21 基岩形态影响折减系数 η

基岩形态	平坦型	反坡型	顺坡型	台阶型
岩面坡度/(°)	0~10	10~20	10~20	台阶高度<5 m
η	1.0	0.9	0.8	0.7

注:基岩内结构面倾向与基岩面坡向大致相同为顺坡型,相反为反坡型。

2. 确定岩体物理力学参数

当采用《工程岩体分级标准》(GB/T 50218—2014)进行岩体质量分类时,可按表 5.6.22 选用岩体物理力学参数,并可根据岩石坚硬程度和结构面结合程度,按表 5.6.23 选用岩体结构面抗剪断峰值强度参数。

表 5.6.22 岩体物理力学参数

岩体基本质量级别	重度 γ/(kN·m^{-3})	抗剪断峰值强度		变形模量 E/GPa	泊松比 μ
		内摩擦角 φ/(°)	黏聚力 C/MPa		
Ⅰ	>26.5	>60	>2.1	>33	<0.2
Ⅱ		60~50	2.1~1.5	33~20	0.2~0.25
Ⅲ	26.5~24.5	50~39	1.5~0.7	20~6	0.25~0.3
Ⅳ	24.5~22.5	39~27	0.7~0.2	6~1.3	0.3~0.35
Ⅴ	<22.5	<27	<0.2	<1.3	>0.35

表 5.6.23 岩体结构面抗剪断峰值强度

序号	两侧岩体的坚硬程度及结构面的结合程度	内摩擦角 φ/(°)	黏聚力 C/MPa
1	坚硬岩,结合好	>37	>0.22
2	坚硬至较坚硬岩,结合一般;较软岩,结合好	37~29	0.22~0.12
3	坚硬至较坚硬岩,结合差;较软岩至软岩,结合一般	29~19	0.12~0.08

序号	两侧岩体的坚硬程度及结构面的结合程度	内摩擦角 $\varphi/(°)$	黏聚力 C/MPa
4	较坚硬至较软岩,结合差至结合很差;软岩,结合差;软质岩的泥化面	19~13	0.08~0.05
5	软坚硬岩及全部软质岩,结合很差;软质岩泥化层本身	<13	<0.05

此外,在《建筑边坡工程技术规范》(GB 50330—2013)中也给出了不同特征的结构面的抗剪强度经验指标,详见表 5.4.7。

3. 确定边坡岩体等效内摩擦角

当采用《建筑边坡工程技术规范》(GB 50330—2013)进行岩体工程的分析和计算时,若无试验数据及当地经验资料可用,可按表 5.6.24 选用边坡岩体等效内摩擦角标准值,岩体内摩擦角可由岩块内摩擦角标准值按岩体裂隙发育程度乘以表 5.6.25 所列的折减系数确定。

表 5.6.24　边坡岩体等效内摩擦角标准值

边坡岩体类型	Ⅰ	Ⅱ	Ⅲ	Ⅳ
等效内摩擦角 $\varphi_e/(°)$	≥72	72~62	62~52	52~42

注:1. 适用于高度不大于 30 m 的边坡;当高度大于 30 m 时,应作专门研究。

2. 边坡高度较大时宜取较小值;高度较小时宜取较大值;当边坡岩体变化较大时,应按同等高度段分别取值。

3. 已考虑时间效应;对于Ⅱ、Ⅲ、Ⅳ类岩质临时边坡可取上限值,Ⅰ类岩质临时边坡可根据岩体强度及完整程度取大于 72° 的数值。

4. 适用于完整、较完整的岩体;破碎、较破碎的岩体可根据地方经验适当折减。

表 5.6.25　边坡岩体内摩擦角折减系数

边坡岩体特性	完整	较完整	较破碎
内摩擦角的折减系数	0.90~0.95	0.85~0.90	0.80~0.85

注:1. 全风化层可按成分相同的土层考虑。

2. 强风化基岩可根据地方经验适当折减。

本章知识工程应用要点

① 岩石和岩体是两个不同的概念。岩石的工程特性与岩体的工程特性也存在很大的差异,岩体的强度和变形特征除了与组成岩体的岩石强度和变形特征有关外,还与结构面的关系密切。

② 结构面对岩体工程特性的影响除了与其开度、表面粗糙度、起伏度及充填情况有关外,还与其产状关系密切。结构面对工程岩体的影响程度甚至可能主要取决于结构面的产状,因此,在岩体工程中应特别注意对结构面产状的研究。

③ 岩体的强度与其所处的地质环境的关系较为密切,例如,软岩在水的作用下会发生软化,岩石在长期的风化作用下强度也会发生变化。因此,在实际工程中应注意研究未来工程条件下岩体的动态强度,在进行岩体工程特性参数的试验方法选取和试验指标应用时应合理取舍。

④ 由于岩体工程的类别繁多,岩体规范的类别也较多,既有国家规范,也有行业规范,在实

际工程中应针对具体的岩体工程特点选择恰当的规范。

⑤ 岩体的变形和破坏是一个非常复杂的过程,目前对该问题的解释还有分歧,正因为如此,本章介绍了多种岩体强度理论,每一种强度理论都有其特定的适用条件,因而在实际工程中应针对具体工程岩体的特定条件选择适当的强度理论。

思 考 题

1. 岩石和岩体有何区别和联系?
2. 岩石的物理力学性质指标有哪些? 各指标的含义是什么?
3. 何谓岩石的蠕变? 岩石蠕变可分为几个阶段?
4. 何谓岩石的松弛?
5. 何谓结构面? 结构面有哪些类型?
6. 结构面的特征指标有哪些? 各指标的含义是什么?
7. 何谓岩体结构? 岩体结构有哪些类型?
8. 岩体结构类型的划分指标有哪些?
9. 简述结构面对岩体强度的影响。
10. 简述岩体质量的含义及其确定方法。
11. 简述岩体强度的特点。
12. 简述我国现行的岩体规范及其适用条件。
13. 简述岩体质量划分的工程意义。

第 6 章

地下水

6.1 地下水的物理性质和化学成分

6.1.1 地下水的物理性质

地下水的物理性质包括温度、颜色、透明度、气味、味道、导电性及放射性等。

1. 温度

地下水的温度是由气候和地质条件决定的。由于地下水形成环境的不同,其温度变化很大。根据温度将地下水分为过冷水(低于 $0\,℃$)、冷水($0\sim 20\,℃$)、温水($20\sim 42\,℃$)、热水($42\sim 100\,℃$)、过热水(高于 $100\,℃$)几种。

2. 颜色

地下水的颜色决定于化学成分及悬浮物。例如,含 H_2S 的水为翠绿色;含 Ca^{2+},Mg^{2+} 离子的水为微蓝色;含 Fe^{2+} 的水为灰蓝色;含 Fe^{3+} 的水为褐黄色;含有机腐殖质的水为灰暗色。含悬浮物的水,其颜色决定于悬浮物。

3. 透明度

地下水多半是透明的,当水中含有矿物质、机械混合物、有机质及胶体时,地下水的透明度就会改变。根据透明度可将地下水分为透明的、微浑的、浑浊的、极浑浊的几种。

4. 气味

地下水一般无味,但当其中含有一些特定成分时,具有一定的气味。如含腐殖质时,具"沼泽"味;含硫化氢时具有臭鸡蛋味。

5. 味道

地下水的味道主要取决于地下水的化学成分。含 $NaCl$ 的水有咸味;含 $CaCO_3$ 的水清凉爽口;含 $Ca(OH)_2$ 和 $Mg(HCO_3)_2$ 的水有甜味,俗称甜水;当含 $MgCl_2$ 和 $MgSO_4$ 时,地下水有苦味。

6.1.2 地下水的化学成分

地下水中含有各种气体、离子、胶体物质及有机物质等。自然界中存在的元素,绝大多数已经在地下水中发现。

1. 地下水中主要气体成分

地下水中一般含有 O_2,N_2,H_2S 及 CO_2 等。一般情况下,地下水中气体含量不高,每升水中只有几毫克到几十毫克。但是，气体成分能够很好地反映地球化学环境；同时，某些气体的含量会影响盐类在水中的溶解度及其他化学反应。

（1）氧气（O_2）和氮气（N_2）

地下水中的 O_2 和 N_2 主要来源于大气。它们随同大气降水及地表水补给地下水，因此，以入渗补给为主。与大气圈关系密切的地下水中含有 O_2，N_2 较多。

溶解氧含量愈多，说明地下水所处的地球化学环境愈有利于氧化作用进行。O_2 的化学性质远较 N_2 活泼，在较封闭的环境中，O_2 将耗尽而留下 N_2。因此，N_2 的单独存在，通常可说明地下水起源于大气并处于还原环境。

（2）硫化氢（H_2S）

地下水中出现 H_2S，其意义恰好与含 O_2 相反，说明地下水处于缺氧的还原环境。在与大气较为隔绝的环境中，有机质存在时，由于微生物的作用，SO_4^{2-} 将还原成 H_2S。因此，H_2S 一般出现于封闭的地质构造的地下水中。

（3）二氧化碳（CO_2）

地下水中的 CO_2 主要有两个来源：一种是有机质的氧化（植物的呼吸作用及有机质残骸的发酵作用）形成，这种作用发生于大气、土壤及地表水中，生成的 CO_2 随同水一起入渗补给地下水，浅部地下水中主要含有这种成因的 CO_2；另一种是深部变质形成的。

由于近代工业的发展，大气中人为产生的 CO_2 显著增加，特别在某些集中的工业区，补给地下水的降水中 CO_2 含量往往格外高。

地下水中含 CO_2 愈多，则其溶解碳酸盐类的能力及对结晶盐类进行分化作用的能力便愈强。

2. 地下水中的主要离子成分

地下水中分布最广、含量较多的离子共 7 种，即：氯离子（Cl^-）、硫酸根离子（SO_4^{2-}）、碳酸氢根离子（HCO_3^-）、钠离子（Na^+）、钾离子（K^+）、钙离子（Ca^{2+}）及镁离子（Mg^{2+}）。构成这些离子的元素，或是地壳中含量较高且较易溶于水的元素（如 O，Ca，Mg，Na，K），或是地壳中含量虽不很大，但极易溶于水的那些元素（Cl^-、以 SO_4^{2-} 形式出现的 S）。Si，Al，Fe 等元素，虽然在地壳中含量很大，但由于其难溶于水，地下水中的含量通常不大。

一般情况下，随着总矿化度的变化，地下水中占主要地位的离子成分也随之发生变化。低矿化水中常以 HCO_3^-，Ca^{2+} 及 Mg^{2+} 为主；高矿化水则以 Cl^-，Na^+ 为主；中等矿化的地下水中，阴离子常以 SO_4^{2-} 为主，主要阳离子则可以是 Na^+，也可以是 Ca^{2+}。

总的说来，氯盐的溶解度最大，硫酸盐次之，碳酸盐较小。钙的硫酸盐，特别是钙、镁的碳酸盐，溶解度最小；随着矿化度增大，钙、镁的碳酸盐首先达到饱和并沉淀析出，继续增大时，钙的硫酸盐也饱和析出。因此，高矿化水中便以易溶的氯和钠占优势了。

（1）氯离子（Cl^-）

氯离子在地下水中广泛分布，但在低矿化水中其质量浓度从数毫克/升到数十毫克/升，高矿化水中可达数克/升及至 100 克/升以上。

地下水中的 Cl^- 主要有以下几种来源：① 沉积岩中所含岩盐或其他氯化物的溶解；② 岩浆岩中含氯矿物［氯磷灰石 $Ca_5(PO_4)_3Cl$、方钠石 $NaAlSiO_4 \cdot NaCl$］的风化溶解；③ 海水补给地下水，或者海面的风将细沫状的海水带到陆地，地下水中 Cl^- 增多；④ 火山喷发物的溶滤；⑤ 工业、生活污水及粪便中含有大量 Cl^-（因此，居民点附近矿化度不高的地下水中，如发现 Cl^- 超过寻常含量，则说明很可能已受到污染）。

氯离子不为植物及细菌所摄取，不被土粒表面吸附，氯盐溶解度大，不易沉淀析出，是地下水中最稳定的离子。它的含量随着矿化度增长而不断增加，Cl^- 的含量常可用来说明地下水的矿化程度。

（2）硫酸根离子（SO_4^{2-}）

在高矿化水中，硫酸根离子的含量仅次于 Cl^-，其质量浓度可达数克/升，个别达数十克/升；在低矿化水中，一般质量浓度仅数毫克/升到数百毫克/升；中等矿化的水中，SO_4^{2-} 常为含量最多的阴离子。

地下水中的 SO_4^{2-} 来自含石膏或其他硫酸盐的沉积岩的溶解。硫化物的氧化也导致难溶于水的 S 以 SO_4^{2-} 形式大量进入水中。例如：

$$2FeS_2+7O_2+2H_2O =\!=\!= 2FeSO_4+4H^++2SO_4^{2-}$$

FeS_2 俗称黄铁矿，在煤系地层中的含量很高，因此流经这类地层的地下水往往以 SO_4^{2-} 为主，金属硫化物矿床附近的地下水常含大量 SO_4^{2-}。

在城镇中烧煤使大气中增加大量 SO_2，形成腐蚀性很强的"酸雨"，补给地下水后也会使地下水中 SO_4^{2-} 明显增加。

地下水中的 SO_4^{2-} 含量远不如 Cl^- 含量高，也不如 Cl^- 来得稳定。这是由于作为 SO_4^{2-} 主要来源的 $CaSO_4$ 溶解度较小，限制了 SO_4^{2-} 在水中的含量；此外，在还原环境中，SO_4^{2-} 将被还原为 H_2S 及 S。

（3）碳酸氢根离子（HCO_3^-）

地下水中的 HCO_3^- 来自含碳酸盐的沉积岩，如：

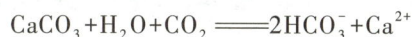

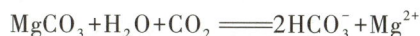

$$CaCO_3+H_2O+CO_2 =\!=\!= 2HCO_3^-+Ca^{2+}$$

$$MgCO_3+H_2O+CO_2 =\!=\!= 2HCO_3^-+Mg^{2+}$$

$CaCO_3$ 和 $MgCO_3$ 是难溶于水的，当水中的 CO_2 存在时，才有一定数量溶解于水，水中 HCO_3^- 的含量取决于 CO_2 含量的平衡关系。

岩浆岩与变质岩地区，HCO_3^- 主要来自于铝硅酸盐矿物的风化溶解，如：

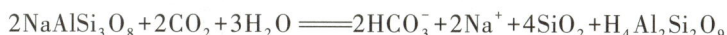

$$2NaAlSi_3O_8+2CO_2+3H_2O =\!=\!= 2HCO_3^-+2Na^++4SiO_2+H_4Al_2Si_2O_9$$
（钠长石）

地下水中 HCO_3^- 的质量浓度一般不超过 $1mg/L$，几乎总是低矿化水的主要阴离子成分。

（4）钠离子（Na^+）

钠离子在低矿化水中的含量一般很低，其质量浓度仅数毫克/升到数十毫克/升，但在高矿化水中则必定是主要的阳离子，其质量浓度最高可达数十克/升。

Na^+ 来自沉积岩中岩盐及其他钠盐的溶解，还可来自海水。在岩浆岩和变质岩地区，则来自含钠矿物的风化溶解。酸性岩浆岩中有大量含钠矿物，如钠长石；因此，在 CO_2 和 H_2O 的参与下，将形成低矿化的以 Na^+ 及 HCO_3^- 为主的地下水。由于 Na_2CO_3 的溶解度比较大，故当阳离子 Na^+ 为主时，水中 HCO_3^- 的质量浓度可超过与 Ca^{2+} 伴生时的上限。

（5）钾离子（K^+）

钾离子的来源及在地下水中的分布特点与钠相近。它来自含钾盐类沉积岩的溶解，以及岩浆岩、变质岩中含钾矿物的风化溶解。在低矿化水中含量甚微,而在高矿化水中较多。虽然在地壳中钾的含量与钠相近,钾盐的溶解度也相当大。但是,在地下水中 K^+ 要比 Na^+ 少得多,这是因为 K^+ 大量地参与形成不溶于水的次生矿物(水云母、蒙脱石、绢云母),并易为植物所摄取。由于 K^+ 的性质与 Na^+ 相近,含量少,分析比较繁琐,所以一般情况下,将 K^+ 归并到 Na^+ 中,不另区分。

(6)钙离子(Ca^{2+})

钙是低矿化地下水中的主要阳离子,其质量浓度一般不超过数百毫克/升。在高矿化水中,由于阴离子主要是 Cl^-,而 $CaCl_2$ 的溶解度相当大,故 Ca^{2+} 的绝对含量显著增大,但通常仍远低于 Na^+。

地下水中的 Ca^{2+} 来源于碳酸盐类沉积物及含石膏沉积物的溶解,以及岩浆岩、变质岩中含钙矿物的风化溶解。

(7)镁离子(Mg^{2+})

镁的来源及其在地下水中的分布与钙相近。来源于含镁的碳酸盐类沉积(白云岩、泥灰岩),此外,还来自岩浆岩、变质岩中含镁矿物的风化溶解,如:

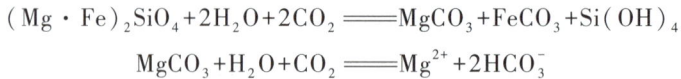

$$(Mg \cdot Fe)_2SiO_4 + 2H_2O + 2CO_2 \Longrightarrow MgCO_3 + FeCO_3 + Si(OH)_4$$

$$MgCO_3 + H_2O + CO_2 \Longrightarrow Mg^{2+} + 2HCO_3^-$$

Mg^{2+} 在低矿化水中的质量浓度通常较 Ca^{2+} 小,不成为地下水中的主要离子,部分原因是地壳组成中 Mg 比 Ca 少。

6.2　地下水的分类及各类地下水的特征

地下水受诸多因素的影响,各种因素的组合更是错综复杂,因此,出于不同的目的或角度,人们提出了各种各样的分类。概括起来主要有两种:一种是根据地下水的某种单一的因素或某一种特征进行分类,如按硬度分类、按地下水起源分类等;另一种是根据地下水的若干特征综合考虑进行分类,如按地下水埋藏条件分类。

6.2.1　地下水按起源分类

地下水按起源可分为渗入水、凝结水、埋藏水和岩浆水 4 类。

1. 渗入水

渗入水由大气降水或地表水渗入岩土中的空隙而成。

2. 凝结水

单位体积空气实际所包含的气态水量以 g/m^3 为单位,称为空气的绝对湿度。饱和湿度是随温度而变的,温度愈高,空气中所能容纳的气态水愈多,饱和湿度便愈大。温度降低时,饱和湿度随之降低,形成凝结水。

3. 埋藏水

在封闭的地质构造中,各类沉积物将沉积时所包含的水分长期埋藏保存下来即形成埋藏水。在高温影响下它们又可从矿物中析出,成为自由状态的水,即再生水。

4. 岩浆水

岩浆水又称初生水,是岩浆冷凝时析出的水。

6.2.2　地下水按埋藏条件和含水性质分类

1. 按地下水埋藏条件分类

地下水按埋藏条件可分为包气带水(包括土壤水和上层滞水)、潜水、承压水。

2. 按含水层性质分类

地下水按含水层性质可分为孔隙水、裂隙水、岩溶水(或喀斯特水)。

根据上述两种分类可组合成表 6.2.1 所列的几种类型的地下水,如孔隙潜水、裂隙承压水等。

表 6.2.1　地下水分类表

地下水	孔隙水	裂隙水	岩溶水(喀斯特水)
包气带水	土壤水及季节性的局部隔水层以上的重力水	裂隙岩层中局部隔水层上部季节性存在的水	可溶岩层中季节性存在的悬挂水
潜水	各种成因类型的松散沉积物中的水	裸露于地表的裂隙岩层中的水	裸露的可溶岩层中的水
承压水	由松散沉积物构成的山间盆地、山间平原及平原中的深层水	构造盆地、向斜或单斜构造中层状裂隙岩层中的水、构造破碎带中的水、独立裂隙系统中的脉状水	构造盆地、向斜或单斜构造的可溶岩层中的水

6.2.3　各类地下水的特征

1. 包气带水

包气带水主要是土壤水和上层滞水。

(1) 土壤水

埋藏于包气带土壤中的水称土壤水,它主要以结合水和毛细水形式存在,靠大气降水的渗入、水汽的凝结及潜水由下而上的毛细作用补给。大气降水向下渗入必须通过土壤层,这时渗入水的一部分保持在土壤层里,成为所谓的田间持水量(实际就是土壤层中最大悬挂毛细水量),多余的部分呈重力水向下补给潜水。土壤水主要消耗于蒸发,水分的变化相当剧烈,受大气条件的控制。当土壤层透水性不好,气候又潮湿多雨或地下水位接近地表时,易形成沼泽,称沼泽水。当地下水面埋藏不深,毛细管可达到地表时,由于土壤水分强烈蒸发,盐分不断积累于土壤表层,则形成土壤盐渍化。

(2) 上层滞水

上层滞水是存在于包气带中局部隔水层之上的重力水(图 6.2.1),其特点是分布接近地表,补给区和分布区一致。接受当地大气降水或地表水的补给,以蒸发的形式排泄。雨季获得补充,积存一定水量,旱季水量逐渐消耗,甚至干涸。上层滞水一般含盐量低,但易受污染。根据上层滞水水量不大,季节变化强烈的特点,它只能用于农村少量人口的供水及小型灌溉供水。不仅在松散沉积岩中可以埋藏上层滞水,裂隙岩层和可溶岩层中同样可以埋藏上层滞水。

2. 潜水

(1) 潜水的概念

潜水是埋藏在饱水带中地表以下第一个具有自由水面的含水层中的重力水(图 6.2.1)。一般多储存在第四系松散沉积物中,也可形成于裂隙性或可溶性基岩中。基本特点是与大气圈和地表水联系密切,积极参与水循环。

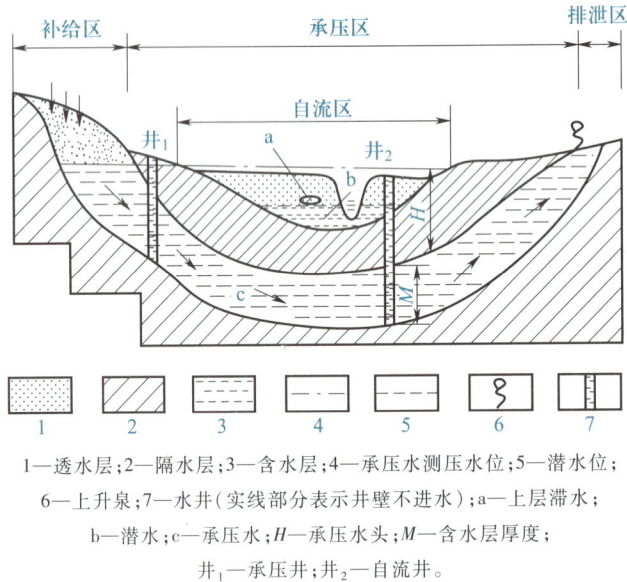

1—透水层;2—隔水层;3—含水层;4—承压水测压水位;5—潜水位;
6—上升泉;7—水井(实线部分表示井壁不进水);a—上层滞水;
b—潜水;c—承压水;H—承压水头;M—含水层厚度;
井$_1$—承压井;井$_2$—自流井。

图 6.2.1　潜水、承压水和上层滞水

潜水的自由水面称潜水面;潜水面上任何一点的标高称该点的潜水位;潜水面到地表的垂直距离称潜水埋藏深度;潜水面到隔水底板的铅直距离称含水层厚度,它随潜水面的变化而变化;潜水在重力作用下从高处向低处流动时,称潜水流;在潜水流的渗透途径上任意两点的水位差与该两点的水平距离之比,称潜水流在该处的水力坡度,一般潜水流的水力坡度很小,常为千分之几至百分之几。

潜水含水层的分布范围称潜水分布区,大气降水或地表水入渗补给潜水的地区称潜水补给区。一般情况下潜水分布区与补给区基本一致。潜水流出的地区称潜水排泄区。潜水的埋藏深度,随所处时间和空间的不同而变化,主要受气候、地形及地质构造的影响。同样,人类活动(开采、回灌)也影响潜水的埋藏深度。潜水的补给来源充沛,水量比较丰富,是重要的供水水源。但在工厂和居民区附近易被污染。潜水水质变化较大,湿润气候及切割强烈的地形,往往形成含盐量不高的淡水;干旱气候与低平地形,常形成含盐量较高的碱水。

(2) 潜水面的形状及其影响因素

潜水面的形状是潜水的重要特征之一。它一方面反映外界因素对潜水的影响,另一方面也反映潜水的特点,如流向、水力坡度等。一般情况下,潜水面不是水平的,而是向排泄区倾斜的曲面,起伏大体与地形一致,但较地形平缓。一个地区的潜水,只有获得大气降水入渗补给,并有水文网切割,潜水排泄出地表时才能形成潜水分水岭。潜水分水岭的形状在铅直剖面上为一上拱的半椭圆曲线。潜水分水岭位置决定于分水岭两侧的河水位,当河水位同高,岩性又均匀时,分水岭在中间;不同高时,分水岭偏向高水位的一边,甚至可以消失。

潜水面的形状和坡度还受含水层岩性、厚度、隔水底板起伏的影响。当含水层的岩性和厚度沿水流方向发生变化时,潜水的形状和坡度也相应地发生变化。在含水层的透水性减弱或隔水层的厚度增大的地段,潜水流中途受阻,在此地段上水流厚度变薄,潜水面可接近地表,甚至溢出地面成泉。

（3）潜水面的表示方法

a. 剖面图法　绘制水文地质剖面图。

b. 等水位线图法　绘制等水位线。

根据等水位线图可以:确定潜水流向、潜水水力坡度、潜水与河水的补排关系、潜水埋藏深度、地下水取水工程位置,以及推断含水层岩性或厚度的变化。

（4）潜水的补给、径流和排泄

潜水含水层自外界获得水量的过程称补给。在补给过程中潜水的水质可随之发生变化。潜水最普遍和最大的补给源是大气降水入渗。地表水的补给常发生在河流的下游或洪水期,地上河的补给则是经常的。当潜水下部含水层的水位高于潜水水位时,下部含水层的水可以通过它们之间的弱透水层补给潜水,这种补给称为越流补给。在干旱气候条件下,凝结水则是潜水的重要补给源。

潜水由补给区流向排泄区的过程称为径流。影响潜水径流的因素,主要是地形坡度与切割程度和含水层的透水性。地面坡度大,地形切割强烈,含水层透水性强,径流条件就好,反之则差。

潜水含水层失去水量的过程称为排泄。排泄过程中潜水的水质也可随之发生变化,潜水排泄概括起来有两种方式:一种为水平方向排泄;另一种为垂直方向排泄。排泄方式不同,引起的后果也不一样。垂直排泄时,只排泄水分,不排泄水中的盐分,结果排泄导致潜水水分消耗,含盐量增加,矿化度升高,甚至改变水的化学类型。许多干旱盆地中心形成高矿化的氯型水,即是垂直排泄的结果。水平排泄既消耗水分又消耗水中的盐分,所以不会引起潜水化学性质的改变。

排泄与径流两者是密切相关的,一定径流条件的产生与其排泄方式相适应,如径流条件好的山区或河流中上游地区,潜水排泄以水平方式为主;径流条件不好的平原或河流下游,主要是垂直排泄。另外人工抽取潜水也是排泄。

潜水从补给到排泄是通过径流完成的。因此,潜水的补给、径流、排泄组成了潜水的运动过程。潜水在运动过程中,其水质、水量都不同程度地得到更新置换,这种更新置换称为水交替,水交替随深度的增加而减缓。

3. 承压水

（1）承压水的概念

承压水是充满于两个稳定隔水层之间的含水层中具有静水压力的重力水。如地下水未充满含水层则称无压层间水。承压水有上下两个稳定的隔水层,上面的称为隔水顶板,下面的称为隔水底板。顶、底板之间的垂直距离为含水层的厚度(图 6.2.1)。

打井时,如未揭穿隔水顶板则见不到承压水。揭穿顶板后,水位将上升到含水层顶板以上某高度后稳定下来。稳定水位高出含水层顶板底面的距离称承压水头。井中稳定水位的高程称含水层在该点的测压水位(亦称为承压水位)。测压水位高出地表时,可自喷形成自流水。

由于承压含水层上覆有稳定的隔水层,故与潜水不同:承压水的分布区与补给区不一致,不能直接接受大气降水或地表水的补给;承压水的水质、水量、水温受气候影响较小,随季节变化不明显;承压水不易受污染,稳定水位高于初见水位。

(2)承压水蓄水构造

蓄水构造(又称储水构造)是指能够储存地下水的地质构造,即含水层与隔水层相互组合而形成的储存地下水的地质环境。

承压水蓄水构造分为三个组成部分,即补给区、承压区、排泄区(图 6.2.1)。

(3)承压水的补给、径流和排泄

a. 承压水的补给区直接裸露于地表,接受降水的补给。只有当补给区有地表水体时,地表水才可能补给承压水。补给的强弱取决于补给区分布范围、岩石透水性、降水特征、地表水流量等因素。

b. 承压水的排泄有如下形式:当承压含水层的排泄区直接裸露地表时,便以泉的形式排泄并补给地表水;当承压水位高于潜水位时,可排泄于潜水成为潜水的补给源。

c. 承压水的径流条件决定于地形、含水层透水性、地质构造及补给区与排泄区的承压水位差。承压含水层的富水性与含水层的分布范围、深度、厚度、透水性、补给来源等因素密切相关。

由于承压水形成条件不同,故水质变化较为复杂。在同一个大型构造盆地的含水层中,可出现矿化度小于 1 g/L 的淡水、数十到数百克/升的咸水(卤水)及高温热水,使得承压水有多方面的利用价值。

(4)承压水面的特征

承压水面即承压水的水压面,简称水压面。它与潜水面不同,潜水面是一实际存在的面,而承压水面是一个势面。水压面的深度并不反映承压水的埋藏深度。承压水面的形状在剖面上可以是倾斜直线,也可能是曲线。

承压水面的表示方法是根据同一时间测定的各井孔的测压水位标高资料绘制出来的等水压线图,即测压水位标高相同点的连线。等水压线形状与地形等高线形状无关。利用等水压线图可确定承压水流向、水力坡度,如果在等水压线图上同时附有地形等高线和隔水顶板等高线,则可确定承压水的埋藏深度和承压水头。根据这些数据可选择开采承压水的适宜地段。

6.3 地下水的运动规律

从广义角度讲,地下水的运动包括包气带水的运动和饱水带水的运动两大类。尽管包气带与饱水带具有十分密切的联系(例如:饱水带往往是通过包气带接受大气降水补给的),但是在土木工程实践中,掌握饱水带重力水的运动规律具有更大的意义。

地下水在岩土空隙中的运动称为渗流或渗透。发生渗流的区域称为渗流场。由于受到介质的阻滞,地下水流的运动比地表水缓慢。

在岩层空隙中渗流时,水的质点有秩序、互不混杂地流动,称作层流运动。在具狭小空隙的岩土(如砂、裂隙不大的基岩)中流动时,重力水受到介质的吸引力较大,水的质点排列较有秩序,故作层流运动。水的质点无秩序、互相混杂地流动,称作湍流运动。作湍流运动时,水流所受阻力比层流状态大,消耗的能量较多。在宽大的空隙中,水的流速较大时,容易呈湍流运动。

6.3.1 线性渗透定律——达西定律

1856 年,法国水力学家达西通过大量的试验,得到地下水线性渗透定律,即达西定律:

$$Q = kAi \tag{6.3.1}$$

$$i = (H_1 - H_2)/L \tag{6.3.2}$$

式中　Q——单位时间内的渗透流量(出口处流量即为通过砂柱各断面的流量),m^3/d;

　　A——过水断面面积,m^2

　　H_1——上游过水断面的水头,m;

　　H_2——下游过水断面的水头,m;

　　L——渗透途径(上下游过水断面的距离),m;

　　i——水力坡度(即水头差除以渗透途径,其含义见图 6.3.1);

　　k——渗透系数,m/d。

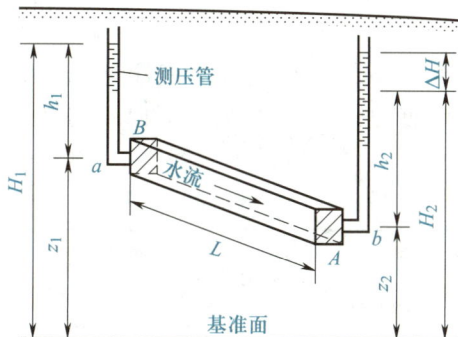

图 6.3.1　水力坡度含义图

从水力学已知,通过某一断面的流量 Q 等于流速 v 与过水断面面积 A 的乘积,即

$$Q = Av \tag{6.3.3}$$

据此,达西定律也可以表达为另一种形式

$$v = ki \tag{6.3.4}$$

式中　v——渗透流速,m/d。

其余各项意义同前。

达西定律主要适用于水在砂土中的流动,如试验所得图 6.3.2 中的曲线 I 所示。在某些黏性土中,由于土颗粒表面有不可忽视的结合水膜,因而阻塞或部分阻塞了水在孔隙的通过。试验表明,只有当水力坡度 i 大于某一值 i_b 时,黏性土才具有透水性(图 6.3.2 中的曲线 II)。如果将曲线 II 在横坐标上的截距用 i'_b 表示(称为起始水力坡度),当 $i > i'_b$ 时,达西定律可适用。

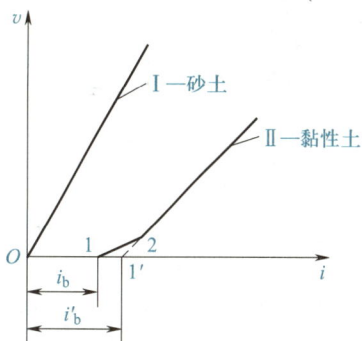

图 6.3.2　砂土和黏性土的渗透规律

1. 渗流速度

式(6.3.3)中的过水断面,包括岩土颗粒占据的面积及孔
隙所占据的面积,而水流实际通过的过水断面面积是孔隙实际过水的面积 A',即

$$A' = nA \tag{6.3.5}$$

式中　n——有效孔隙度。

由此可知,v 并非实际流速,而是假设通过包括骨架与空隙在内的整个断面 A 流动时所具有的虚拟流速。

2. 水力坡度

水力坡度为沿渗透途径水头损失与相应渗透长度的比值。水质点在空隙中运动时,为了克服质点间的摩擦阻力,必须消耗机械能,从而出现水头损失。所以,水力坡度可以理解为水流通过单位长度渗透途径为克服摩擦阻力所耗失的机械能。从另一个角度,也可理解为驱动力。

3. 渗透系数

从达西定律 $v = ki$ 可以看出,水力坡度 i 是量纲一的量。故渗透系数 k 的量纲与渗流速度相同,一般采用 m/d 或 cm/s 为单位。令 $i = 1$,则 $v = k$,意即渗透系数为水力坡度等于 1 时的渗流速度。水力坡度为定值,渗透系数愈大,渗流速度就愈大。渗流速度为一定值,渗透系数愈大,水力坡度愈小。由此可见,渗透系数可定量说明岩土的渗透性能。渗透系数愈大,岩土的透水能力愈强。k 值可在室内做渗透试验测定或在野外做抽水试验测定。常见岩土的渗透系数值见表 6.3.1。

表 6.3.1　常见岩土的渗透系数值

名称	渗透系数/(m·d^{-1})	名称	渗透系数/(m·d^{-1})
黏土	<0.005	均质中砂	35~50
粉质黏土	0.005~0.1	粗砂	20~50
粉土	0.1~0.5	圆砂	50~100
黄土	0.25~0.5	卵石	100~500
粉砂	0.5~1.0	无充填物的卵石	500~1 000
细砂	1.0~5.0	稍有裂隙的岩石	20~60
中砂	5.0~20.0	裂隙多的岩石	>60

6.3.2　非线性渗透定律

地下水在较大的空隙中运动,且其流速相当大时,呈湍流运动,此时的渗流服从谢齐定律:

$$v = ki^{1/2} \tag{6.3.6}$$

此时渗透流速 v 与水力坡度的平方根成正比。

6.4　地下水对土木工程的影响

从广义角度讲,对土木工程有不良影响的地下水包括毛细水和重力水。下面就它们对土木

工程的影响分别加以概述。

6.4.1　毛细水对土木工程的影响

毛细水主要存在于直径为 0.5~0.002 mm 的孔隙中。大于 0.5 mm 的孔隙中,一般以毛细边角水形式存在;小于 0.002 mm 的孔隙中,一般被结合水充满,无毛细水存在的可能。毛细水对土木工程的影响主要有:

① 产生毛细压力,即

$$p_c = \frac{2\omega\cos\theta}{d} \tag{6.4.1}$$

式中　p_c——毛细压力,kPa。

　　　d——毛细管直径,m。

　　　ω——水的表面张力系数,当温度为 10 ℃时,$\omega = 0.073$ N/m。

　　　θ——水浸润毛细管壁的接触角度,当 $\theta = 0$ 时,认为毛细管壁是完全浸润的;当 $\theta < 90°$ 时,表示水能润湿固体表面;当 $\theta > 90°$ 时,表示水不能润湿固体表面。

对于砂性土特别是细砂、粉砂,毛细压力作用会使砂性土具有一定的黏聚力(称假黏聚力)。

② 毛细水对土中气体的分布与流通有一定的影响,常常是导致产生封闭气体的原因。封闭气体可以增加土的弹性和减小土的渗透性。

③ 当地下水位埋深较浅时,由于毛细水上升,可以助长地基土的冰冻现象、致使地下室潮湿甚至危害房屋基础、破坏公路路面、促使土的沼泽化及盐渍化,从而增强地下水对混凝土等建筑材料的腐蚀。砂性土和黏性土的毛细水最大上升高度见表 6.4.1。

表 6.4.1　土的毛细水最大上升高度(据西林·别克丘林,1958)

土名	粗砂	中砂	细砂	粉砂	黏性土
最大上升高度 h_c/cm	2~5	12~35	35~70	70~150	>200~400

6.4.2　重力水(自由水)对土木工程的影响

1. 潜水位上升引起的岩土工程问题

潜水位上升可以引起很多岩土工程问题,包括:

① 潜水位上升后,由于毛细水作用可能导致土壤次生沼泽化、盐渍化,改变岩土体物理力学性质,增强岩土和地下水对建筑材料的腐蚀。在寒冷地区,可助长岩土体的冻胀破坏。

② 潜水位上升,原来干燥的岩土被水饱和、软化,降低岩土抗剪强度,可能诱发边坡产生变形、滑移、崩塌失稳等不良地质现象。

③ 崩解性岩土、湿陷性黄土、盐渍岩土等遇水后,可能产生崩解、湿陷、软化,其岩土结构被破坏,强度降低,压缩性增大。而膨胀性岩土遇水后则产生膨胀破坏。

④ 潜水位上升,可能使硐室淹没,还可能使建筑物基础上浮,危及安全。

2. 地下水位下降引起的岩土工程问题

地下水位下降往往会引起地表塌陷、地面沉降、海水入侵、地裂缝的产生和复活及地下水源枯竭、水质恶化等一系列不良现象。

（1）地表塌陷

岩溶发育地区,由于地下水位下降时改变了水动力条件,在断裂带、褶皱部、溶蚀洼地、河床两侧及一些土层较薄而土颗粒较粗的地段,产生塌陷。

（2）地面沉降

地下水位下降诱发地面沉降的现象可以用有效应力原理加以解释。地下水位的下降减小了土中的孔隙水压力,从而增加了土颗粒间的有效应力,有效应力的增加会引起土的压缩。许多大城市过量抽取地下水致使区域地下水位下降从而引发地面沉降,就是这个原因。同样道理,由于在许多土木工程中进行深基础施工时,往往需要人工降低地下水位,如果降水周期长、水位降深大、土层有足够的固结时间,则会导致降水影响范围内的土层产生固结沉降,轻者造成邻近建筑物、道路、地下管线的不均匀沉降,重者导致建筑物开裂、道路破坏、管线错断等危害的产生。人工降低地下水位导致土木工程的破坏还有另一方面的原因:如果抽水井滤网和反滤层的设计不合理或施工质量差,那么,抽水时会将土层中的粉粒、砂粒等细小土颗粒随同地下水一起带出地面,使降水井周围土层很快产生不均匀沉降,造成土木工程的破坏。另外,降水井抽水时,井内水位下降,井外含水层中的地下水不断流向滤管,经过一段时间后,在井周围形成漏斗状的弯曲水面——降落漏斗。降落漏斗范围内各点地下水下降的幅度不一致,会造成降水井周围土层不均匀沉降。

（3）海（咸）水入侵

近海地区的潜水或承压含水层往往与海水相连,在天然状态下,陆地的地下淡水向海洋排泄,含水层保持较高的水头,淡水与海水保持某种动态平衡,因而陆地淡水含水层能阻止海水入侵。如果大量开发陆地地下淡水,引起大面积地下水位下降,可能导致海水向地下水含水层入侵,使淡水水质变坏。

（4）地裂缝的产生与复活

近年来,在我国很多地区发现地裂缝,西安是地裂缝发育最严重的城市。据分析这是地下水位大面积、大幅度下降而诱发的。

（5）地下水源枯竭、水质恶化

盲目开采地下水,当开采量大于补给量时,地下水资源会逐渐减少,以致枯竭,造成泉水断流,井水枯干,地下水中有害离子量增多、矿化度增高。

3. 地下水的渗透破坏

地下水的渗透破坏主要有潜蚀、流砂和管涌三个方面。

（1）潜蚀

渗透水流在一定水力坡度（即地下水水力坡度大于岩土产生潜蚀破坏的临界水力坡度）条件下产生较大的动水压力,冲刷、挟走细小颗粒或溶蚀岩土体,使岩土体中孔隙不断增大,甚至形成洞穴,导致岩土体结构松动或破坏,以致产生地表裂隙、塌陷,影响工程的稳定。在黄土和岩溶地区的岩土层中最容易发生潜蚀作用。

防止岩土层中发生潜蚀破坏的有效措施,原则上可分为两大类:一是改变地下水渗透的水动力条件,使地下水水力坡度小于临界水力坡度;二是改善岩土性质,增强其抗渗能力,如对岩土层进行爆炸、压密、化学加固等,增加岩土的密实度,降低岩土层的渗透性。

（2）流砂

流砂是指松散细小颗粒土被地下水饱和后,在动水压力即水头差的作用下,产生的悬浮流动现象。流砂多发生在颗粒级配均匀的粉细砂中,有时在粉土中也会产生流砂。其表现形式是所有颗粒同时从一近似于管状通道被渗透水流冲走。流砂发展结果是使基础发生滑移或不均匀沉降、基坑坍塌、基础悬浮等。流砂通常是由于工程活动引起的。但是,在有地下水出露的斜坡、岩边或有地下水溢出的地表面也会发生。

流砂对岩土工程危害极大,所以在可能发生流砂的地区施工时,应尽量利用其上面的土层作为天然地基,也可利用桩基穿透流砂层。总之,要尽量避免在水位下开挖施工。若必须在水位下开挖施工时,可以利用以下方法防治流砂:

① 人工降低地下水位　使地下水位降至可产生流砂的地层之下,然后再进行开挖。

② 打板桩　这样一方面可加固坑壁;另一方面可改善地下水的径流条件,即增长渗透路径,减小地下水水力坡度及流速。

③ 水下开挖　在基坑中始终保持足够水头,尽量避免产生流砂的水头差,增加基坑侧壁的稳定性。

④ 采用冻结法、化学加固法、爆炸法等处理土层,提高土层的密实度,减小其渗透性。

（3）管涌

地基土在具有某种渗透速度的渗透水流作用下,其细小颗粒被冲走,岩土的孔隙逐渐增大,慢慢形成一种能穿越地基的细管状渗流通路,从而掏空地基或坝体,使地基或斜坡变形、失稳,此现象称为管涌。管涌通常是由于工程活动引起的,但是,在有地下水出露的斜坡、岸边或有地下水溢出的地表也会发生。

在有可能发生管涌的地层中修建水坝、挡土墙及基坑排水工程时,为防止管涌发生,设计时必须控制地下水溢出带的水力坡度,使其小于产生管涌的临界水力坡度。防止管涌最常用的方法与防止流砂的方法相同,主要是控制渗流、降低水力坡度、设置保护层、打板桩等。

4. 地下水的浮托作用

当建筑物基础底面位于地下水位以下时,地下水对基础底面产生静水压力,即产生浮托力。如果基础位于粉土、砂土、碎石土和节理裂隙发育的岩石地基上,可按地下水位 100% 计算浮托力;如果基础位于节理裂隙不发育的岩石地基上,可按地下水位 50% 计算浮力;如果基础位于黏性土地基上,其浮托力较难确切地确定,应结合地区的经验考虑。

地下水不仅对建筑物基础产生浮托力,同样对其水位以下的岩体、土体产生浮托力。所以在确定地基承载力设计值时,无论是基础底面以下土的天然重度还是基础底面以上土的加权平均重度,地下水位以下一律取有效重度。

5. 承压水对基坑的作用

当深基坑下部有承压含水层存在,开挖基坑会减小含水层上覆隔水层的厚度,在隔水层厚度减小到一定程度时,承压水的水头压力能顶裂或冲毁基坑底板,造成突涌现象。基坑突涌将会破坏地基强度,并给施工带来很大困难。所以,在进行基坑施工时,必须分析承压水头是否会冲毁基坑底部的黏性土层。在工程实践中,通常用压力平衡概念进行验算,即

$$\gamma M = \gamma_w H \tag{6.4.2}$$

式中　γ, γ_w——黏性土的重度和地下水的重度,kN/m^3;

H——相对于含水层顶板的承压水头值(图 6.4.1),m;

M——基坑开挖后基坑底部黏土层的厚度(图 6.4.1),m。

所以基坑底部黏土层的厚度必须满足：

$$M > \gamma_w H / \gamma \qquad (6.4.3)$$

如果 $M \leqslant \gamma_w H / \gamma$，则必须采用人工方法抽汲承压含水层中的地下水，局部降低承压水头，使其下降，直至满足式(6.4.3)，方可避免产生基坑突涌现象。

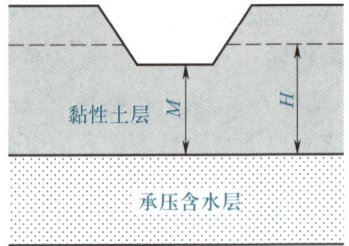

图 6.4.1　基坑底黏性土层最小厚度

6. 地下水对混凝土的腐蚀

（1）腐蚀类型

硅酸盐水泥遇水硬化，并且形成 $Ca(OH)_2$、水化硅酸钙 $(CaOSiO_2 \cdot 12H_2O)$、水化铝酸钙等，这些物质往往会受到地下水的腐蚀。地下水对建筑材料的腐蚀类型分为 3 种。

a. 结晶类腐蚀

如果地下水中 SO_4^{2-} 的含量超过规定值，那么 SO_4^{2-} 将与混凝土中的 $Ca(OH)_2$ 发生反应，生成二水石膏结晶体，这种石膏再与水化铝酸钙发生化学反应，生成水化硫铝酸钙，这是一种铝和钙的复合硫酸盐，习惯上称为水泥杆菌。由于水泥杆菌结合了许多结晶水，因而其体积比化合前增大很多，约为原体积的 221.86%，于是在混凝土中产生很大的内应力，使混凝土的结构遭受破坏。

b. 分解类腐蚀

地下水中含有 CO_2 和 HCO_3^-，CO_2 与混凝土中的 $Ca(OH)_2$ 作用，生成碳酸钙沉淀。

$CaCO_3$ 不溶于水，可填充混凝土的孔隙，在混凝土周围形成一层保护膜，能防止 $Ca(OH)_2$ 的分解。但是，当地下水中的 CO_2 含量超过一定数值，而 HCO_3^- 浓度过低时，超量的 CO_2 与 $CaCO_3$ 反应，生成碳酸氢钙，并溶于水。

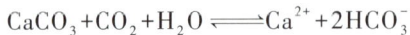

$$CaCO_3 + CO_2 + H_2O \Longleftrightarrow Ca^{2+} + 2HCO_3^-$$

上述这种反应是可逆的：当 CO_2 含量增加时，平衡被破坏，反应向右进行，固体 $CaCO_3$ 继续被溶解；当 CO_2 含量变少时，反应向左进行，固体 $CaCO_3$ 沉淀析出；如果 CO_2 和 HCO_3^- 的浓度平衡时，反应就停止。所以，当地下水中 CO_2 含量超过平衡所需的数量时，混凝土中的 $CaCO_3$ 就被溶解而受腐蚀，这就是分解类腐蚀。我们将超过平衡浓度的 CO_2 叫作侵蚀性 CO_2。地下水中侵蚀性 CO_2 愈多，对混凝土的腐蚀愈强。地下水流量、流速都很大时，CO_2 易补充，平衡难建立，因而腐蚀加快。地下水中 HCO_3^- 含量愈高，对混凝土腐蚀性愈弱。

如果地下水的酸度过大，即 pH 小于某一数值，那么混凝土中的 $Ca(OH)_2$ 也要分解，特别是当反应生成物为易溶于水的氯化物时，对混凝土的分解腐蚀很强烈。

c. 结晶分解复合类腐蚀

当地下水中 NH_4^+，NO_3^-，Cl^- 和 Mg^{2+} 的含量超过一定数量时，与混凝土中的 $Ca(OH)_2$ 发生反应，生成 $Mg(OH)_2$，$CaCl_2$ 和 $CaSO_4$。

$Ca(OH)_2$ 与镁盐作用的生成物中，$Mg(OH)_2$ 不易溶解，$CaCl_2$ 则易溶于水，生成物并随之流失；硬石膏一方面与混凝土中的水化铝酸钙反应生成水泥杆菌；另一方面，硬石膏遇水生成二水石膏。二水石膏在结晶时，体积膨胀，破坏混凝土的结构。

综上所述，地下水对混凝土建筑物的腐蚀是一项复杂的物理化学过程，在一定的工程地质与水文地质条件下，对建筑材料的耐久性影响很大。

（2）腐蚀性评价

在工程建设过程中,由于水和土往往是融合在一起的,所以,在工程场地的勘察过程中,一般将水和土对工程结构的腐蚀性评价放在一起,进行水和土对工程结构腐蚀性的综合评价。

由于工程建设项目的规模相差很大,在工程建设过程中,一般将水和土对工程结构的腐蚀性评价分为腐蚀性环境类别评价和局部工程环境的腐蚀性等级评价两种类型。对于诸如西气东输、南水北调和杭州湾跨海大桥等超级工程,需要对工程建设范围内场地的腐蚀性环境进行分类,先进行不同环境类别场地中的水和土对工程结构腐蚀性评价,再进行局部场地的水和土对工程结构腐蚀性评价;对于普通工程,只需要进行局部场地的水和土对工程结构的腐蚀性评价。工程项目场地的腐蚀性环境类别划分可按照表 6.4.2 进行。

表 6.4.2 工程项目场地的腐蚀性环境类别划分标准

环境类别	场地环境地质条件
Ⅰ	高寒区、干旱区直接临水;高寒区、干旱区强透水层中的地下水
Ⅱ	高寒区、干旱区弱透水层中的地下水;各气候区湿、很湿的弱透水层湿润区直接临水;湿润区强透水层中的地下水
Ⅲ	各气候区稍湿的弱透水层;各气候区地下水位以上的强透水层

注:1. 高寒区是指海拔高度等于或大于 3 000 m 的地区;干旱区是指海拔高度小于 3 000 m,干燥度指数 K 等于或大于 1.5 的地区;湿润区是指干燥度指数 K 小于 1.5 的地区。

2. 强透水层是指碎石土和砂土;弱透水层是指粉土和黏性土。

3. 含水量 $w<3\%$ 的土层,可视为干燥土层,不具有腐蚀环境条件。

4. 当混凝土结构一边接触地面水或地下水,一边暴露在大气中,水可以通过渗透或毛细作用在暴露大气中的一边蒸发时,应定为Ⅰ类。

5. 当有地区经验时,环境类型可根据地区经验划分;当同一场地出现两种环境类型时,应根据具体情况选定。

在工程建设过程中,除非有足够经验或充分资料,认定工程场地及其附近的水(包括地下水或地表水)和土对工程结构不具腐蚀性,否则,应取水样和土样进行试验,并评定工程场地及其附近的水和土对工程结构的腐蚀性。水样和土样的采取应符合下列规定:

① 混凝土结构处于地下水位以上时,应取土试样做土的腐蚀性测试;

② 混凝土结构处于地下水或地表水中时,应取水试样做水的腐蚀性测试;

③ 混凝土结构部分处于地下水位以上、部分处于地下水位以下时,应分别取土试样和水试样做腐蚀性测试;

④ 水试样和土试样应在混凝土结构所在的深度采取,每个场地不应少于 2 件。当土中盐类成分和含量分布不均匀时,应分区、分层取样,每区、每层不应少于 2 件。

水和土腐蚀性的测试项目和试验方法应符合下列规定:

① 水对混凝土结构腐蚀性的测试项目包括:pH、Ca^{2+}、Mg^{2+}、Cl^-、SO_4^{2-}、HCO_3^-、CO_3^{2-}、侵蚀性 CO_2、游离 CO_2、NH_4^+、OH^-、总矿化度;

② 土对混凝土结构腐蚀性的测试项目包括:pH、Ca^{2+}、Mg^{2+}、Cl^-、SO_4^{2-}、HCO_3^-、CO_3^{2-} 的易溶盐(土水比 1:5)分析;

③ 土对钢结构的腐蚀性的测试项目包括:pH、氧化还原电位、极化电流密度、电阻率、质量损失;

④ 腐蚀性测试项目试验方法见表 6.4.3。

表 6.4.3 腐蚀性测试项目试验方法

序号	试验项目	试验方法
1	pH	电位法或锥形玻璃电极法
2	Ca^{2+}	EDTA 滴定法
3	Mg^{2+}	
4	Cl^-	摩尔法
5	SO_4^{2-}	EDTA 滴定法或质量法
6	HCO_3^-	酸滴定法
7	CO_3^{2-}	
8	侵蚀性 CO_2	盖耶尔法
9	游离 CO_2	碱滴定法
10	NH^{4+}	纳氏试剂比色法
11	OH^-	酸滴定法
12	总矿化度	计算法
13	氧化还原电位	铂电极法
14	极化电流密度	原位极化法
15	电阻率	四极法
16	质量损失	管罐法

水和土对工程结构的腐蚀性,可分为微、弱、中、强四个等级。按环境类型进行水和土对混凝土结构的腐蚀性评价的标准见表 6.4.4。

表 6.4.4 按环境类型进行水和土对混凝土结构的腐蚀性评价的标准

腐蚀等级	腐蚀介质	环境类型		
		I	II	III
微	硫酸盐含量 SO_4^{2-} /(mg/L)	<200	<300	<500
弱		200~500	300~1 500	500~3 000
中		500~1 500	1 500~3 000	3 000~6 000
强		>1 500	>3 000	>6 000
微	镁盐含量 Mg^{2+} /(mg/L)	<1 000	<2 000	<3 000
弱		1 000~2 000	2 000~3 000	3 000~4 000
中		2 000~3 000	3 000~4 000	4 000~5 000
强		>3 000	>4 000	>5 000

腐蚀等级	腐蚀介质	环境类型		
		Ⅰ	Ⅱ	Ⅲ
微	铵盐含量 NH^{4+} /(mg/L)	<100	<500	<800
弱		100~500	500~800	800~1 000
中		500~800	800~1 000	1 000~1 500
强		>800	>1 000	>1 500
微	苛性碱含量 OH^- /(mg/L)	<35 000	<43 000	<57 000
弱		35 000~43 000	43 000~57 000	57 000~70 000
中		43 000~57 000	57 000~70 000	70 000~100 000
强		>57 000	>70 000	>100 000
微	总矿化度 /(mg/L)	<10 000	<20 000	<50 000
弱		10 000~20 000	20 000~50 000	50 000~60 000
中		20 000~50 000	50 000~60 000	60 000~70 000
强		>50 000	>60 000	>70 000

注:1. 表中的数值适用于有干湿交替作用的情况,Ⅰ、Ⅱ类腐蚀环境无干湿交替作用时,表中硫酸盐含量数值应乘以 1.3 的系数。

2. 表中数值适用于水的腐蚀性评价,对土的腐蚀性评价,应乘以 1.5 的系数,单位以 mg/kg 表示。

3. 表中苛性碱(OH^-)含量(mg/L)应为 NaOH 和 KOH 中的 OH^- 含量(mg/L)。

水和土对混凝土结构的腐蚀性评价的标准见表 6.4.5。

表 6.4.5 水和土对混凝土结构的腐蚀性评价标准

腐蚀等级	pH		侵蚀性 CO_2/(mg/L)		HCO_3^-/(mmol/L)
	A	B	A	B	A
微	>6.5	>5.0	<15	<30	>1.0
弱	6.5~5.0	5.0~4.0	15~30	30~60	1.0~5.0
中	5.0~4.0	4.0~3.5	30~60	6.0~100	<0.5
强	<4.0	<3.5	>60	—	—

注:1. 表中 A 是指直接临水或强透水层中的地下水;B 是指弱透水层中的地下水。强透水层是指碎石土和砂土;弱透水层是指粉土和黏性土。

2. HCO_3^- 含量是指水为矿化度低于 0.1g/L 的软水时,该类水质 HCO_3^- 的腐蚀性。

3. 土的腐蚀性评价只考虑 pH 指标;评价其腐蚀性时,A 是指强透水土层;B 是指弱透水土层。

水和土对钢筋混凝土结构中钢筋的腐蚀性评价标准见表 6.4.6。

表 6.4.6　水和土对钢筋混凝土结构中钢筋的腐蚀性评价标准

腐蚀等级	水中的 Cl^- 含量/(mg/L)		土中的 Cl^- 含量/(mg/L)	
	长期浸水	干湿交替	A	B
微	<10 000	<100	<400	<250
弱	10 000~20 000	100~500	400~750	250~500
中	—	500~5 000	750~7 500	500~5 000
强	—	>5 000	>7 500	>5 000

注:A 是指地下水位以上的碎石土、砂土,坚硬、硬塑的黏性土;B 是湿、很湿的粉土,可塑、软塑、流塑的黏性土。

土对钢结构的腐蚀性评价标准见表 6.4.7。

表 6.4.7　土对钢结构的腐蚀性评价标准

腐蚀等级	pH	氧化还原电位 /mV	视电阻率 /(Ω·m)	极化电流密度 /(mA/cm²)	质量损失 /g
微	>5.5	>400	>100	<0.02	<1
弱	5.5~4.5	400~200	100~50	0.02~0.05	1~2
中	4.5~3.5	200~100	50~20	0.05~0.20	2~3
强	<3.5	<100	<20	>0.20	>3

根据工程场地内的全部试样进行水和土对结构的腐蚀性综合评价时,腐蚀性综合等级取各指标中腐蚀等级最高者。

本章知识工程应用要点

① 地下水中含有多种元素的离子、分子和化合物。

② 地面以下第一个稳定隔水层上面的饱和水称为潜水。地下水的运动路线是较复杂的,运动速度缓慢。

③ 位于上下两个稳定隔水层之间含水层中的水称为承压水,承受一定的压力。向斜盆地或单斜盆地是形成承压水的有利地质构造。

④ 当地下水的动水压力达到一定值时,土中一些颗粒发生移动,从而引起土体变形或破坏,这种现象称为渗流变形,可进一步分为潜蚀、流砂和管涌。

⑤ 当基坑下伏有承压水含水层时,若基坑隔水底板厚度小于含水层顶板的承压水头值时 ($M \leqslant \gamma_w H/\gamma$),可引起基坑突涌。

⑥ 地下水对混凝土的腐蚀作用有结晶类腐蚀、分解类腐蚀、结晶分解复合类腐蚀。

思　考　题

1. 地下水的埋藏条件类型有哪些?

2. 地下水的物理性质和化学成分有哪些？

3. 达西定律的适用范围是什么？其渗流速度是真实速度吗？为什么？

4. 潜蚀和流砂与动水压力有什么关系？

5. 产生基坑突涌的原因是什么？

6. 地下水对混凝土的腐蚀分为哪几种类型？

第 7 章

常见地质灾害

7.1 概 述

1. 地质灾害的定义

自然变异和人为作用而导致的地质环境或地质体发生变化给生产和生活造成的危害称为地质灾害。

2. 地质灾害的分类

地质灾害的分类方法很多。

按照形成地质灾害的地质作用的类型可以把地质灾害分为内生地质灾害、外生地质灾害和人类活动诱发的地质灾害。内生地质灾害是由地球内部动力作用(岩浆活动、构造运动等)引发的地质灾害,如地震、火山喷发等;外生地质灾害是由外动力(如重力、水力等)作用产生的地质灾害。人类活动诱发的地质灾害主要指由于人类的工程活动诱发的地质灾害。人类活动(主要指人类工程活动,如开挖、搬运和堆填等)作为一种外部营力已经超过了自然力,越来越强烈地影响着地质环境,恶化地质环境,增加地质灾害的强度和频度。我国是一个地域辽阔、人口众多、地质灾害多发的国家。地质灾害种类多、分布广、影响大、制约着国民经济的发展,威胁着人民的生命和财产安全。

按照地质灾害自身的特点可以把地质灾害分为滑坡、泥石流、地面沉降、地面塌陷、岩土膨胀、砂土液化、土地冻融、土壤盐渍化、土地沙漠化及地震、火山、地热灾害等。

3. 我国是世界上受地质灾害威胁最为严重的国家之一

我国地质灾害频繁发生,已成为世界上受地质灾害威胁最为严重的国家之一。据统计,全国共发育有较大型崩塌 3 000 多处、滑坡 2 000 多处、泥石流 2 000 多处,中小规模的崩塌、滑坡、泥石流已超过 100 000 处。全国有 350 多个县的上万个村庄、100 余座大型工厂、55 座大型矿山、3 000 多公里铁路线受崩塌、滑坡、泥石流的严重危害。岩溶塌陷总数近 3 000 处,塌陷坑 3 万多个,塌陷面积 300 多平方公里。据不完全统计,近年来由于崩塌、滑坡、泥石流灾害每年造成的损失达数百亿元,水土流失、土地沙漠化、盐碱化、潜育化造成的损失每年达 200 亿元,岩溶塌陷和地下采空造成的损失超过 5 亿元,抽水引起的地面沉降已在全国平原区的 46 个城市发生,造成了巨大的经济损失。

地质灾害的种类很多,本章只介绍几种常见的地质灾害。

7.2 滑　　坡

斜坡上的岩体或土体受到各种因素影响,在重力作用下,沿一定的软弱面发生的整体或分散滑动称为滑坡。

滑坡是一种常见的地质灾害,常常会掩埋村庄、摧毁厂矿、破坏铁路和公路交通、堵塞江河、损坏农田和森林等,从而给人民的生命财产和国家的经济建设造成严重损失。

我国是一个滑坡灾害多发的国家,滑坡灾害十分严重,应重视研究和防治工作。

7.2.1 滑坡的形态要素

一个发育完全的滑坡的形态和结构特征如图 7.2.1 所示。它是识别和判断滑坡的重要标志。

1. 滑坡体

沿滑动面向下滑动的堆积体称为滑坡体,简称滑体。部分滑坡体经滑动变形、相互挤压,整体性相对完整,仍然能够保持有原层位和结构构造体系,只是裂隙松动。大部分滑坡体中的原始层位和结构构造体系均已经遭到破坏。

2. 滑动面(滑动带)

滑坡体与不动体之间的界面,滑坡体沿之滑动的面,称为滑动面,简称滑面。滑动面上下受揉皱的厚度为数厘米至数米的被扰动带称为滑动带,简称滑带。

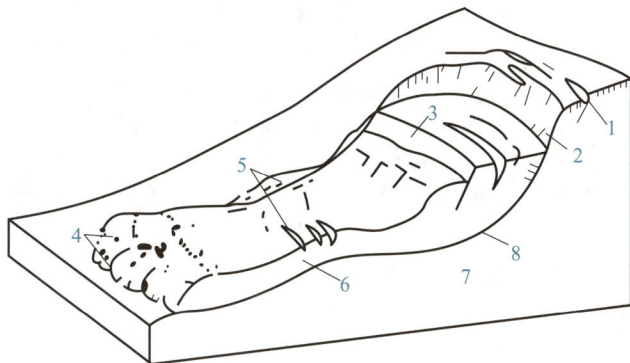

1—后缘环状拉张裂隙;2—滑坡后壁;3—拉张裂隙及滑坡台阶;4—滑坡舌及鼓张裂隙;
5—滑坡侧壁及羽状裂隙;6—滑坡体;7—滑床;8—滑动面。
图 7.2.1　滑坡形态要素示意图

3. 滑床

滑动面以下未滑动的稳定土体或岩体称为滑坡床,简称滑床。

4. 滑坡周界

在斜坡地表上,滑坡体与周围不动体的分界线,称为滑坡周界。它圈定了滑坡的范围。

5. 滑坡后壁

滑坡向下滑动后,滑体后部与未动体之间的分界面外露,形成断壁,称为滑坡后壁,其坡度较陡,多在 60°~80°。滑坡后壁呈弧形向前延伸,形态上呈圈椅状,也称滑坡圈谷或滑坡椅。后壁高矮不等,矮的几米,高的几十米至数百米。

6. 滑坡台阶

滑坡各个部分由于滑动速度和滑动距离的不同,在滑坡上部常形成一些阶梯状的错台,称为滑坡台阶。台面常向后壁倾斜。有多层滑动面的滑坡,经多次滑动,常形成几个滑坡台阶。

7. 滑坡舌

在滑坡体前部,形如舌状向前伸出的部分,称为滑坡舌。如果滑坡舌受阻,形成隆起小丘,则称为滑坡鼓丘。

8. 滑坡裂隙

滑坡的各个部分由于受力状态不同,裂隙形态也不同,按受力状态可把滑坡裂隙划分为四种:拉张裂隙、剪切裂隙、鼓张裂隙和扇形张裂隙。

7.2.2 滑坡的形成条件及影响因素

边坡稳定性计算的概念化剖面图如图 7.2.2 所示。

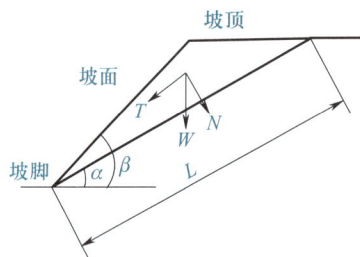

α—滑动面倾角;β—边坡角。

图 7.2.2 边坡稳定性计算的概念化剖面图

边坡是否稳定最简单的判别标准是比较下滑力与抗滑力的大小。计算公式如下:

$$F_S = \frac{T'}{T} \tag{7.2.1}$$

式中　F_S——安全系数;

　　　T'——抗滑力;

　　　T——下滑力。

边坡是否稳定的判别标准:

$$F_S > 1 \qquad\qquad 边坡稳定$$

$$F_S = 1 \qquad\qquad 边坡处于极限平衡状态$$

$$F_S < 1 \qquad\qquad 边坡不稳定$$

因此,滑坡的形成条件是下滑力大于抗滑力。

根据图 7.2.2 和式(7.2.1)可以得出的边坡稳定性计算公式如下:

$$F_S = \frac{T'}{T} = \frac{W\cos\alpha \cdot \tan\varphi + C \cdot L}{W\sin\alpha} \tag{7.2.2}$$

式中　W——不稳定块体的重量;

α——滑动面倾角；

φ——滑动面上的内摩擦角；

C——滑动面上的黏聚力；

L——滑动面长度。

其他符号意义同式(7.2.1)。

由式(7.2.2)可以看出,影响边坡稳定性的参数包括不稳定块体的重量(W)、滑动面倾角(α)、滑动面上的内摩擦角(φ)、滑动面上的黏聚力(C)和滑动面长度(L)。上述参数转化成边坡稳定性的影响因素,如图7.2.3所示。

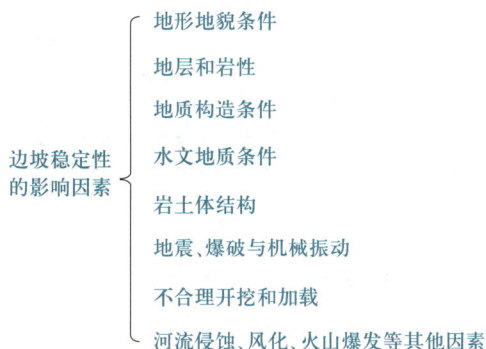

边坡稳定性的影响因素
- 地形地貌条件
- 地层和岩性
- 地质构造条件
- 水文地质条件
- 岩土体结构
- 地震、爆破与机械振动
- 不合理开挖和加载
- 河流侵蚀、风化、火山爆发等其他因素

图 7.2.3　边坡稳定性的影响因素

1. 地形地貌条件

地形、地貌条件可以影响到边坡的坡度、外形和尺寸。坡度的陡缓直接决定了边坡的稳定程度,一般情况下,坡度越陡,边坡越不稳定。边坡的外形和尺寸直接影响到不稳定块体重量(W)的计算。

2. 地层和岩性

地层和岩性影响到岩土体的性质,从而影响到滑动面上的内摩擦角(φ)和黏聚力(C)选取。

3. 地质构造条件

地质构造条件既可以破坏岩体的完整性、降低岩体强度,也可以影响滑动面的形成位置、形状和长度,从而影响滑动面上的内摩擦角(φ)和黏聚力(C)、滑动面倾角(α)和滑动面长度(L)。

4. 水文地质条件

包括气候条件和边坡中的地下水分布情况两个方面。气候条件的变化对边坡稳定性的影响涉及许多方面,如冻胀加速岩土体的风化,暴雪和冰雪融化改变坡体内含水量和地下水分布等。这些改变既会影响滑动面上的内摩擦角(φ)和黏聚力(C)的选取,也可以影响稳定块体的重量(W)。边坡中的地下水分布情况对边坡稳定性的影响涉及许多方面,包括:改变坡体内含水量影响稳定块体的重量(W),使岩土体软化影响滑动面上的内摩擦角(φ)和黏聚力(C),在边坡体内产生动水压力和静水压力,等等。

5. 岩土体结构

岩土体结构主要是指岩土体及其所包含的结构面的分布情况。岩土体结构对边坡稳定性的影响主要是影响滑动面的形状和位置,如图7.2.4所示。图7.2.4a中的层面为顺坡向,很容易产生沿着层面的滑动面。图 7.2.4b 中的层面为逆坡向,不可能产生沿着层面的滑动面;但是坡体内存在有顺坡向的节理,很容易产生沿着节理的滑动面。图 7.2.4c 中的层面为水平的,也没有顺坡向的节理等结构面,边坡一般是稳定的。

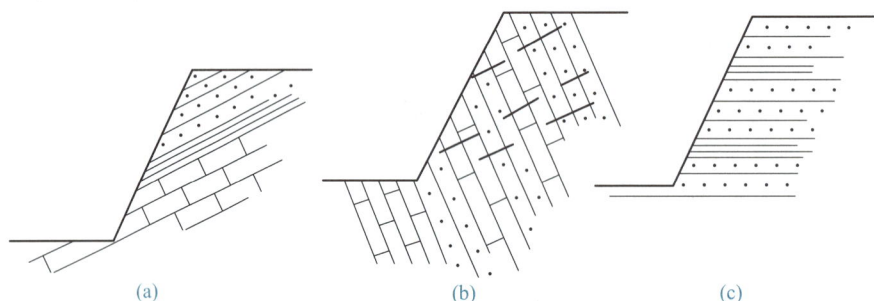

(a)　　　　　　　　(b)　　　　　　　　(c)

图 7.2.4　岩土体结构对边坡稳定性的影响

(摘自胡厚田等主编的《土木工程地质(第 4 版)》,高等教育出版社。)

6. 地震、爆破与机械振动

主要是增加边坡体内振动引起的惯性力,改变了边坡中的应力分布,从而影响到下滑力和抗滑力的计算。

7. 不合理开挖和加载

可以打破边坡中原有的力学平衡,从而影响下滑力和抗滑力的计算。

8. 河流侵蚀、风化、火山爆发等其他因素

可以改变岩土体结构、地形地貌等,从而影响边坡的稳定性。

7.2.3　滑坡的分类

滑坡分类的目的是对滑坡作用的各种环境和现象特征及产生滑坡的各种因素进行概括,以反映各类滑坡的特征和发生、发展演化的规律,为研究滑坡的发生规律和有效地防治滑坡提供依据。

滑坡分类的依据各异,方案众多。下面介绍几种常见的分类。

1. 按滑坡体的岩土体类型分类

滑坡体的岩土体类型不同,滑坡的形态、滑坡体结构和滑动面形状也各异。按滑坡体的岩土体类型分类可以分为岩体滑坡和土体滑坡两大类,也可以按照滑坡体的岩土细分类型划分。滑坡按照滑坡体的岩土细分类型划分方法目前尚无统一方案。我国铁道部门分为堆积层滑坡、黄土滑坡、黏土滑坡和基岩滑坡四类。

2. 按滑面与岩层层面的关系分类

可分为均质体滑坡、顺层滑坡、切层滑坡、楔形滑坡和沿基岩顶面滑动的滑坡等多种类型。

(1)均质体滑坡

主要发生在均质、无明显层理的岩土体中,滑坡面一般呈圆弧形。在土坡和黏土岩边坡中常见。

(2)顺层滑坡

是沿岩层层面发生的滑坡。岩层倾向与坡面倾向一致,且其倾角小于坡角的条件下,往往顺层间软弱结构面滑动而形成滑坡;滑动面可以是直线(图 7.2.4a),也可以是折线等其他形式。

(3)切层滑坡

指滑动面切过岩层层面的滑坡,如图 7.2.5 所示。该类滑坡可以发生在层面倾角为反倾(图 7.2.4b)或层面倾角大于边坡角的条件下,也可以发生于岩层近乎水平的边坡中(图 7.2.5)。

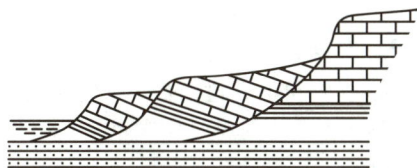

图 7.2.5 切层滑坡

(摘自胡厚田等主编的《土木工程地质(第 4 版)》,高等教育出版社。)

(4)楔形滑坡

指由两组相互交叉的结构面形成的楔形切割体引起的滑坡,如图 7.2.6 所示。

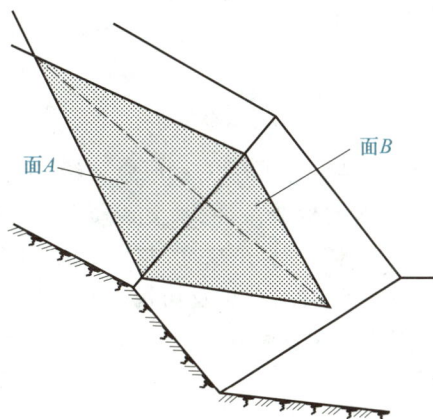

面 A   面 B

图 7.2.6 楔形滑坡

(5)沿基岩顶面滑动的滑坡

指滑动面沿基岩顶面产生的滑坡,如图 7.2.7 所示。

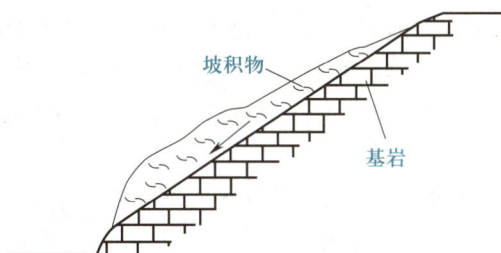

坡积物

基岩

图 7.2.7 沿基岩顶面滑动的滑坡

3. 按滑坡产生的动力条件分类

按滑坡产生的动力条件可将滑坡分为推动式滑坡、牵引式滑坡和整体滑移式滑坡。

推动式滑坡是指由于坡体上部的物质首先失稳产生推动力而引起的滑坡。

牵引式滑坡是指由于坡体下部的物质首先失稳产生牵引力而引起的滑坡。

整体滑移式滑坡是指滑动面产生于许多部位，然后逐步贯通形成整体滑动面而形成的滑坡。

4. 按照滑动面的形成是否受已有结构面的控制分类

可以分为受已有结构面控制的滑坡和不受已有结构面控制的滑坡两种类型。

（1）受已有结构面控制的滑坡

坡体中已存在的结构面强度较低，并构成一些有利于滑动的组合形式时，它将代替最大剪应力面而成为滑动面。岩质边坡的破坏大都沿着斜坡内已有的软弱结构面而发生。滑动面可以是单一的互相平行的结构面（图 7.2.4a），也可以是两组或多组结构面组合而成（图 7.2.6）。

（2）不受已有结构面控制的滑坡

均质边坡或虽有结构面，但结构面不成为滑动控制面的坡体。滑动面的形成主要受控于最大剪应力面。这类滑动面多出现在土质、半岩质（如泥岩、泥灰岩、凝岩）或强风化的岩质坡体中，如图 7.2.5 所示。

7.2.4 滑坡勘察的要点

滑坡场地的勘察宜根据具体情况综合采用工程地质测绘、勘探、原位测试及室内试验等手段，查明其地形地貌、地层和岩性、地质构造条件、水文地质条件、地震、气象和人为因素等如图 7.2.3 所示影响边坡稳定性的各类因素，尤其是层面、层间错动面、不整合面、断层面、节理面和片理面等可能形成滑动面的结构面的分布、产状及结构面与边坡面、结构面之间的产状组合情况，区分影响边坡稳定性的主要因素和诱发因素，分析滑坡的类型和潜在滑动面的可能位置，为滑坡的防治提供比较全面的依据。

7.2.5 滑坡的防治

研究滑坡的主要目的是避免或降低滑坡所造成的经济损失。滑坡的防治是避免或降低滑坡造成经济损失的直接手段。因此，滑坡的防治是滑坡研究中不可缺少的重要内容之一。

滑坡的防治要根据滑坡勘察的成果，针对影响边坡稳定性的主要因素采取相应工程措施。

从理论上讲，滑坡的防治可以从减少下滑力和增加抗滑力两个方面入手。制定具体的工程措施时既可以单方面在减少下滑力或增加抗滑力方面采取措施，也可以从减少下滑力和增加抗滑力两个方面同时入手，综合治理。常用的滑坡防治方法有以下几种。

（1）截、排水工程

据统计，国内外有 90% 的滑坡与水有关，可见水对滑坡的影响是非常大的。因此，春季的冰雪融化、夏季的降雨及冬季降雪常常是滑坡的诱发因素。水对滑坡的影响主要表现在流水对滑坡坡脚的冲刷、突然增加的水量在坡体内增加的静水压力和动水压力、水对岩土体的软化和溶蚀作用等方面。常用的截、排水工程有外围截水沟、打排水钻孔、修排水沟或排水廊道、灌浆阻水等。

（2）削坡减载工程

削坡减载工程是通过直接减轻不稳定块体重量、减少下滑力来提高边坡的稳定性，这是一种简便易行且非常有效的滑坡防治方法，在滑坡防治工程中经常被采用。但是，该方法对施工场地的作业面积要求比较高，对场地狭小的工程不适用。

（3）坡面防护工程

坡面防护工程有防止水对坡面和坡脚的冲刷、减少水在坡体的渗入和避免坡面的风化等多个方面的作用，是滑坡防治工程中常用措施之一。具体的方法有砌石防护和喷射混凝土防护、修挡水墙和丁字坝等。

（4）支挡工程

支挡工程通过直接增加抗滑力的方法来提高边坡的稳定性，也是滑坡防治的有效方法，在滑坡防治工程中经常被采用。具体的方法有抗滑挡墙、抗滑桩和锚固（锚杆和锚索）等许多种。但是，该方法对施工技术和要求比较高，对规模较小和费用有限的工程不适用。

总之，只要是可以减少下滑力或增加抗滑力的方法都可以在滑坡防治工程使用。具体的工程措施要具体问题具体分析。

滑坡防治的过程中需要特别注意以下问题：

① 当采用抗滑挡墙、抗滑桩和锚固（锚杆和锚索）等支挡工程加固边坡时，抗滑挡墙和抗滑桩的根部及锚固（锚杆和锚索）工程的锚固段一定要设在滑动面和潜在滑动面以下（如图 7.2.8 所示），否则会造成支挡工程和滑坡体被一起滑走，边坡加固失败。国内已经发生了多起此类事故，如辽宁的抚顺煤矿、湖北的大冶铁矿、山东的莱州金矿等矿山的边坡加固工程。

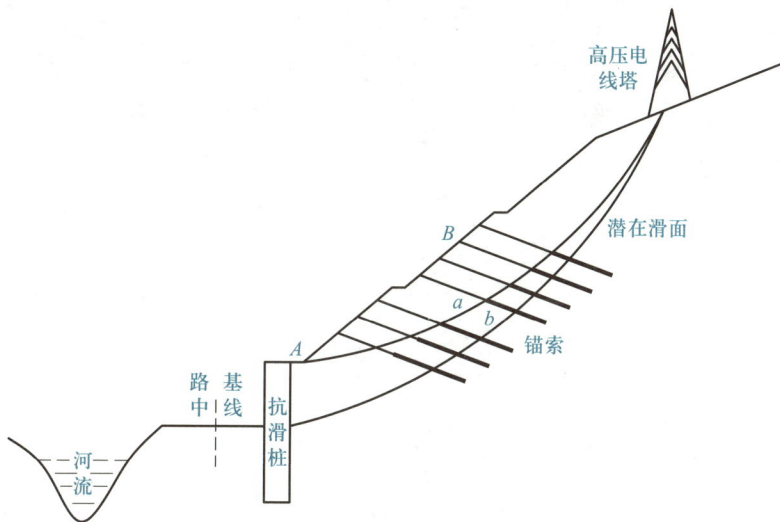

图 7.2.8　抗滑桩及锚固（锚索）工程
（摘自胡厚田等主编的《土木工程地质（第 4 版）》，高等教育出版社。）

② 要防止松散岩土体从抗滑桩、锚杆、锚索等支挡工程的桩、锚杆或锚索的中间挤出。防止此类事故的有效方法是在坡面上设置如图 7.2.9 所示的格构面层。格构面层既可以防止松散岩土体，又可以将桩、锚杆或锚索等支挡工程连成整体，提高加固效果。

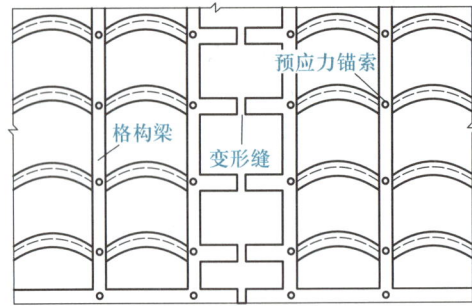

图 7.2.9　格构面层

(摘自胡厚田等主编的《土木工程地质(第 4 版)》,高等教育出版社。)

7.3　崩　　塌

7.3.1　崩塌及其形成条件

1. 崩塌的定义

崩塌也叫崩落、垮塌或塌方,是较陡坡上的岩体在重力作用下突然脱离母体,崩落、滚动、堆积在坡脚(或沟谷)的地质现象。

2. 崩塌的形成条件及影响因素

（1）岩性

崩塌一般发生在厚层坚硬脆性岩体或近于水平状产出的软硬相间岩层组成的陡坡中。组成坚硬脆性岩体的岩石有砂岩、灰岩、石英岩、花岗岩等。坚硬脆性岩体的破坏具有突然性,岩体容易在重力作用下突然脱离母体,发生崩塌(图 7.3.1)。近于水平状产出的软硬相间岩层组成的陡

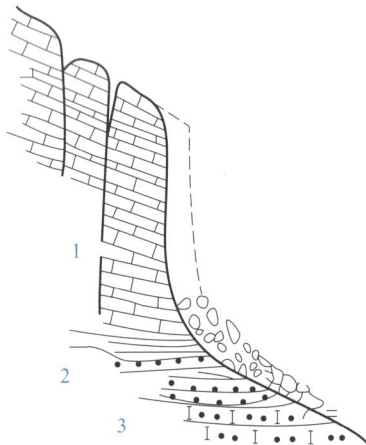

1—灰岩;2—砂页岩互层;3—石英岩。

图 7.3.1　坚硬岩石组成的斜坡前缘卸载裂隙导致崩塌示意图

坡,由于软弱岩层风化剥蚀形成凹龛或蠕变,打破坡体中的原有力学平衡,导致坚硬脆性岩体在

重力作用下突然脱离母体,发生崩塌(图 7.3.2)。如 1980 年 6 月 3 日,造成 284 人死亡的湖北省

1—砂岩;2—页岩。

图 7.3.2 软硬岩性互层的陡坡局部崩塌示意图

宜昌地区盐池河磷矿巨型山崩,就发生在近于水平状的震旦系上统灯影组(Zbdn)厚层块状白云岩及震旦系上统陡山沱组(Zbd)含磷矿层的薄至中厚层白云岩、白云质泥岩及砂质页岩组成的软硬相间的岩层中(图 7.3.3)。

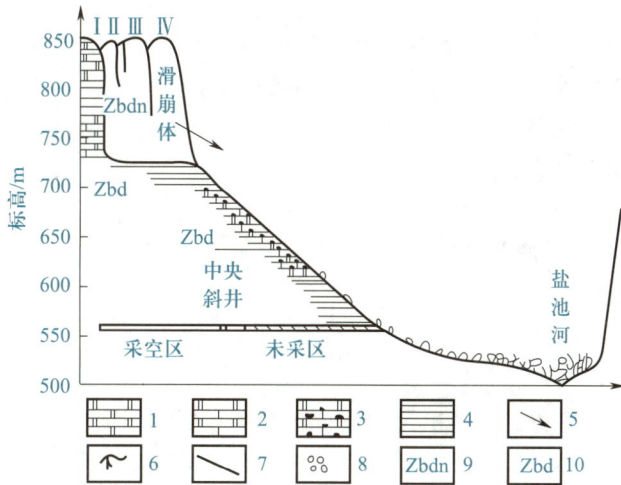

1—厚层白云岩;2—厚层至中厚层白云岩;3—含硅白云岩;4—砂质页岩;5—滑崩方向;
6—裂缝及编号;7—滑动面;8—滑崩块石;9—震旦系上统灯影组;10—震旦系上统陡山沱组。

图 7.3.3 盐池河磷矿山体崩塌剖面图

(2)结构面

岩石本身的强度比较高,一般情况下在自然力的作用下是很难破坏的。但是如果岩石被构造节理、成岩节理、卸载裂隙等切割成支离破碎的岩体以后,强度就会大大降低,比较容易在自然力的作用下发生破坏。特别是硬脆性岩体中发育有二组或二组以上的陡倾节理,其中与坡面平行的一组节理常演化为贯通的拉张裂缝以后,比较容易形成一些独立的块体。这些独立的块体一旦失去平衡,就会形成崩塌。此外,大规模的崩塌(山崩)经常发生在新构造运动强烈、地震频发的高山区。如前述的湖北宜昌地区盐池河磷矿的巨型山崩岩层中就发育有

两组垂直节理。

（3）地形地貌

崩塌的形成与地形直接相关，一般发生在坡角大于 45°，尤其是大于 60° 的陡坡中。地形切割愈强、高差愈大，形成崩塌的可能性愈大，破坏也愈严重。

（4）风化作用

风化作用能使斜坡前缘各种成因的裂隙加深加宽，对崩塌的发生起催化作用。在干旱、半干旱气候区的物理风化和高寒山区的冰劈作用会加剧岩石的机械破碎，有利于崩塌的形成。

（5）暴雨、采矿、爆破、地震等其他因素

暴雨可以在结构面中产生静水压力，打破坡体中的原有力学平衡，导致崩塌的发生。这就是崩塌经常发生在雨季的主要原因。

地下采矿的平巷容易使地表节理追踪发育成张裂缝，导致崩塌发生。

爆破、地震等引起的振动荷载，打破坡体中的原有力学平衡，经常会成为崩塌发生的触发因素。如汶川地震就触发了很多山体的崩塌，毁坏了大量的道路和房屋，既造成了大量的直接损失，也加大了地震救援的难度，对地震损失的扩大起到了推波助澜的作用。

7.3.2　崩塌的勘察要点

崩塌勘察宜在初期勘察阶段进行，应查明崩塌的形成条件及其规模、类型、范围，对崩塌区作为建筑场地的适宜性作出评价，并提出防治方案的建议。

崩塌勘察应以工程地质测绘为主，测绘比例尺宜采用 1∶500～1∶1 000。测绘应查明潜在崩塌区或已崩塌区的如下内容：

① 岩性；

② 结构面发育及其组合情况；

③ 地形地貌；

④ 水文地质；

⑤ 采矿、爆破、地震等触发因素；

⑥ 崩塌历史、崩塌类型、规模、范围及崩塌体的尺寸和崩落方向等。

7.3.3　崩塌的防治

根据崩塌的规模和危害程度，所采用的防治措施有：绕避，加固边坡，修筑拦挡建筑物，清除危岩，以及截、排水工程等。

1. 绕避

对可能发生大规模崩塌地段，即使是采用坚固的建筑物，也经受不了大规模崩塌的巨大破坏力，故工程建设必须设法绕避。

2. 加固边坡

在邻近建筑物边坡的上方，如有悬空的危岩或巨大块体的危石威胁工程安全，则应采用与其地形相适应的结构加固边坡，如修建支护、支顶等支撑建筑物，锚固，对坡面深凹部分进行嵌补，对危险裂缝进行灌浆等等（图 7.3.4）。

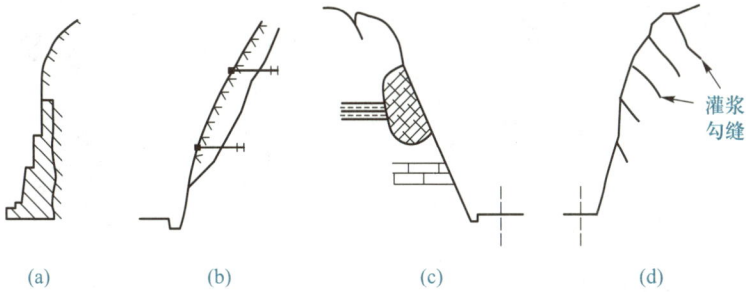

图 7.3.4 边坡加固工程

（a）支护墙；（b）锚固；（c）嵌补；（d）灌浆、勾缝

（摘自胡厚田等主编的《土木工程地质（第 4 版）》，高等教育出版社。）

3. 修筑拦挡建筑物

对中、小型崩塌可修筑遮挡建筑物和拦截建筑物。

（1）遮挡建筑物

对中型崩塌地段，如绕避不经济时，可采用明洞、棚洞等遮挡建筑物（图 7.3.5）。

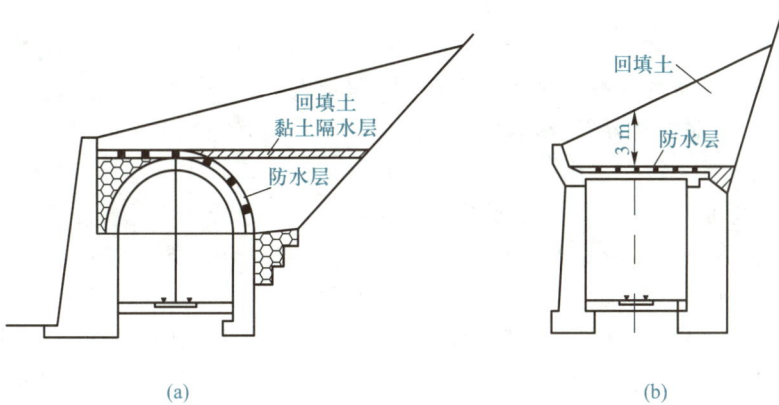

图 7.3.5 遮挡建筑物

（a）明洞；（b）棚洞

（摘自胡厚田等主编的《土木工程地质（第 4 版）》，高等教育出版社。）

（2）拦截建筑物

若山坡的母岩风化严重，崩塌物质来源丰富，或崩塌规模虽然不大，但可能频繁发生，则可采用拦截建筑物，如落石平台、落石槽、拦石堤或挡石墙等措施（图 7.3.6）。

4. 清除危岩

若山坡上部可能的崩塌物数量不大，而且母岩的破坏不甚严重，则以全部清除为宜，并在清除后，对母岩进行适当的防护加固。

5. 截、排水工程

可以在危岩分布区域外围修建截水沟，防止地表水流入危岩分布区域，同时在危岩分布区域内通过打排水孔等方式修建排水工程，尽可能降低地下水对危岩稳定性的影响。

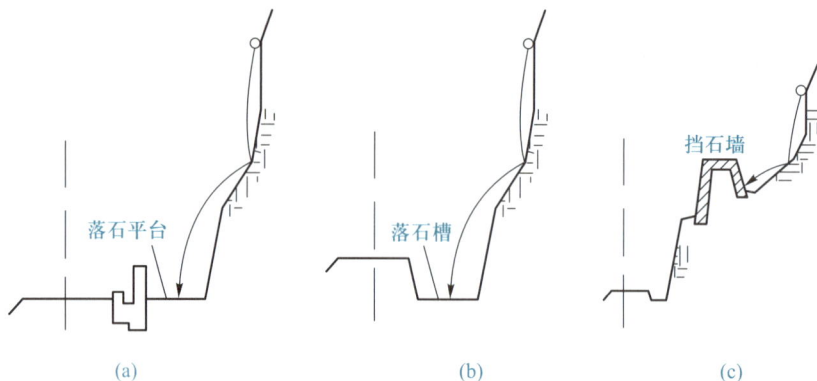

图 7.3.6　拦截建筑物

（a）落石平台；（b）落石槽；（c）挡石墙

（摘自胡厚田等主编的《土木工程地质（第 4 版）》，高等教育出版社。）

7.4　泥　石　流

　　泥石流是发生在山区的一种携带有大量泥砂、石块的暂时性急水流，其固体物质的含量有时超过水量，是介于挟砂水流和滑坡之间的土石、水、气混合流或颗粒剪切流。它往往突然暴发，来势凶猛，运动快速，历时短暂，严重影响山区场地的安全。尤其是近半个世纪以来，由于生态平衡破坏的不断加剧，世界上许多多山国家的建筑场地或居民区周围灾害性泥石流频频发生，并造成惨重损失。因此，它是严重威胁山区居民安全和工程建设的重要工程地质问题。

　　泥石流现象经常发生在诸如干涸的山谷、峡谷、冲沟或河流这样一些陆域表面。有时也出现在江、湖、海底形成所谓的浊流运动。地质历史时期形成的沉积岩及其古地貌则是海湖底部泥石流留下的痕迹，具有重要的地层、地史学研究意义。灾害性泥石流，因其发生极其迅速，同时又是土石和水的松散混合体，密度达 1.8g/cm³ 或更大，因而有着巨大的破坏力。国内外不断有泥石流灾害的报道。

　　我国地域辽阔，山地众多，而铁路、公路等交通线路跨越的地貌单元相应较多，因而所受泥石流危害也大。据统计，我国铁路沿线泥石流沟多达 1 400 余条，轻则断道阻车，重则颠覆列车，车毁人亡。例如，成昆铁路北段建成运营的前 15 年中，就有 78 条泥石流沟先后暴发了 149 次泥石流，7 次掩埋车站，2 次冲毁桥梁，3 次颠覆列车。1981 年利子依达沟的一次泥石流，将一列正从隧道中驶出的客车机车和前三节车厢，连同桥梁冲入大渡河，另两节车厢颠覆于桥下，成为我国铁路史上最惨重的泥石流灾难。

　　泥石流不但危害巨大，而且分布范围也极广。就全球范围来说，欧洲主要的泥石流危险区是阿尔卑斯山区、比利牛斯山脉、亚平宁山脉、喀尔巴阡山脉和高加索山脉，美洲主要是太平洋沿岸的安第斯山脉和科迪勒拉山系，亚洲主要是喜马拉雅山区、天山山区、川滇山区、日本山地和安纳托里亚的西部山地。在我国主要分布于温带和半干旱山区，以及有冰川积雪分布的高山地区，如西南、西北、华北山区和青藏高原边缘山区。

　　目前，泥石流研究作为一门新兴学科还不成熟，对泥石流这一复杂对象发生、发展、物质组成、运动过程和堆积规律的研究，正形成一门归属地质学范畴、理论性和应用性均较强的边缘学科。

综上可以看出,泥石流是山区一类重要的环境和场地地质灾害,掌握泥石流的基本理论并有效地治理泥石流,已成为山区工程建设的一项重要任务。

7.4.1 泥石流的形成条件

1. 丰富的物质来源

丰富的物质来源是泥石流形成的物质基础。残积物、坡积物、崩积物、古泥石流堆积物、断层泥、强风化岩体、洪积物、滑坡堆积物、人工废弃物等松散的固体物质,可以为泥石流的形成提供丰富的物质来源

流域地质条件决定了松散固体物质的来源、组成、结构、补给方式和速度等。泥石流强烈发育的山区,多是地质构造复杂、岩石风化破碎、新构造运动活跃、地震频发、崩滑灾害多发的地段。这样的地段,既为泥石流准备了丰富的固体物质来源;又因地形高耸陡峻,为泥石流活动提供了强大的动能。

就区域分布看,泥石流暴发区多位于新构造运动强烈的地震带或其附近。这是因为深大地震断裂带及其附近地段岩体破碎,崩塌、滑坡发育,为泥石流形成提供了丰富的物质基础。例如,南北向地震带是我国最强烈的地震带,也是我国泥石流最活跃的地带。像东川小江流域、西昌安宁河流域、武都白龙江流域和天水渭河流域,都是我国灾害严重的泥石流带。受气候的影响,在此地震带上,总的趋势是南段泥石流较中段和北段更为发育。

形成区内地层岩性分布与泥石流物质组成和流态密切相关。在形成区内有大量易于被水流侵蚀冲刷的松散堆积物,是泥石流形成的重要条件。堆积物成因可分为风化残积的、坡积的、重力堆积的、冰碛的或冰水沉积的各种类型。它们的粒度成分相差悬殊。大者为数十至上百立方米的巨大漂石,小者为细砂、黏粒,互相混杂。这些疏松堆积物干燥时处于相对稳定状态,一旦湿化饱水后,则会软化崩解,易于垮塌而被冲刷。泥石流形成区最常见的岩层是泥岩、片岩、千枚岩、板岩、泥灰岩、凝灰岩等软弱岩层。

风化作用也能为泥石流提供固体物质来源,尤其在干旱、半干旱气候带的山区,植被不发育,岩石物理风化作用强烈,在山坡和沟谷中堆聚起大量的松散碎屑物质,便成为泥石流的补给源地。

2. 充足的水源

泥石流形成必须有强烈的地表径流,它是暴发泥石流的动力条件。因此,充足的水源是泥石流形成的基本条件之一。形成泥石流的水流通常来源于暴雨、高山冰雪强烈融化和水体溃决。

3. 特定的地形

泥石流大多在坡降较大的狭窄沟谷活动。每一处泥石流自成一个流域,典型的泥石流可划分出汇水区、形成区、流通区和沉积区 4 个区段(图 7.4.1)。

(1) 汇水区

大量的水流在此区域汇集,形成急速流动的水体,可以为泥石流的形成提供强劲的动力。区域多为三面环山、一面出口的宽阔地段,周围山坡陡峻,地形坡度多为 30°~60°,沟床纵坡降可达 30°以上。区域面积有时可达几十甚至几百平方公里。这种地形有利于水流的迅速聚积。

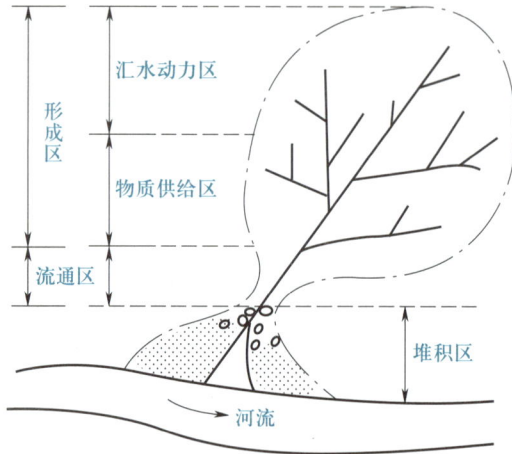

图 7.4.1 典型泥石流分区

（2）形成区

该区域往往光秃破碎,无植被覆盖,冲沟发育,有大量的风化、崩塌和滑坡等地质作用形成的堆积物。大量的固体物质和迅速聚积水流混合以后形成具有强大冲刷能力的泥石流。

（3）流通区

该区域是泥石流搬运通过的地段,多系狭窄而深切的峡谷或冲沟,谷壁陡峻而纵坡降较大,且多陡坎和跌水。即使该区域的纵坡只有 5°,泥石流也能快速通过。因此,流通区的长度、直线度和两侧岸坡的坡度对泥石流的大小有很大的影响。流通区的方向和长短不一,甚至可缺失。

（4）沉积区

一般位于出山口或山间盆地边缘,地形坡度通常小于 8°。由于地形豁然开阔平坦,泥石流动能急剧降低,最终停积下来,形成扇形、锥形或带形堆积滩,典型的地貌形态为洪积扇。堆积扇地面往往垄岗起伏、坎坷不平,大小石块混杂。若泥石流物质能直泻入主河槽,而河水搬运能力又很强时,则堆积扇有可能缺乏。由于扇顶侵蚀基准面的长期不断变化,前后多次泥石流活动的结果,可使泥石流堆积范围不断前进或后退,形成所谓溯源侵蚀或溯源堆积.有时因泥石流频繁活动,可使堆积扇不断淤高扩展,到一定程度逐渐减弱泥石流对下游的破坏作用。

由于泥石流流域具体地形地貌条件不同,在有些泥石流流域,上述 4 个区域不可能明显分开,甚至缺乏某个区域。此外,泥石流流域形态对流域内径流过程有明显影响,进而影响各种松散固体物质参与泥石流的形成和泥石流规模。

除上述自然条件的异常变化可以导致泥石流现象发生外,人类工程经济活动也不可忽略。它不但可以直接诱发泥石流,还可能加重区域泥石流活动强度。人类工程经济活动对泥石流影响的消极因素颇多,如毁林、开荒与陡坡耕种、放牧、水库溃决、渠水渗漏、工程和矿山弃碴不当等。这些有悖于环境保护的工程活动,往往导致大范围生态失衡、水土流失,并产生大面积山体崩滑现象,为泥石流发生提供了充足的固体物质来源,泥石流的发生、发展又反过来加剧环境恶化,从而形成一个负反馈增长的生态环境演化机制。因此,必须采取固土、控水、稳流等措施,抑制因人类不合理工程活动所诱发的泥石流灾害,保护建筑场地稳定。

7.4.2 泥石流分类及其特点

泥石流可以按照其水流的来源、固体物质组成、流体性质、流域的形态特征等进行分类。

1. 按照水流的来源分类

可划分为暴雨型、冰雪融化型和水体溃决型等类型。

暴雨型泥石流是我国最主要的泥石流类型。我国是夏季季风易引发暴雨的国家之一，除西北、内蒙古地区外，都受到热带、副热带湿热气团的影响。特别是云南、四川山区受孟加拉湿热气流影响较强烈，在西南季风控制下，夏秋多暴雨。云南东川地区一次暴雨 6 h 降水量 180 mm，其中最大降雨强度为 55 mm/h，形成了历史上罕见的特大暴雨型泥石流，专称为"东川型泥石流"。我国东部地区受太平洋暖湿气团影响，夏秋多台风和热带风暴。1981 年 8 号强热带风暴侵袭东北，7 月 27—28 日辽宁老帽山地区下了特大暴雨，6 h 降雨量 395 mm，其中最大降雨强度为116.5 mm/h，暴发了一场巨大的泥石流。一般来说，暴雨泥石流的发生与前期降水密切相关。只有前期降水积累到一定量值时，短历时暴雨的激发作用才显著。前期降水越大，土体中含水量越多，激发泥石流发生所需的短时降雨强度就越小。

我国冰川面积约 $5.7×10^4$ km^2，年融水量约 $5.5×10^{10}$ m^3，径流深达 1 136 mm，当气温上升并持续高温时，冰川谷地下游便易发生泥石流。季节性积雪因积雪深度有限，不易发生大规模泥石流，但雪线以上多年积雪区则往往与冰川融水一起促使泥石流暴发。另外有多年冻土分布的大、小兴安岭北段和青藏高原等地，夏秋季形成的季节融化层和下伏多年冻土层之间易出现不衔接，而经充水、饱和、液化，加上暴雨冲刷、水流侵蚀，易由泥流、土流转化为泥石流。在高寒地区，有时泥石流的形成还与冰川湖的突然溃决有关。

2. 按泥石流的固体物质组成分类

（1）泥流

所含固体物质以黏土、粉土为主（约占 80%~90%），仅有少量的碎石。泥流的黏度大，呈不同稠度的泥浆状。我国泥流主要分布于甘肃天水、兰州及青海西宁等黄土高原山区和黄河的各大支流，如渭河、湟水、洛河、泾河等地区。

（2）泥石流

固体物质由黏土、粉土、块石、碎石、砂、砾石等混合而成。它是一种比较典型的泥石流类型。全世界的山区，尤其是基岩裸露剥蚀强烈的山区产生的泥石流，多属此类。例如，我国泥石流的高发地区：西藏波密、四川西昌、云南东川、贵州遵义等地区的泥石流。

（3）水石流

固体物质主要是一些坚硬的石块、漂砾、岩屑和砂粒等，黏土和粉土含量很少（<10%）。水石流主要分布于石灰岩、石英岩、大理岩、白云岩、玄武岩及坚硬砂岩地区。如陕西华山、山西太行山、北京西山、辽宁东部山区的泥石流多属此类。

表 7.4.1 泥石流按流体性质分类

标准	黏性泥石流	稀性泥石流
密度	1.8~2.3 g/cm³	1.4~1.8 g/cm³

续表

标准	黏性泥石流	稀性泥石流
组成及特点	流动中含有大量黏性物质,黏度>0.3 Pa·s	流动中含少量黏性物质,黏度<0.3 Pa·s
非泥浆部分组成	非泥浆部分由砾石、砂砾和淤泥组成	非泥浆部分由漂石、砾石、砂砾和砂组成
流动状态	层流	湍流
固体材料比例	40%~60%	10%~40%
运动特性	等速运动	非等速运动
搬运能力	巨石	砾石

3. 按泥石流的流体性质分类

该分类方法是按照泥石流中密度、物质组成情况和固体物质的体积含量等标准进行的泥石流分类(表7.4.1)。

(1) 黏性泥石流

固体物质的体积含量一般为40%~80%,其中黏土含量一般为8%~15%,其重度多为17~21 kN/m³。固体物质和水混合组成黏稠的整体,做等速运动,具层流性质;在运动过程中,常发生断流,有明显的阵流现象;阵流前锋常形成高大的"龙头",具有强大的惯性力,冲淤作用强烈;流体到达堆积区后仍不扩散,固液两相不离析,堆积物一般具棱角,无分选性;堆积地形起伏不平,仍保持运动时的结构特征,故又称结构型泥石流。

(2) 稀性泥石流

也叫湍流型泥石流。其固体物质的体积含量一般小于40%,黏土、粉土含量一般小于5%,其重度多为13~17 kN/m³。搬运介质为浑水或稀泥浆,其流速大于固体物质运动速度;在运动过程中,具湍流性质,无层流现象;停滞后固液两相立即离析,堆积物呈扇形散流,有一定的分选性,堆积地形较平坦。

4. 按泥石流流域的形态特征分类

(1) 标准型泥石流

具有明显的形成、流通、沉积三个区段。形成区多崩塌、滑坡等不良地质现象,地面坡度陡峻;流通区较稳定,沟谷断面多呈"V"形;沉积区一般呈扇形,沉积物棱角明显;破坏能力强,规模较大。

(2) 河谷型泥石流

流域呈狭长形,形成区则分散在河谷的中、上游;固体物质补给远离堆积区,沿河谷既有堆积亦有冲刷;沉积物棱角不明显;破坏能力较强,周期较长,规模较大。

(3) 山坡型泥石流

沟水流短,沟坡与山坡基本一致,没有明显的流通区,形成区直接与堆积区相连。洪积扇坡陡而小,沉积物呈棱角状;冲击力大,淤积速度较快,但规模较小。

此外,按水的补给来源和方式,泥石流可分为暴雨型泥石流、冰雪融水型泥石流和溃决型泥石流。

7.4.3 泥石流的勘察要点

泥石流的勘察宜采用实地工程地质测绘与调查访问为主、勘探手段为辅的方法进行勘察。勘察内容应该针对影响泥石流形成的主要因素来进行,具体包括所在地的地形地貌、气候、地表的松散堆积物和高山冰雪的分布情况,有无潜在的溃决水体,有无有利于地表流水汇集的地形条件等。此外,还应该调查所在地的岩性及其风化情况,新构造运动和地震情况,崩塌、滑坡等不良地质现象,历史上泥石流的发生情况等。

7.4.4 泥石流的防治

由于泥石流的规模巨大,危害严重,治理的难度非常大,造价非常高。因此,在工程建设的过程中,泥石流防治的总体原则应该是能躲则躲、能跨则跨、预防为主、非必要不治理,具体措施如下。

1. 绕避

在工程建设的过程中,绕避方案是解决泥石流问题的最彻底的方案,常常也是最经济的方案。因此,绕避应该为工程建设的过程中泥石流的防治首选方案,特别是处于发育旺盛期的大型和特大型泥石流及泥石流群时。例如,通过泥石流区的铁路、公路、输电线路等线路型工程在选线时就应该考虑工程地质条件,尽可能避开有可能形成泥石流和泥石流活动频繁的地区。

2. 跨(穿)越

对于无法绕避的可能形成泥石流和泥石流活动频繁地区的工程建设可以采取用桥梁、隧道等方式跨越或穿越的建设方案。

3. 治理

泥石流的治理必须充分考虑泥石流形成条件、类型及运动特点,遵循上、中、下游全面规划,各区段分别有所侧重,生态措施与工程措施并重的原则。上游水源区宜选水源涵养林,修建调洪水库和引水工程等削弱水动力措施。流通区以修建减缓纵坡和拦截固体物质的拦砂坝、谷坊等构筑物为主。沉积区主要修建导流体、急流槽、排导沟、停淤场,以改变泥石流流动路径并疏排泥石流。具体措施如下:

(1)生态措施

营造森林是最有效的生态平衡调节措施之一。泥石流防治林包括水源涵养林、水土保持林、护床防冲林和护堤固滩林四类,其主要目的是维持优化的生态平衡,减少水土流失,削减地表径流和松散固体物质补给量。

(2)工程措施

对于水土流失严重、造林措施一时难以见效的场地或地段,必须采取工程措施进行治理,然后再进行生物防治。具体措施如下:

① 排导工程 采用排导沟、急流槽、导流堤等措施使泥石流顺利排走,以防止掩埋道路和其他工程建筑、堵塞桥涵。设计排导沟应考虑泥石流的类型和特征,排导沟尽可能按直线布设,其纵坡宜一坡到底,出口处最好能与地面有一定的高差,有足够的堆淤场地。

② 滞流与拦截工程 滞流措施是在泥石流沟中修筑一系列低矮的拦挡坝。拦蓄部分泥砂、

石块,减弱泥石流的规模;固定泥石流沟床,防止沟床下切和谷坡坍塌;减缓沟床纵坡,降低流速。拦截措施是修建拦泥坝或停淤场,将泥石流中的固体物质拦截在沟道内或停积在冲积扇的适当部位,不仅起到拦截固体物质的作用,还使山坡稳定,减轻坡体滑动及沟壁崩塌。

③ 防护工程 在泥石流沟的上游修建蓄水池、小型水库,减少流域中的汇集水流和洪峰流量。

7.5 岩 溶

岩溶也称喀斯特(Karst)。喀斯特是南斯拉夫西北部一灰岩高原的地名,那里岩溶发育,在19世纪末,南斯拉夫学者司威治(I.CviliC)以喀斯特作为"水对可溶岩进行的一种特殊地质作用、过程及其结果"的专用词。我国的科学文献中也曾长期使用这一译名。1966年2月,在我国第二次喀斯特会议上,决定将"喀斯特"术语改为"岩溶"。

岩溶作用是指地表水和地下水对地表及地下可溶性岩石(碳酸盐岩类、石膏及卤素岩类等)所进行的以化学溶解作用为主、机械侵蚀作用为辅的溶蚀作用、侵蚀-溶蚀作用及与之相伴生的堆积作用的总称。在岩溶作用下所产生的地形和沉积物,称为岩溶地貌和岩溶堆积物。在岩溶作用地区所产生的特殊地质、地貌和水文特征,概称为岩溶现象。因此,岩溶是岩溶作用及其所产生的一切岩溶现象的总称。

发育在碳酸盐类岩石及岩盐、石膏等可溶性岩石中的岩溶称为真岩溶。由可溶性物质胶结的碎屑岩,由于水对胶结成分的溶蚀作用而造成的类似"岩溶"现象,称为碎屑岩岩溶;黄土中的钙质成分被溶走而产生的类似岩溶现象称为黄土岩溶(潜蚀);在冰冻地带,对于冰层及冻土层的不均匀融化而形成的类似"岩溶"现象,称为热力岩溶。它们又统称为假岩溶。

碳酸盐类岩石在我国出露面积约 $1.25 \times 10^6 \text{ km}^2$,占国土面积的 13%。因此,岩溶研究具有十分重要的意义。岩溶区地表径流少,地表缺水问题严重,但地下水源极为丰富,一旦开发,可用于发电等;岩溶区地下孔洞发育,可以作为冷藏仓库、地下厂房之用;岩洞中又常储藏矿产和保存有极具科学价值的早期人类化石及哺乳类动物化石。但在修建水库、开凿隧道、采矿及兴建大型工程建筑时,必须解决渗漏、塌陷、涌水等问题。

7.5.1 岩溶的主要形态

岩溶形态可分为地表岩溶形态和地下岩溶形态。地表岩溶形态有溶沟(槽)、石笋、漏斗、溶蚀洼地、坡立谷、溶蚀平原等。地下岩溶形态有落水洞(井)、溶洞、暗河、天生桥等(图7.5.1)。

1. 溶沟(槽)

溶沟(槽)是微小的地形形态,它是生成于地表岩石表面,由于地表水溶蚀与冲刷而成的沟槽系统地形。溶沟(槽)将地表刻切成参差状,起伏不平,这种地貌称溶沟原野,这时的溶沟(槽)间距一般为 2~3m。当沟槽继续发展,各沟槽互相沟通,在地表上残留下一些石笋状的岩柱。这种岩柱称为石芽。石芽一般高 1~2 m,多沿节理有规则排列。

2. 漏斗

漏斗是由地表水的溶蚀和冲刷并伴随塌陷作用而在地表形成的漏斗状形态。漏斗的大小不一,近地表处直径可达上百米,漏斗深度一般为数米。漏斗常成群地沿构造破碎带方向排列。漏

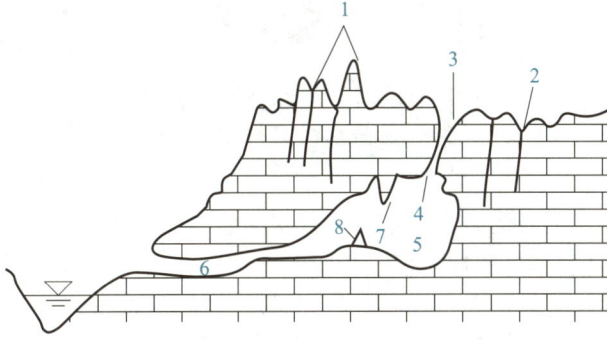

1—石林；2—溶沟；3—漏斗；4—落水洞；5—溶洞；6—暗河；7—钟乳石；8—石笋。
图 7.5.1 岩溶形态示意图

斗底部常有裂隙通道，通常为落水洞的生成处，使地表水能直接引入深部的岩溶化岩体中。

3. 溶蚀洼地

溶蚀洼地是由许多的漏斗不断扩大汇合而成的凹地，平面上呈圆形或椭圆形，直径由数米到数百米。

4. 坡立谷和溶蚀平原

坡立谷是一种大型的封闭洼地，也称溶蚀盆地，面积由几平方公里到数百平方公里。坡立谷进一步发展而成溶蚀平原。

5. 落水洞

落水洞是地表通向地下深处的通道，其下部多与溶洞或暗河相通。它是岩层裂隙受流水溶蚀、冲刷扩大或坍塌而成。

6. 溶洞

溶洞是由地下水长期溶蚀、冲刷和塌陷作用而形成的近于水平方向发育的岩溶形态。溶洞早期作为岩溶水的通道，其延伸和形态多变，溶洞内常有支洞、有钟乳石、石笋和石柱等岩溶产物。这些岩溶沉积物是由于洞内的滴水为重碳酸钙水，因环境改变释放 CO_2，使碳酸钙沉淀而成。

7. 暗河

暗河是地下岩溶水汇集和排泄的主要通道。部分暗河常与地面的沟槽、漏斗和落水洞相通，暗河的水源经常是通过地面的岩溶沟槽和漏斗经落水洞流入暗河内。因此，可以根据这些地表岩溶形态分布位置，概略地判断暗河的发展和延伸。

8. 天生桥

天生桥是溶洞或暗河洞道塌陷直达地表而局部洞道顶板不发生塌陷形成的横跨水流的石桥。天生桥常为地表跨过槽谷或河流的通道。

9. 土洞

在坡立谷和溶蚀平原内，可溶性岩层常被第四系土层所覆盖。由于地下水的作用，土体中可溶成分被溶滤，带走细小颗粒，使土体被掏空而形成土洞。当土洞发展到一定程度时，上部土层发生塌陷，危害地表建筑物的安全。

7.5.2 岩溶的发育条件

岩石的可溶性与透水性、水的溶蚀性和流动性是岩溶发生和发展的四个基本条件。此外,岩溶的发育与地质构造、新构造运动、水文地质条件及地形、气候、植被等因素有关。

1. 岩石的可溶性

岩石的可溶性取决于岩石的岩性和结构。石灰岩、白云岩、石膏、岩盐等为可溶性岩石。由于它们的成分和结构不同,其溶解性能也不相同。石灰岩、白云岩是碳酸盐岩石,溶解度小,溶蚀速度慢。而石膏的溶蚀速度较快,岩盐的溶蚀速度最快。石灰岩和白云岩分布广泛,经过长期溶蚀,岩溶现象十分显著。质纯的厚层石灰岩要比含有泥质、炭质、硅质等杂质的薄层石灰岩溶蚀速度要快,形成的岩溶规模也大。一般而言,原生盐类岩石的空隙度比成岩及变质的碳酸盐类岩石孔隙度大,易溶解。

2. 岩石的透水性

主要取决于岩层中孔隙和裂隙的发育程度。岩石的裂隙度比孔隙度意义更大,岩层中断裂系统的发育程度和空间分布情况,对岩溶的发育程度和分布规律起着控制作用。

3. 水的溶蚀性

主要取决于水中 CO_2 的含量,水中含侵蚀性 CO_2 越多,则水的溶蚀能力越强,会大大增强对石灰岩的溶解速度。而湿热的气候条件则有利于溶蚀作用的进行。

4. 水的流动性

取决于石灰岩层中水的循环条件,它与地下水的补给、渗流及排泄直接相关。岩层中裂隙的形态、规模、密集度及连通情况决定了地下水的渗流条件,它控制着地下水流的流速、流量、流向等水文地质因素。此外,地形坡度、覆盖层的性质和厚度对水的渗流有一定的影响。地形平缓,地表径流差,渗入地下的水量就多,则岩溶易于发育;覆盖不透水的黏土或亚黏土,且厚度又大时,岩溶发育程度减弱。

地下水的主要补给是大气降水。降雨量大的地区,水源补给充沛,岩溶就易于发育。岩溶水随深度不同有不同的运动特征,从而形成不同的岩溶形态。

（1）垂直循环带

又称充气带,位于地表以下,最高岩溶水之上,为雨雪水向地下垂直渗流地带,故主要发育落水洞等垂直形态的岩溶地形。

（2）季节循环带

为最高岩溶水位与最低岩溶水位之间的地带。水流随季节呈垂直运动与水平运动交替出现,因此,此带内既有垂直溶洞也有水平溶洞发育。

（3）水平循环带

在最低岩溶水位以下,是受主要排水河道控制的饱水层。上部地下水以水平运动为主,故多形成水平溶洞或暗河。下部地下水具承压性质,水流以虹吸管式沿裂隙向四周减压区排泄,形成放射状溶洞。

（4）深部循环带

此带位于地下深处,与当地地表水无关,而由地质构造决定,水流运动缓慢,岩溶作用微弱,多为规模不大的小溶洞和蜂窝状溶孔。

7.5.3 岩溶的勘察要点

岩溶的勘察宜综合采用工程地质测绘、物探、钻探及原位测试等手段。勘察的主要内容包括：地层岩性及其接触关系、地质构造、地形地貌、地下水的埋藏、成分和补、径、排情况。

7.5.4 岩溶地区主要工程地质问题及其防治

在岩溶地区进行工程建设，经常遇到的工程地质问题主要是地基塌陷、不均匀沉降及基坑突水等。工程建设中常用的防治措施有：

1. 建筑布局措施

场地上主要建筑物的位置应尽量避开岩溶发育强烈地段，尽可能选择在非（弱）可溶岩分布地段；在总平面布局上，各类安全等级建筑物的布置应与岩溶发育程度或场地稳定程度相适应。场地地坪设计标高应尽量保持与某一水平溶洞或洞隙带有一定距离，或在场地整平中尽量能够将不利的岩溶洞隙带予以挖除。对已查明的洞穴系统、巨大的溶洞或暗河分布区，当地面稳定性较差时，群体建筑物的布置宜绕避。

2. 建筑结构措施

基础结构形式应当有利于与上部结构协同工作，要求其具有适应小范围塌落变位能力，并以整体结构为主，如配筋的十字交叉基础、条基、筏基、箱基等。当基础下存在深大溶洞裂隙时，应当根据上部建筑荷载及洞隙跨度，选择洞隙两侧可靠岩体，采用有足够支撑的梁、板、拱或悬挑等跨越结构。

必须注意，随着人类工程建设的发展，建设场地的选择余地将越来越多，因此会更多地采取结构方面的措施。

3. 岩溶地基处理措施

当条件允许时，在保证工程建筑安全基础上，为节约工程造价，应尽量采用浅基。对于可能产生不均匀沉降的岩溶地基，如石芽密布、不宽的溶槽中有红黏土的地基，应当首先清除洞隙后再以碎石或混凝土回填，必要时可将石芽炸掉填平。当起伏不平的基岩面上有厚度较大的软弱土层而又不易清除时，可考虑采用钢筋混凝土灌注桩基础。当溶洞深、跨度大、顶板薄时，可在洞底设置支撑，加固洞顶。

7.6 地 震

在地质作用影响下，地球内部缓慢积累的能量突然释放引起的地球表层的振动称为地震。由于地球不断运动和变化，地球板块之间的相互作用，不同部位受到挤压、拉伸、旋扭等力的作用，逐渐积累了能量，一旦从地壳的脆弱地带以地震波的形式释放时就会引发地震。地震是一种破坏力很大的自然灾害，除了地震直接引起的山崩、地裂、房倒屋塌、砂土液化、喷砂冒水之外，还会引起火灾、爆炸、毒气蔓延、水灾、滑坡、泥石流、瘟疫等次生灾害。由于地震所造成的社会秩序混乱、生产停滞、家庭破坏、生活困苦和人民心理的损害，往往会造成比地震直接损失更大的灾难。以唐山地震为例。1976 年 7 月 28 日，河北唐山发生 7.8 级地震，有感范围波及 14 个省、自治区、直辖市，死亡 24.2 万人，伤 16.4 万人，房屋毁坏 1 479 万 m^2，倒塌民房 530 万间，唐山地区直接经济损失达 54 亿元。此外,地震还可能诱发火灾、水灾、海啸、山崩、滑坡、矿山灾害等次生灾害。如唐山地震引发天津火灾 36 起,损失百万元以上。

7.6.1 地震的成因类型及其特点

地震按成因类型可分为天然地震和人工地震。天然地震又可分为构造地震、火山地震和陷落地震三大类。

1. 构造地震

由地壳运动引起的地震称为构造地震。地球上发生次数最多(约占地震总数的 90%)、破坏性最大的地震是构造地震。

2. 火山地震

由火山喷发引起的地震称为火山地震。这类地震一般强度较大,但受灾范围较小,约占地震总数的 7%。

3. 陷落地震

由地层塌陷、山崩、巨型滑坡等引起的地震称为陷落地震,其主要发生于石灰岩岩溶地区,约占地震总数的 3%。

4. 人工地震

由人类工程活动引起的地震称为人工地震。如修建水库、开采矿藏、人工爆破等都可能引起地震。随着人类工程活动的日益加剧,人工地震也越来越引起人们的关注。

7.6.2 地震的相关概念

地震相关概念如图 7.6.1 所示。

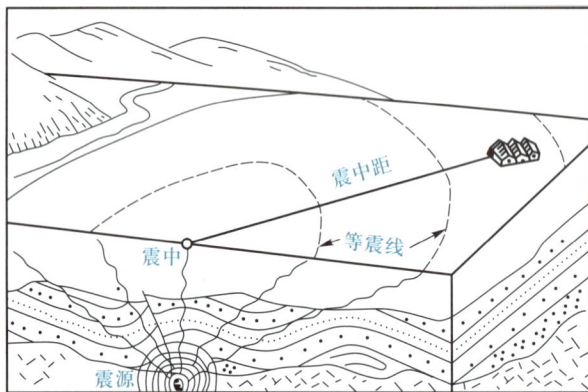

图 7.6.1 地震的相关概念

(摘自胡厚田等主编的《土木工程地质(第 4 版)》,高等教育出版社。)

震源:地球内部直接发生破裂的地方(图 7.6.1);

震中:地面上正对着震源的地方;

震源深度:震源到震中的距离;

震中距:震中到地面上任一观测点的距离;

震级:震级是地震大小的一种度量,根据地震释放能量的多少来划分,用"级"来表示。震级是通过地震仪器的记录计算出来的,地震越强,震级越大。震级相差一级,能量相差约 30 倍。

地震按震级大小的分类情况:

弱震:震级小于 3 级的地震;

有感地震:震级等于或大于 3 级、小于或等于 4.5 级的地震;

中强震:震级大于 4.5 级,小于 6 级的地震;

强震:震级等于或大于 6 级的地震。其中震级大于或等于 8 级的又称为巨大地震。

地震烈度是表示地面及房屋等建筑物受地震破坏的程度,用"度"来表示。我国将地震烈度划分为 12 度。

震级和地震烈度是两个完全不同的概念,震级只跟地震释放的能量多少有关,是表示地震大小的度量,所以一次地震只有一个震级;而烈度表示地面受地震的破坏程度,各地不同,但震中烈度只有一个。

一般而言,震级越大,震中烈度就越高。同一次地震,震中距不同烈度就不一样(一般情况下,震中地区受破坏的程度最高,其烈度值称为震中烈度,随着震中距的增加,地震造成的破坏逐渐减轻)。烈度的大小除与震级、震中距有关外,还与震源深度、地质构造和岩性等因素有关。

目前世界上有仪器记录的最大地震是 1960 年 5 月 21 日发生在智利的 9.5 级地震。

7.6.3　我国地震的分布及特点

根据一千多年的地震历史资料及近代地震学研究分析,全球的地震分布极不均匀,主要是分布在三条地震带上,即环太平洋地震带、地中海南亚地震带和大洋中脊地震带。我国东临环太平洋地震带,西部和西南部为阿尔卑斯—喜马拉雅地震带(属地中海南亚地震带)。因此,我国是一个多地震国家,地震带主要分布在东南——台湾和福建沿海一带,华北—太行山沿线和京津唐渤地区,西南——青藏高原、云南和四川西部,西北——新疆和陕甘宁部分地区。

我国地震活动频度高、强度大、震源浅、分布广,是世界上多地震的国家之一,地震灾害在世界上居于首位,同时地震灾害也是我国最主要的地质灾害之一。20 世纪全球两次造成死亡 20 万人以上的大地震全都发生在我国,一次是 1920 年 12 月 16 日发生于宁夏海原的 8.5 级地震,死亡 28.82 万人;另一次是 1976 年 7 月 28 日发生于河北唐山的 7.8 级地震,死亡 24.2 万人。

我国的地震绝大多数是构造地震,其次为水库地震、矿震等诱发性地震。地震的分布基本上是循活动性断裂带分布的,有一定的方向性。其优势方向在中国东部为北北东向,西部为北西向,中部为近南北向和东西向。大致可以东经 105° 和北纬 35° 这两条南北与东西带将我国分为四个象限。概括而言,西南、西北地区地震最少(台湾例外)。地震集中的地带称为地震带。我国西部主要的地震带有近东西向的北天山地震带、南天山地震带、昆仑山地震带、喜马拉雅山地带和北西向的阿尔泰山地震带、祁连山地震带、鲜水河地震带、红河地震带等。中国东部最强烈的地震带为走向北北东的台湾地震带,向西依次是东南沿海地震带、郯城—庐江地震带、河北平原地震带、汾渭地震带和东西向的燕山地震带、秦岭地震带等。

地震的活动是时强、时弱呈波浪状发展的,具有多种不同尺度的周期性。从统计概率的观点来看,每日的凌晨和黄昏;每月的朔、望日;每年的 3、8 月份前后;太阳 11 年活动周期年;太阳活动周期的偶数周内,都是发震率较高的时段。根据历史资料分析,1011—1076 年、1290—1368年、1484—1730 年、1815 年至现在为中国华北地区历史大地震的第四个地震活跃期。在地震活跃期内还存在尺度更短的地震活跃周期,有5~6年、11年、22年等周期或准周期。

本章知识工程应用要点

我国不良地质现象分布较为广泛,对工程安全的影响较大,因此在工程建设中应予以高度重视。

① 滑坡是斜坡上的岩土体受到各种因素影响,在重力作用下,沿一定的破坏面产生滑动的现象。边坡稳定性的主要影响因素有地形地貌条件、岩土性质条件、地质构造条件、水文地质条件及地震、爆破、机械振动等动力因素。滑坡治理应该在查清影响边坡稳定性的主要因素的前提下,有针对性地采取措施。

② 崩塌也叫崩落、垮塌或塌方,是较陡坡上的岩体在重力作用下突然脱离母体崩落、滚动、堆积在坡脚(或沟谷)的地质现象。崩塌一般发生在厚层坚硬脆性岩体中。崩塌勘察宜在初期勘察阶段进行,应查明崩塌的形成条件及其规模、类型、范围,对崩塌区作为建筑场地的适宜性作出评价,并提出防治方案和建议。

③ 泥石流是发生在山区的一种携带有大量泥砂、石块的暂时性急水流。泥石流场地的工程防治必须充分考虑泥石流形成条件、类型及运动特点。

④ 岩溶作用是指地表水和地下水对地表及地下可溶性岩石(碳酸盐岩类、石膏及卤素岩类等)所进行的以化学溶解作用为主、机械侵蚀作用为辅的溶蚀作用、侵蚀-溶蚀作用及与之相伴生的堆积作用的总称。岩石的可溶性与透水性,水的溶蚀性和流动性是岩溶发生和发展的四个基本条件。

⑤ 地震是指在地质作用影响下,地球内部缓慢积累的能量突然释放引起的地球表层的振动。地球上发生次数最多、破坏性最大的地震是构造地震。我国地震活动频度高、强度大、震源浅、分布广,是世界上多地震的国家之一,地震灾害在世界上居于首位。因此,工程建设中要采取相应的防震措施。

思 考 题

1. 崩塌的形成条件、勘察要点和防治措施有哪些?
2. 滑坡的形成条件、勘察要点和防治措施有哪些?
3. 泥石流的形成条件、勘察要点和防治措施有哪些?
4. 岩溶的形成条件、勘察要点和防治措施有哪些?
5. 地震的主要类型及其特点有哪些?

第 8 章

工程地质环境

8.1 概　　述

人口、环境及能源已成为当今世界最为突出的和急需解决的三大问题,尤其是环境与发展问题,已成为国际社会普遍关注的重大问题。随着全球人口激增和人类工程经济活动的规模和范围不断扩大,人类与环境之间的矛盾日益突出,人类生存的环境已受到各国政府的重视,并正在采取一系列措施来保护和治理日趋恶化的环境。

环境是指人类赖以生存的一定范围内的客观实体,它的范围空间可以从地球的大气圈、水圈、生物圈和岩石圈,一直到宇宙空间,具体各学科所研究的环境范围空间因学科性质而定。

地质学所研究的环境范围空间是地质环境,是指岩石圈与大气圈、水圈、生物圈相互作用中形成的环境空间,包括岩石、土、地表水、地下水、地质构造、地质作用及人类的工程活动所带来的对以上各种因素的可能影响等。

工程地质学所研究的环境范围空间是工程地质环境,是指与工程建设和工程安全紧密相关的地质环境空间,也就是人类工程活动在利用和改造天然地质环境过程中所涉及和影响的局部地质环境。

工程地质环境可分为原生工程地质环境和次生工程地质环境。所谓原生工程地质环境(也称第一工程地质环境)是指由各种自然地质作用所形成的自然工程地质环境。而次生工程地质环境(也称第二工程地质环境)则主要是指经人类工程经济活动影响后的工程地质环境。

人类的生存环境就其本质而言主要是地质环境,特别是工程地质环境。为了减轻地质灾害给人类带来的危害,减少人类活动对自然地质环境的破坏,应深入研究人类工程经济活动与地质环境的依存关系和相互作用,预测由此而造成的环境破坏及其演变过程,采取有效的预防措施,治理和保护人类的生存环境。

8.2　岩土工程的稳定性

8.2.1　工程的稳定性

工程建设的目的是满足生产、生活、学习等各个方面的需求。评价工程建设方案优劣的标准应该包括安全可靠和经济合理两个方面,其中安全可靠是前提,经济合理是指在安全可靠的前提条件下追求工程活动经济效益的最大化,因为保证工程的施工和使用过程中的工程岩土的稳定是对所有工程设计的最起码要求。所以,工程的稳定性问题(即安全可靠问题)是工程建设中必须解决的首要问题。

大量的工程实践经验表明:工程稳定性应该包括强度稳定性、刚度稳定性、整体稳定性和环境安全性 4 个方面。

(1)强度稳定性要求

工程强度是指工程承受荷载的能力。工程的强度稳定性则是指在工程荷载作用下的稳定性。工程具有足够的强度是保证工程安全可靠的基础。因而工程稳定性对强度的要求是在未来工程荷载的作用下不发生任何影响人类生产和生活安全的破坏。

(2)刚度稳定性要求

任何结构在荷载的作用下都会发生变形,因此,变形是所有工程中不可避免的。当结构中所产生的变形超过材料和结构的承受极限时将会导致材料和结构的破坏,从而影响工程的安全。所以,在工程设计中,除了要进行强度验算外,还要进行变形验算,将各种材料和结构的变形控制在合理的范围内。

(3)整体稳定性要求

工程的整体稳定性是指工程及其下部边坡的整体稳定性。

对于一般的工程而言,当满足了强度稳定性和刚度稳定性两个方面的要求后,即可保证工程的安全。但对于修建于坡体附近的工程,在进行了强度稳定性和刚度稳定性验算后,并不能保证工程的安全,如图 8.2.1 所示的修建于坡顶的工程,即使工程和地基本身的强度和刚

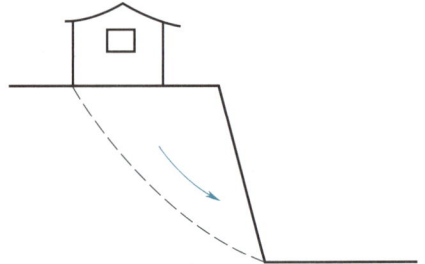

图 8.2.1　工程的整体稳定性

度均满足工程稳定性的要求,当工程下部的边坡发生滑坡后,仍然会导致工程的破坏,所以,还必须进行工程的整体稳定性验算。

(4)环境安全性要求

环境的安全性是指工程周围环境的安全性。

工程在进行了强度稳定性、刚度稳定性和整体稳定性 3 个方面的验算后是否就能够保证工程的绝对安全呢? 不一定! 例如,图 8.2.2 所示的修建在坡脚处的工程,如果发生周围山体的滑坡,仍然会使工程被滑坡堆积物掩埋或砸毁。所以,环境的安全性也是工程建设中必须要考虑的因素。

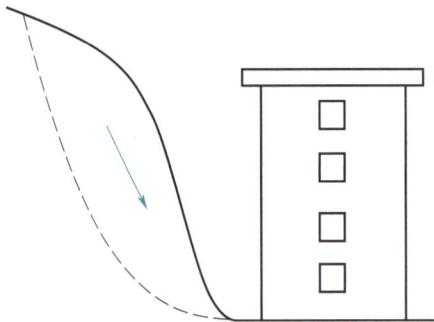

图 8.2.2　工程的环境安全性

8.2.2　岩土工程的稳定性

从工程的构成上讲,工程可以分为工程结构本身和工程所依存的工程地质环境两个部分,因此,工程的稳定性又包括工程结构自身的稳定性和工程地质环境的稳定性两个方面。只有工程结构本身和工程所依存的工程地质环境两个方面均满足强度稳定性、刚度稳定性、整体稳定性和环境安全性4个方面的要求时,工程才是安全可靠的。前者属于结构工程的研究范畴,后者则属于工程地质学的研究内容,故本章仅对工程地质环境的稳定性进行研究。

从工程地质的角度讲,工程可以分为三种类型:第一类是将工程岩土作为地基利用的工程,如各种工业与民用建筑工程等;第二类是将边坡岩土作为利用对象的工程,如露天采矿工程、港口工程、坝体工程等;第三类是将地下硐室作为利用对象的工程,如人防工程、交通隧道工程等。因此,工程地质学所研究的工程稳定性问题共有三大类,即地基稳定性问题、边坡稳定性问题和硐室稳定性问题。通常也将该三大类问题称为岩土工程的三大基本问题。

从工程地质环境的强度稳定性上讲,上述的三类工程地质问题中强度的稳定性各具特点。保证地基稳定性所需解决的主要是地基的承载力问题,保证边坡稳定性所需解决的主要是边坡的重力稳定性问题,而保证硐室稳定性所需解决的则是整个硐室周围由于开挖引起的应力影响区内的岩土坍塌问题。因此,该三类问题的解决,无论是在分析方法上,还是在计算模型上都存在着很大的差异。考虑到课程的学时有限,也为了避免与后续课程的重复,本教材就不再对岩土工程稳定性的分析和计算方法进行介绍。

8.2.3　影响岩土工程稳定性的主要因素

影响岩土工程稳定性的因素包括岩土的物理力学性质、地质结构、地应力、地下水、地质构造、气候和人类活动情况等许多方面。

1. 岩土的物理力学性质

岩土的物理力学性质直接决定了工程岩土的应力-应变和强度特征,因而对工程稳定性有着至关重要的影响。

2. 地质结构

岩土工程的地质结构是指岩土层和各类结构面的空间分布特征及其相互组合关系。它对工程稳定性的影响主要表现在两个方面:一是软弱土层对土体变形和强度的控制作用,二是结构面对岩体破坏模式和破坏面的控制作用。

3. 地应力

地壳内在天然状态条件下所具有的应力,称为地应力,它分布在岩土体的每一个质点上。地应力呈有规律分布的空间为地应力场。

国内外对地应力的成因作过很多研究,采用分类标准也不统一。从工程地质的角度上讲,地应力可以分为自重应力和构造应力两种类型。

（1）自重应力

在重力场作用下形成的应力为自重应力。重力场在岩土体内的某一任意点形成的应力包括相当于上覆岩土层重力的铅直正应力 σ_z 和由于泊松效应（即侧向膨胀）而产生的水平侧向应力 (σ_x, σ_y),见图 8.2.3。

$$\sigma_z = \gamma z \qquad (8.2.1)$$

式中　γ——岩土的重度，kN/m^3；

　　　　z——岩土的埋深，m。

$$\sigma_x = \sigma_y = \frac{\mu}{1-\mu}\sigma_z = \xi\sigma_z \qquad (8.2.2)$$

式中　μ——岩土的泊松比；

　　　　ξ——岩土的侧压力系数。

图 8.2.3　岩土的自重应力

　　由于不同岩土的侧压力系数不同，因此，地壳内重力场中各点的水平应力一般不同。当岩体位于地壳内不太深处时，$0<\xi<1$，则铅直应力 σ_z 往往大于水平应力 σ_x 或 σ_y。地表以下较深部位，侧压力系数将趋向于1，则地壳深处岩体往往近于静水压力状态，即 $\sigma_x = \sigma_y = \sigma_z$，垂直于此三者的面上，一般均无剪应力，故相邻两质点不发生相对错动。

　　（2）构造应力

　　由于地球的自转、岩浆侵入等作用在地壳内造成的应力称为构造应力。构造应力以弹性应变能的形式储存在地壳内，当构造应力逐渐增大并超过岩体强度或岩体中原有断裂的抵抗阻力时，便可能引起地层变形、蠕滑、破坏，甚至有可能由于构造应力的突然释放而导致地震的发生。这种由于构造应力的作用而导致的地层变形和破坏的过程称为构造运动。根据构造的运动活动状态，构造应力又可分为活动的构造应力和剩余构造应力两种。

　　活动的构造应力一般是指目前正在活动的构造运动在地壳内形成的地应力；剩余的构造应力是指构造运动结束后，由构造运动过程中尚未释放完的弹性应变能在地壳内形成的地应力。

　　岩土的强度除了与其自身的矿物组成、结构、构造等因素有关外，还与其所处的应力环境有关，因此，构造应力的存在会对岩土的强度产生影响。一方面，构造应力的大小和方向可以决定工程岩土中的应力状态，从而影响工程岩土的强度；另一方面，当人类的工程活动导致局部的地质环境发生改变时，地壳内的构造应力也会根据改变后的地质环境进行重新分布。这种应力重新分布又会导致工程岩土的应力环境发生变化，从而带来岩土强度的改变。

　　4. 地下水

　　大气降水和地表水沿着孔隙、裂隙向岩土体内渗透，岩土体内的地下水会在地壳内形成一个地下水的分布空间，该空间就是通常所说的渗流场。

　　渗流场对工程岩土的影响有以下几个方面：

　　（1）动力作用

　　地下水沿着孔隙、裂隙在岩土体内的流动会在工程岩土内产生动水压力，这种动力会打破岩土体内原有的应力平衡，从而影响工程岩土的稳定性。

　　（2）静力作用

　　岩土体内的孔隙、裂隙既是地下水的通道，又是地下水的赋存空间。存储于岩土体内的孔隙、裂隙中的地下水一方面可以改变工程岩土体内的重力分布，另一方面又会在孔隙、裂隙内产生静水压力，这两方面的作用都会打破岩土体内原有的应力平衡，因而也会影响工程岩土的稳定性。

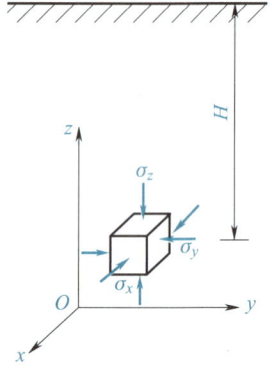

（3）对工程岩土强度的弱化作用

岩土的强度除了与其自身的矿物组成、结构、构造等因素有关外,还与其所处的地下水环境关系密切。如土体中的水可以对土颗粒之间的相互移动起到润滑作用,降低土体的内摩擦角;土体含水量的变化可以改变黏性土的稠度、体积,甚至导致黏性土的崩解;岩体内的水可以导致岩体的软化等。所有这些影响都会导致工程岩土强度的降低。

事实上,地下水引起的工程灾害屡见不鲜。例如,在暴雨情况下,渗入地质体内的地下水来不及排出,导致地质体内孔隙水压力(土体)或裂隙水压力(岩体)急剧增大,地质体内部结构之间的有效应力急剧降低,从而引起的滑坡;承压水状态下,过量抽取地下水,增加地质体内部结构之间的有效应力,引起结构骨架压缩导致的地面沉降;基坑开挖过程的涌水、流砂事故;巷道掘进过程中的突水事故等。

5. 地质构造

地壳形成的几十亿年的地质历史过程中,曾发生过多次大的构造运动,有些地区目前仍然处于构造运动的过程之中。无论是过去已经发生,还是目前正在发生的构造运动都会对工程建设带来不利的影响。

对过去已经发生的构造运动而言,其结果会在地层中留下褶皱、断裂等构造形迹。所有这些地质构造都会或多或少地破坏原有岩层的完整性,降低工程岩体的强度,并在工程岩体中形成了大量潜在的破坏面,从而给工程建设带来不利的影响。

对正在发生的构造运动而言,在地层中形成局部的应力集中。一方面,这些集中的应力使工程岩土的受力条件复杂化,增加工程设计计算的难度;另一方面,这些集中的应力一旦释放,轻者会造成工程结构的变形和开裂,严重的还会使整个工程完全破坏,更有甚者,当构造运动伴随地震、火山爆发等强烈地质灾害发生时,其后果将不堪设想。

6. 气候

在世界各地,由于地理位置的不同,气候条件有很大差异。有的地区四季如春,有的地区却常年冰天雪地,而大多数地区则四季分明。不同的气候条件会带来对工程稳定性的不同影响,特别是四季分明的地区,这种影响尤其明显。具体影响如下:

① 雨水比较集中的地区,在雨季常会发生洪水、滑坡、泥石流等自然灾害。对这些地区的工程建设,除了应在工程设计过程中考虑地质灾害的影响外,还应制定好工程施工过程中的防护和应急措施。

② 对中、高纬度或高原地区,在秋、冬和春、冬交替之际往往会发生冻胀和冻融现象。对这些地区的工程建设,就应在工程设计过程中考虑冻胀和冻融的影响的同时,做好工程冬季施工过程中的防冻工作。

③ 在干旱地区,土体中的土颗粒间常会被水分蒸发后所结晶出的盐分充填,并形成一定的结构强度。在这些地区的工程建设过程中就应考虑对这部分结构强度的保护措施或这部分结构强度丧失导致土体工程特性变坏后的补强措施。

7. 人类活动

自从地球上出现人类之后,整个地球的面貌就发生了翻天覆地的变化。人类为了自身的生存和发展,不断地修建各种各样的工程设施。这些工程设施在给人类的生活和生产带来诸多便利的同时也对自然环境,特别是地质环境产生了巨大的破坏作用,为人类以后的生存和发展留下了诸多的安全隐患,具体影响详见 8.3 节。

8. 其他因素

除了前述的 7 类因素外还有一些因素会影响工程的施工和使用安全,如地下有害气体、地热等,在工程建设过程中也应采取有效措施加以预防和控制。

8.3 人类活动与地质环境

8.3.1 概述

地球表层是宇宙系统中的子系统,其构成要素之间是相互依存、相互制约的,任何一部分的运动变化都将对其他部分产生影响,同时也在其他部分的影响之下。因此,人类活动与地质环境的关系也是相互依存、相互制约的关系。一方面,地质环境是人类生存和发展的基础,人类的生存和发展需要地质环境提供各种资源;另一方面,地质环境是漫长的地质历史发展的产物,其自身有许多保持内部平衡的自然规律,人类的工程经济活动必须严格按照客观规律办事,对地质环境进行合理的利用与保护,保证人类的可持续发展。为此,人类应做好以下几方面的工作:

① 探索新的理论、技术和方法,客观地认识复杂的地质环境,为工程建设的设计、施工、使用、维护等提供可靠的参数与信息,即做好工程地质环境评价工作。

② 揭示人类生活生产活动与地质环境之间的相互作用关系,特别要对人类工程活动对环境的影响进行评价和预测,合理地利用环境资源,防止和控制环境向恶化的方向发展,使环境能够满足人类可持续发展的需要。

③ 充分利用岩土工程的理论、技术和方法进行地质环境的治理、改善和控制自然及人为条件下恶化的环境,以保护日益减少的环境资源。

8.3.2 工程地质环境评价

工程地质环境的优劣程度将直接影响工程设计方案的确定及造价等多个方面,因此,工程地质环境质量评价是工程项目投资决策过程中必不可少的基础工作之一。为了简化,通常也将工程地质环境质量评价称为工程地质环境评价。

工程地质环境评价包括工程地质环境要素对工程兴建及运行的满足程度评价和工程建设对工程地质环境的影响程度评价两个部分。工程中常将前者称为工程地质环境的适宜性评价,而将后者称为工程地质环境的适应性评价。

1. 工程地质环境的适宜性评价

工程地质环境的适宜性评价的主要任务是对原生地质环境中的地形、地貌、地层的岩性和空间分布、地质构造、水文地质、不良地质现象及区域稳定性情况等对工程建设活动的制约程度情况作出评价,也就是对工程建设场地的工程地质条件能否满足拟建工程施工和运行安全的需要进行定性或定量的分析。一般应对工程建设场地及其周围可能影响工程安全范围内的以下内容进行说明或分析:

① 地形、地貌特征;

② 地层的岩土类别、性质、物理力学性质指标及空间分布情况；

③ 地质构造的规模、密集程度、空间分布规律及其组合情况；

④ 地下水的埋藏情况、类型，对建筑材料的腐蚀性，水位及水位变化情况；

⑤ 不良地质作用及其对工程的危害程度；

⑥ 区域地震活动情况；

⑦ 地应力、地下有害气体等其他需要说明的情况；

⑧ 地基承载力等其他工程项目建设所需要的参数。

工程地质环境的适宜性评价工作的精度要视工程项目建设的具体阶段而定，以满足具体工程项目建设阶段的要求为准。

2. 工程地质环境的适应性评价

工程地质环境适应性评价的主要目的是确定工程活动对地质环境产生的影响，即对工程活动可能引起的岩土变形、破坏、污染等后果进行分析和评价。进行工程地质环境的适应性评价时，应着重于岩土物理力学性质和应力状态、地下水的水位和水质的变化，通过这些变化的分析和预测进一步分析和判断其可能带来的危害。

工程地质环境质量评价已引起了国内外的普遍关注，但到目前为止，还没有建立起完善的工程地质环境质量评价指标体系。发展的趋势是由过去的某具体方面或单个要素的简单评价，逐步转向系统性、综合性评价，既要对各种因素全面考虑，又要突出重点，如多因素敏感性分析法等。随着计算机技术的迅速发展和应用普及，系统仿真模拟法已成为一种可行有效的方法，它可以将工程地质环境的组成要素有效地融为一体，通过模拟不同工程状态，观察和分析工程活动可能产生的工程地质环境问题，为工程决策和保护地质环境提供依据。

8.3.3　人类活动对地质环境的影响

随着人类科学技术的不断发展，人类拥有的现代化设备的机械动力和工程爆破的规模越来越大。人类的这些进步和发展在增强工程经济活动能力和范围的同时，也使工程经济活动对工程地质环境的影响力日益增强，这种影响力已经远远超出了自然地营力，甚至可以达到物理化学、风化作用影响力的成百上千倍，足以影响区域的工程地质环境质量。因此，人类的工程经济活动引起的工程地质环境问题已成为工程地质界乃至全人类普遍关注的热点问题之一，并在工程实践中逐渐形成了一个专门研究环境工程地质问题的工程地质学的分支学科——环境工程地质学。

人类的工程经济活动对工程地质环境的影响主要表现在导致大量地质灾害及其引起的次生灾害的发生。

1. 滑坡、崩塌

滑坡、崩塌是人类活动中最为常见的地质灾害，其形成的原因有以下几类：

① 水利、水电、公路、铁路、工业与民用建筑、露天采矿等工程的修建过程中，有时需要对山体进行开挖，造成的对原有山体中部分岩土体力学平衡的破坏。

② 水利、水电等工程修建后造成的水位上升，引起局部水文地质条件的恶化。

③ 水利、水电等工程修建而形成的冲刷动力引起的部分岩土体支撑条件的恶化。

④ 工程爆破引起的岩土体强度降低和爆破产生的动力荷载。

2. 泥石流

采矿及工程建设过程中形成的大量废弃岩土的堆积场所,当遇有暴雨、山洪等形成的大量水流流入时,在地下水的静水压力、动静水压力及岩土强度降低等多方面因素的影响下,可以形成泥石流。

3. 地面沉降和塌陷

导致地面沉降或塌陷的原因较为复杂,常见的有以下几种:

① 地下工程的修建或地下采矿活动形成的地下空区引起的局部岩土变形。

② 水资源的开发利用、石油和天然气的开采、工程降水等引起的土体固结沉降。

③ 开挖引起的岩土体侧向变形。

④ 工程事故引起的岩土流失。

4. 突水、管涌与突涌

地下承压水层、饱和土层及富水的断层破碎带,当人类的工程活动使其周围岩土承压能力减弱,无法承受原有压力时,就会导致水土的突然涌出,从而造成突水、管涌与突涌事故。

5. 泥砂淤积

各类水利、水电工程的修建,使水流的速度减慢甚至完全停止流动后,会使水体的搬运能力降低或丧失,从而造成泥砂淤积。

6. 水库诱发地震

水库诱发地震是指水库修建蓄水后所引发的地震。

水库修建后会导致周围环境发生以下几个方面的变化:

① 库区水位上升,形成局部地区的地应力集中。

② 库区内存在向周围渗透的水文地质结构,尤其是导水结构,当其下部有不透水的岩土层或压性断裂带时,会导致断裂破碎带处的水压力上升和岩土层强度的降低。

③ 库区风浪的出现、增多和增强。

所有这些变化都会导致局部区域的稳定性条件恶化,当其足以使区域性断层复活并发生剧烈破坏时,便导致水库诱发地震的发生。

7. 震动

人类的生产和施工越来越多地依赖于各种各样的机械和动力设备及工程爆破。设备的运转和工程爆破过程都会产生大量的震动,并且随着人类生产和生活能力的不断增强,上述震动的强度越来越大。震动会给环境带来诸多不良影响。一方面,震动荷载会直接诱发多种地质灾害;另一方面,震动还有可能引起砂土液化,从而引起多种次生地质灾害。

8. 化学污染

人类的生产和生活过程中,会产生大量的垃圾、废料、废水、尾矿等废弃物。这些废弃物有些得到了处理,而其中的相当一部分未经处理就直接排放或堆积于地球表面。这些被直接排放或堆积的废弃物除了可引起前述的滑坡、泥石流等地质灾害之外,其中的有害成分被雨水或地表水体带入地下后,与地下水相互作用,在岩土体中运动产生溶解、置换、离子交换、吸附、结晶、沉淀等化学作用,溶质随渗流的迁移和扩散会产生大量的化学污染。

9. 放射性污染

随着放射性物质开发和利用的不断增加,放射性污染问题也越来越受到人们的关注。这是因为：一方面，放射性物质的开发和利用所产生的废弃物在排放之前虽然都经过了不同程度的处理，但目前所采用的处理方法的效果，特别是长期效果如何，还需要进一步研究证实；另一方面，放射性物质的开采、运输、加工及生产设施运行过程中的各种事故也可能导致放射性物质的泄漏。

10. 生态问题

随着人口数量的不断增加及科学技术水平的不断发展，人类的活动范围越来越大，生产和生活设施的覆盖范围也越来越广泛，使得地球表面的原生自然环境越来越少，造成了自然生态环境极大的破坏。这种破坏必然会给此后的工程地质环境带来影响。特别是在高原、极地、干旱、荒漠等地区的生态极其脆弱，环境容量极小，轻微的扰动就能造成不可逆转的破坏，并可能对更大区域的环境产生影响。如我国北方近几年发生的沙尘暴就是西北内陆地区生态破坏的直接后果，它已给我国人民的健康、交通安全等诸多方面造成了不利影响，使得国家不得不花费大量的人力、物力进行治理。

11. 有害气体

在漫长的地质历史过程中，由于各种不同类型地质作用的结果，在地下岩土中有时会存在一种或多种有害气体，当人类的工程活动接近此类岩土时，就会造成有害气体的突然释放，从而对其周围人群造成伤害或死亡。如我国每年都会发生大量的瓦斯爆炸事故，造成了重大的经济损失。

12. 地下管线破坏

在现代化的城市地下，埋藏了大量的地下管线，如水管、通信光缆等。这些地下管线的埋深一般较浅，极易被工程施工触及，如不提前采取保护措施很容易受到施工损坏。此外，各类工程建设所引起的地面沉降和塌陷等也会造成地下管线的破坏。

13. 文物、古迹破坏

在世界各地存在着许多已知或未知的地上或地下文物和古迹。这些文物和古迹在工程建设中可能受到以下破坏：

① 被施工直接毁坏；

② 被库水淹没；

③ 被滑坡、泥石流等形成的堆积物掩埋。

14. 边岸侵蚀

各类工程所围拦的水体对其周围的边岸的冲刷作用会使边岸受到侵蚀。

15. 海水入侵

水资源的开发利用及其他工程活动所引起的地下水位下降，可能会使原先高于海平面的地下水位变得低于海平面。当地下水与海水之间存在水力联系时，上述的相对水位变化会造成地下水流向的彻底改变，形成海水流入海岸地下，从而导致海水入侵。

16. 渗漏

水库修建的目的是储水，因而修建过程中一般都会对库区及其周围的断层破碎带和透水层做防渗处理，但当修建过程中出现某些缺陷时，会造成库水的渗漏，对其周围的工程地质环境造成不利影响，尤其是工业废水库，库水中常含有大量有害物质，会造成地质环境污染。这些缺陷有：

① 由于勘察精度不够或工作失误造成的断层破碎带和透水层发现不完全;

② 防渗措施设计不合理;

③ 施工失误或偷工减料。

17. 水土流失、土地沙化

人类的工程经济活动过程中的滥伐、滥垦、过度放牧等会引起水土流失、土地沙化。

18. 浸淹

浸淹对工程地质环境的影响主要表现在对区域水文地质条件的影响。

19. 盐渍化

主要由海水入侵、工业废水和生活垃圾废水的排放及渗漏引起。

20. 资源破坏

资源的范围非常广泛,因而人类工程活动引起的资源破坏的种类也非常复杂,常见的有如下几类:

① 不合理规划或工程建设占地造成的耕地面积减少;

② 不合理开采造成的矿产资源的贫化损失及其他开采价值的丧失;

③ 污染造成的资源开采、利用价值的丧失;

④ 自然风光、文物、古迹毁坏造成的旅游资源破坏。

21. 其他次生灾害

人类工程活动可以引起的前述各类工程地质环境的直接变化,变化后的地质环境又可以引发一些其他的次生灾害,如基坑的变形、坍塌和坑内降水、涌水、流砂等引起的周围建筑物的倾斜、开裂、倒塌等。

本章知识工程应用要点

① 工程的稳定性包括强度稳定性、变形稳定性、整体稳定性和环境安全性 4 个方面的要求,在工程的决策、设计、施工及运行和维护过程中应对这 4 个方面进行全面考虑。

② 工程建设和工程地质环境之间是相互依赖、相互制约的关系。工程建设既离不开工程地质环境,又受到工程地质环境的制约,还会对工程地质环境产生影响。所以,在工程建设过程中应当对以上关系有一个清醒的认识,应该在对工程地质环境条件充分调查、分析和研究的基础上进行工程项目的投资决策和设计,在对各种可能的地质灾害做好充分准备的前提下进行施工,同时还应做好工程地质环境的保护工作。

思 考 题

1. 什么是地质环境?

2. 什么是工程地质环境?

3. 什么是水库诱发地震?

4. 工程稳定性的含义是什么?

5. 影响工程稳定性的因素有哪些?影响机理是什么?

6. 工程地质环境评价的含义是什么？

7. 工程建设和工程地质环境之间是什么关系？

8. 人类的工程建设会给地质环境带来哪些影响？影响机理是什么？

第 9 章

岩土工程勘察

岩土工程勘察是根据建设工程的要求查明、分析、评价建设场地的地质地理环境和岩土工程条件,编制工程勘察文件活动的总称。它是各类工程兴建之前的必要程序,也是制定技术可靠、经济合理的工程设计和实施方案的基础。

9.1 岩土工程勘察的要求和程序

9.1.1 岩土工程勘察的要求

1. 一般要求

岩土工程勘察应按工程建设各勘察阶段的要求,正确反映工程地质条件,查明不良地质作用和地质灾害,细心勘察、精心分析,提出资料完整、评价正确的勘察报告。具体要求有:

(1) 资料的完整性

岩土工程勘察的目的是获取工程场地及其有关地区的工程地质条件的原始资料,通过岩土工程勘察应获得拟建工程场地及其邻区的以下资料:

① 地形、地貌条件,地层、地质构造的分布;

② 设计所需的岩土物理力学性质指标;

③ 地下水埋藏情况、类型、水位及变化;

④ 土和水的腐蚀性;

⑤ 不良地质现象。

(2) 经济的合理性

从岩土工程勘察资料的完整和精确的角度上讲,勘察工作应越充分越好,即应尽量多地增加工程量,但是岩土工程勘察工作需要大量的人力、物力和设备的投入。所以,实际工程中在满足资料完整性要求的前提下,应尽量减少工程量,即应考虑经济上的合理性。为此,要做到以下几点:

① 要有明确的目的性和针对性。岩土工程勘察是为确定的工程建设服务的,勘察设计应针对具体工程类别、重要性及当地的地质和环境特点等合理布置工程量。

② 要与设计阶段相适应。在我国工程建设中,工程设计一般可分规划、可行性研究、方案设计、初步设计或扩大初步设计、施工图设计等几个阶段,每个阶段都有其具体任务、应解决的问题、重点工作内容和工作方法及工作量等。勘察设计应根据工程的具体建设阶段的要求合理布

置工程量。

（3）过程的规范化

岩土工程勘察的成果将直接作为工程设计的依据，因此岩土工程勘察工作是直接关系人类的生命和财产安全的重要工作，应该受到有关规范的约束。对于大多数工程的勘察应满足《岩土工程勘察规范（2009年版）》（GB 50021—2001）的要求，对于某些行业或部门的特殊工程，可以按照行业或部门的专门勘察规范的要求进行。例如，公路工程的勘察可以按照《公路工程地质勘察规范》（JTG C20—2011）进行，水利工程的勘察可以按照《水利水电工程地质勘察规范》（GB 50487—2008）进行，铁路工程的勘察可以按照《铁路工程地质勘察规范》（TB 10012—2019）、《铁路工程不良地质勘察规程》（TB 10027—2022）、《铁路工程特殊岩土勘察规程》（TB 10038—2022）进行，等等。具体地说，有国家规范的应符合国家规范要求，特别是国家规范中的所有强制性条文都必须严格执行；没有国家规范的应符合与工程类别相适应的行业或地区规范要求。

当有多个国家规范可以选用时应优先选用专门性规范，当国家规范与行业或地区规范的要求不一致时应与委托方协商确定所采用的规范或从安全的角度考虑以要求高的规范为准。

此外，岩土工程勘察是为工程设计服务的，在岩土工程勘察过程中除了应满足勘察规范的要求外，还应考虑到与所服务的工程相应的设计规范的要求，我国现行的工程设计规范主要有：

《岩土工程基本术语标准》（GB/T 50279—2014）

《土工试验方法标准》（GB/T 50123—2019）

《工程岩体分级标准》（GB/T 50218—2014）

《工程岩体试验方法标准》（GB/T 50266—2013）

《建筑地基基础设计规范》（GB 50007—2011）

《堤防工程设计规范》（GB 50286—2013）

《建筑桩基技术规范》（JGJ 94—2008）

《建筑基桩检测技术规范》（JGJ 106—2014）

《建筑抗震设计规范》（GB 50011—2010）

《建筑地基处理技术规范》（JGJ 79—2012）

《湿陷性黄土地区建筑标准》（GB 50025—2018）

《膨胀土地区建筑技术规范》（GB 50112—2013）

《冻土地区建筑地基基础设计规范》（JGJ 118—2011）

《建筑基坑支护技术规程》（JGJ 120—2012）

2. 特殊要求

① 拟建工程场地或其附近存在对工程安全有影响的岩溶、滑坡、危岩、崩塌、泥石流，或者有发生滑坡、危岩、崩塌、泥石流的条件时，应进行专门的岩土工程勘察。

② 在抗震设防烈度等于或大于6度的地区进行勘察时，划分对抗震有利、不利或危险的地段。

③ 凡判别为可液化的土层应按现行国家标准《建筑抗震设计规范（2016年版）》（GB 50011—2010）的规定确定其液化指数和液化等级。地震液化的进一步判别应在地面以下15 m范围内进行；对于桩基和基础埋深大于5 m的天然地基，判别深度应加深至20 m。对判别

液化而布置的勘探点不应少于 3 个,勘探孔深度应大于液化判别深度。勘察报告除应阐明可液化的土层、各孔的液化指数外,尚应根据各孔液化指数综合确定场地液化等级。

④ 进行膨胀土地区的场地评价,应查明工程场地内膨胀土的分布及地形地貌条件,根据工程地质特征及土的自由膨胀率等指标综合进行。必要时,尚应进行土的矿物成分鉴定及其他试验。

⑤ 黄土地区的场地评价,应查明黄土层的时代、成因、厚度、湿陷类型和湿陷等级的平面分布、湿陷系数随深度的变化、地下水位升降的可能性等工程地质条件,并应结合工程的要求进行,对场地工程地质条件无法满足工程要求的工程地质环境应提出处理措施的建议。

⑥ 一级边坡工程应进行专门的岩土工程勘察;二、三级边坡工程可与主体工程勘察一并进行,但应满足边坡勘察的深度和精度要求;大型的和地质环境条件复杂的边坡宜分阶段勘察;地质环境复杂的一级边坡工程尚应进行施工勘察。

9.1.2 岩土工程勘察分级

1. 根据工程安全等级及场地条件分级

为了保证岩土工程勘察设计在经济上的合理性,《岩土工程勘察规范(2009 年版)》(GB 50021—2001)提出了岩土工程勘察分级的要求,具体划分标准见表 9.1.1~表 9.1.4,其中地震地段的划分按《建筑抗震设计规范(2016 年版)》(GB 50011—2010)中的标准进行(表 9.1.5)。

表 9.1.1 工程安全等级划分标准

安全等级	工程类型	破坏后果
一	重要工程	很严重
二	一般工程	严重
三	次要工程	不严重

表 9.1.2 场地复杂程度等级划分标准

场地等级	地震地段	不良地质现象	地质环境	地形地貌	地下水
一	危险地段	强烈发育	已经或可能受到强烈破坏	复杂	复杂
二	不利地段	一般发育	已经或可能受到一般破坏	较复杂	基础以上
三	有利地段,$I \leq 6$	不发育	基本未受到破坏	简单	基础以下

注:1. 地震地段、不良地质现象、地质环境、地形地貌、地下水标准中满足任何一条即可定级。

2. I 为地震烈度。

表 9.1.3 地基等级划分标准

地基等级	岩土种类	土层性质	特殊岩土
一	多	变化大	严重湿陷、膨胀、盐渍、污染的特殊岩土及其他需特殊处理的岩土
二	较多	变化较大	除"一"中规定以外的特殊岩土
三	单一	变化不大	无

注:岩土种类、土层性质、特殊岩土标准中满足任何一条即可定级。

表 9.1.4　岩土工程勘察等级划分标准

勘察等级	工程安全等级	场地复杂程度等级	地基等级
甲	一项或多项为一级		
乙	除甲、丙以外		
丙	均为三级		

表 9.1.5　地震地段划分标准

地段类别	地质、地形、地貌
有利地段	坚硬土或开阔平坦密实均匀的中硬土等
不利地段	软弱土、液化土,条状突出的山嘴,高耸孤立的山丘,非岩质的陡坡,河岸和边坡边缘,平面分布上成因、岩性、状态明显不均匀的土层(如古河道、断层破碎带、暗埋的塘浜沟谷及半填半挖地基)等
危险地段	地震时可能发生滑坡、崩塌、地陷、地裂、泥石流等及发震断裂带上可能发生错位的部位

2. 根据勘察详细程度分级

按照勘察的详细程度,岩土工程勘察一般可分为可行性研究勘察、初步勘察、详细勘察和施工勘察等几个等级。初步勘察主要满足初步设计或扩大初步设计的要求,详细勘察主要满足施工图设计的要求,而施工勘察则是对在此之前的勘察资料正确性的验证,必要时进行少量的补充勘察。当然,对工程量不大,工程结构和场地地质条件简单的或有工程经验的地区,可简化勘察阶段。

(1)可行性研究勘察

可行性研究勘察主要满足选址或确定场地的要求,该阶段应对拟建场地的稳定性和适宜性做出评价。为此,在确定拟建工程场地时,在工程地质条件方面,宜避开下列地区或地段:

① 不良地质现象发育且对场地稳定性有直接危害或潜在威胁的地区。

② 地基土性质严重不良地段。

③ 地震不利和危险地段。

④ 洪水或地下水对工程场地有严重不良影响的地段。

⑤ 地下有未开采的有价值矿藏或未稳定的地下采空区地区。

膨胀土地区工程场址选择还应符合下列要求:

① 有排水畅通或易于进行排水处理的地形条件。

② 避开地裂、冲沟发育和可能发生浅层滑坡等地段。

③ 坡度小于 14° 并有可能采用分级低挡土墙治理的地段。

④ 地形条件比较简单,土质比较均匀、胀缩性较弱的地段。

⑤ 尽量避开地下溶沟(槽)发育、地下水变化剧烈的地段。

本阶段的工程地质工作要求:

① 搜集区域地形地貌、地质、地震、矿产和附近地区的工程地质资料及当地的工程建设经验资料。

② 在搜集和分析已有资料的基础上,通过踏勘了解场地的岩土性质和空间分布、构造、不良地质现象及地下水等工程地质条件。

③ 对工程地质条件复杂,已有资料不能符合要求,但其他条件较好且倾向于选取的场地,应根据具体情况进行工程地质测绘及必要的勘探工作。

（2）初步勘察

初步勘察主要满足初步设计对工程地质资料的要求,一般应对场地内工程地段的稳定性作出评价。本阶段的主要岩土工程勘察工作如下:

① 搜集本项目的可行性研究报告、场址地形图、工程性质等文件资料。

② 初步查明地层,构造,岩土性质,地下水埋藏条件,冻结深度,以及不良地质现象的成因、分布及其对场地稳定性的影响和发展趋势。当场地条件复杂时,尚应进行工程地质测绘与调查。

③ 对抗震设防烈度大于或等于 7 度的场地,应初步判定场地和地基效应。

初步勘察的具体内容和要求,应根据具体工程的设计要求而定。例如,对房屋建筑和构筑物土质地基的初步勘察,《岩土工程勘察规范（2009 年版）》（GB 50021—2001）就提出了表 9.1.6 所示的勘探线和勘探点间距要求及表 9.1.7 所示的勘探孔深度要求,并要求在局部地质条件异常地段进行加密勘探。

表 9.1.6　房屋建筑和构筑物土质地基初步勘察勘探线、勘探点间距　　　　　　m

地基复杂程度等级	勘探线间距	勘探点间距
一级（复杂）	50~100	30~50
二级（中等复杂）	75~150	40~100
三级（简单）	150~300	75~200

注:1. 表中间距不适用于地球物理勘探。

2. 控制性勘探点宜占勘探点总数的 $1/5 \sim 1/3$,且每个地貌单元均应有控制性勘探点。

表 9.1.7　房屋建筑和构筑物土质地基初步勘察勘探孔的深度　　　　　　m

工程重要性等级	一般性勘探孔	控制性勘探孔
一级（重要工程）	≥15	≥30
二级（一般过程）	10~15	15~30
三级（次要工程）	6~10	10~20

注:1. 勘探孔包括钻孔、探井和原位测试孔等。

2. 特殊用途的钻孔除外。

当遇下列情形之一时,应适当增减勘探孔深度:

① 当勘探孔的地面标高与预计整平地面标高相差较大时,应按其差值调整勘探孔深度。

② 在预定深度内遇基岩时,除控制性勘探孔仍应钻入基岩适当深度外,其他勘探孔达到确认的基岩后即可终止钻进。

③ 在预定深度内有厚度较大,且分布均匀的坚实土层（如碎石土、密实砂、老沉积土等）时,除控制性勘探孔应达到规定深度外,一般性勘探孔的深度可适当减小。

④ 当预定深度内有软弱土层时,勘探孔深度应适当增加,部分控制性勘探孔应穿透软弱土

层或达到预计控制深度。

⑤ 对重型工业建筑应根据结构特点和荷载条件适当增加勘探孔深度。

对房屋建筑和构筑物初步勘察的土样采取和原位测试,《岩土工程勘察规范(2009 年版)》(GB 50021—2001)提出了以下要求:

① 采取土试样和进行原位测试的勘探点应结合地貌单元、地层结构和土的工程性质布置,其数量可占勘探点总数的 1/4~1/2。

② 采取土试样的数量和孔内原位测试的竖向间距,应按地层特点和土的均匀程度确定;每层土均应采取土试样或进行原位测试,其数量不宜少于 6 个。

对房屋建筑和构筑物初步勘察的水文地质工作,《岩土工程勘察规范(2009 年版)》(GB 50021—2001)提出了以下要求:

① 调查含水层的埋藏条件,地下水类型,补给排泄条件,各层地下水位及其变化幅度,必要时应设置长期观测孔,监测水位变化。

② 当需绘制地下水等水位线图时,应根据地下水的埋藏条件和层位,统一量测地下水位。

③ 当地下水可能浸湿基础时,应采取水试样进行腐蚀性评价。

(3)详细勘察

详细勘察主要满足技术设计或施工图设计对工程地质资料的需要。一般应提供技术设计或施工图设计所需要的全部工程地质资料和岩土工程技术参数,对工程的地基条件应做出分析和评价,对基础设计、地基处理、不良地质现象的防治等应提出建议性方案,并进行论证。

详细勘察的具体内容和要求,应根据具体工程的设计要求而定。例如,对房屋建筑和构筑物的详细勘察,《岩土工程勘察规范(2009 年版)》(GB 50021—2001)规定:应按单体建筑物或建筑群提出详细的岩土工程资料和设计、施工所需的岩土参数;对建筑地基作出岩土工程评价,并对地基类型、基础形式、地基处理、基坑支护、工程降水和不良地质作用的防治等提出建议。

对房屋建筑和构筑物详细勘察应开展的工作,《岩土工程勘察规范(2009 年版)》(GB 50021—2001)提出了以下强制性要求:

① 搜集附有坐标和地形的建筑总平面图,场区的地面整平标高,建筑物的性质、规模、荷载、结构特点、基础形式、埋置深度、地基允许变形等资料。

② 查明不良地质作用的类型、成因、分布范围、发展趋势和危害程度,提出整治方案的建议。

③ 查明建筑范围内岩土层的类型、深度、分布、工程特性,分析和评价地基的稳定性、均匀性和承载力。

④ 对需进行沉降计算的建筑物,提供地基变形计算参数,预测建筑物的变形特征。

⑤ 查明埋藏的河道、沟浜、墓穴、防空洞、孤石等对工程不利的埋藏物。

⑥ 查明地下水的埋藏条件,提供地下水位及其变化幅度。

⑦ 在季节性冻土地区,提供场地土的标准冻结深度。

⑧ 判定水和土对建筑材料的腐蚀性。

对房屋建筑和构筑物详细勘察的勘探深度,《岩土工程勘察规范(2009 年版)》(GB 50021—2001)提出了勘探深度自基础底面算起,应符合下列规定:

① 勘探孔深度应能控制地基主要受力层,当基础底面宽度不大于 5 m 时,勘探孔的深度对

条形基础不应小于基础底面宽度的 3 倍,对单独柱基不应小于 1.5 倍,且不应小于 5 m。

② 对高层建筑和需作变形计算的地基,控制性勘探孔的深度应超过地基变形计算深度;高层建筑的一般性勘探孔应达到基底下 0.5~1.0 倍的基础宽度,并深入稳定分布的地层。

③ 对仅有地下室的建筑或高层建筑的裙房,当不能满足抗浮设计要求,需设置抗浮桩或锚杆时,勘探孔深度应满足抗拔承载力评价的要求。

④ 当有大面积地面堆载或软弱下卧层时,应适当加深控制性勘探孔的深度。

⑤ 在上述规定深度内当遇基岩或厚层碎石土等稳定地层时,勘探孔深度应根据情况进行调整。

对房屋建筑和构筑物详细勘察的勘探点间距,《岩土工程勘察规范(2009 年版)》(GB 50021—2001)提出了表 9.1.8 所示的建议性要求。

表 9.1.8　房屋建筑和构筑物详细勘察勘探点间距　　　　　　　　　　　m

地基复杂程度等级	一级(复杂)	二级(中等复杂)	三级(简单)
勘探点间距	10~15	15~30	30~50

(4)施工勘察

施工勘察主要是与设计、施工单位相结合进行的基坑验槽、桩基工程与地基处理的质量和效果的检验,施工中的岩土工程监测和必要的补充勘察,解决与施工有关的岩土工程问题,并为施工阶段地基基础设计变更提出相应的地基资料,具体内容视工程要求而定。

9.1.3　岩土工程勘察的工作程序

岩土工程勘察的工作程序如图 9.1.1 所示。

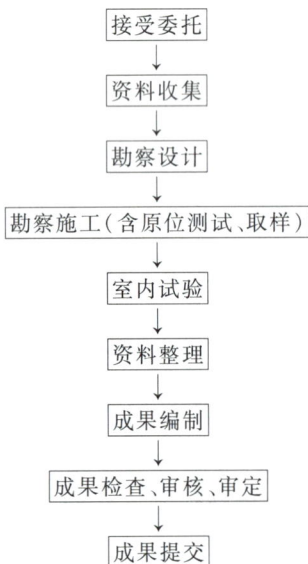

接受委托

资料收集

勘察设计

勘察施工(含原位测试、取样)

室内试验

资料整理

成果编制

成果检查、审核、审定

成果提交

图 9.1.1　岩土工程勘察的工作程序

9.2 岩土工程勘察方法

为顺利地实现岩土工程勘察的目的,必须有一套勘察方法来配合实施。岩土工程勘察的基本方法有工程地质测绘、工程地质勘探与取样、工程地质现场测试与长期观测、工程地质资料室内整理等。

9.2.1 工程地质测绘和调查

1. 工程地质测绘和调查的任务

工程地质测绘和调查是岩土工程勘察的早期工作,它的任务是在综合分析测区内已有的地形地质、工程地质、水文地质等地质资料的基础上,编制测区的工程地质测绘工作底图,再利用工作底图填绘出测区内的地表工程地质图,为工程地质勘探、取样、试验、监测等的规划、设计和实施提供基础资料。测绘的内容包括拟建场地的地层、岩性、地质构造、地貌、水文地质条件、不良地质现象、已有工程的位置等。

2. 工程地质测绘和调查的精度

工程地质测绘和调查的精度可以通过测绘的比例尺和地质界限及地质点的测绘精度来控制。

(1)测绘的比例尺

一般根据岩土工程勘察的阶段来确定。在可行性研究勘察阶段可选用1:5 000~1:50 000,在初步勘察阶段可选用1:2 000~1:10 000,在详细勘察阶段可选用1:500~1:2 000。

对于工程地质条件复杂和对工程有重要影响的地质单元,可适当加大比例尺。

(2)测绘和调查的精度

对于图上尺寸不低于3 mm地质单元体的地质界线和地质观测点均应进行测绘和调查。

3. 工程地质测绘方法

工程地质测绘方法有相片成图法和实地测绘法等多种方法。相片成图法是利用地面摄影或航空(卫星)摄影的相片,在室内根据判释标志,结合所掌握的区域地质资料,把判明的地层岩性、地质构造、地貌、水系和不良地质现象等,转绘在图纸上,并在新绘成的图纸上选择需要进一步调查的地点和路线进行实地调查,对图纸进行校核、修正和补充,得到工程地质图。

工程地质测绘主要依靠野外实地测绘来完成。实地测绘的方法有三种:

(1)路线穿越法

路线穿越法是指沿着在测区内选择的一些路线,穿越测绘场地,将沿线所遇到的地层、构造、不良地质现象、水文地质、地形、地貌等界线和特征点填绘在工作底图上的方法。为了能用较少的工作量获得较多工程地质资料,提高工作效率,测绘线路应尽量选择在与岩层走向、构造线方向及地貌单元相垂直,且露头多、覆盖层薄的方向上。

(2)界线追索法

界线追索法是指沿地层走向线、地质构造线、不良地质现象边界线等重要的工程地质界线进行追踪测绘的方法。

（3）测点法

测点法是指在测区内设若干观测点,再根据这些观测点的记录资料和工程地质图作图的原理进行工程地质测绘的方法。

以上三种方法的选择往往是视测区内的地形、地质条件分布而定。由于路线穿越法具有工作量少、效率高的特点,因此在有条件的地区应首先选用。尤其是当地势较为平坦,布设测绘线路较为方便时,一般选用路线穿越法。测点法由于其不利于测区内地质模型的判断或建立,一般仅用于地形复杂、不宜布置测绘线路的地区,或者作为测绘线路附近的特殊观测点的补充使用。界线追索法则适用于重要的地质界线的专门测绘,多作为路线穿越法的补充。当然,在实际工程中测区内的地形、地质条件是千变万化的,常常需要将三种方法灵活运用。一般采用以路线穿越法为基础,对测绘线路附近的特殊观测点增加临时测点,对测绘线路附近的重要地质界线采用临时增加追索线路的办法可以取得较为理想的效果。

9.2.2 开挖勘探

开挖勘探是指将局部地质体直接开挖,进行详细观察和描述的勘探方法。根据开挖体空间形状的不同,开挖勘探可分槽探、坑探、井探和硐探等几种类型。

1. 槽探

槽探是在地表挖掘长条形的沟槽(通常称探槽)进行地质观察和描述的勘探方法。它主要用于地层分界线、地质构造线或断裂破碎带、岩脉等比较集中的地质剖面的测绘。

探槽的开挖深度一般小于 3 m,其断面有矩形、梯形和阶梯形等多种形式。一般采用矩形,当探槽深度较大时常用梯形;当探槽深度很大且探槽的两壁地层的稳定性较差时,则需要阶梯形来保证探槽两壁地层的稳定。

2. 坑探

凡揭露勘探挖掘空间的三向尺寸相差不大时称挖掘空间为探坑,与之相应的勘探称为坑探。坑探主要用于非常局部地质现象的重点勘探,深度一般为1~2 m。

3. 井探

凡揭露勘探挖掘空间的平面长度和宽度相差不大,而深度远大于长度和宽度时称挖掘空间为探井,与之相应的勘探称为井探。井探主要用于局部地质现象随深度变化情况的重点勘探。探井深度一般为 3~15 m,断面形状有方形、矩形和圆形等。当在易坍塌的地层中开挖时要采取支护措施。

4. 硐探

当需要对坡体以下某一标高的某一水平方向的工程地质条件进行重点勘探时,常采用在指定标高的指定方向开挖地下硐室的方法来完成。此种勘探方法称为硐探,所开挖的地下硐室称为探硐。

由上所述可以看出,揭露勘探,特别是井探和硐探的成本是比较高的,为了提高资金的使用效率,工程中除了利用揭露勘探掌握勘探区域的工程地质现象外,还常利用开挖过程进行试验取样、现场试验等工作。

9.2.3 钻探

1. 工程地质钻探的概念

工程地质钻探是利用钻进设备,通过采集岩芯或观察井壁,以探明地下一定深度内的工程地质条件,补充和验证地面测绘资料的勘探工作。工程地质钻探既是获取地表下准确的地质资料的重要方法,也是采取地下原状岩土样和进行多种现场试验及长期观测的重要手段。目前国内的土木工程的工程地质钻探工作主要按《建筑工程地质勘察与取样技术规程》(JGJ/T 87—2012)进行。

2. 工程地质钻探的分类

（1）根据孔深分类

钻孔从孔口到孔底的总深度称孔深。根据钻孔的孔深,工程地质钻探可分为浅孔钻探和深孔钻探。

浅孔钻探和深孔钻探一般采用不同的钻进方法。浅孔钻探需要的动力较小,多采用小口径麻花钻(或提土钻)钻进、小口径勺形钻钻进、洛阳铲钻进等简易钻进方法;深孔钻探需要动力大,因而要采用专门的机械钻探设备。

（2）根据钻进过程中破碎岩土的方式分类

根据钻进过程中破碎岩土方式的差异,工程地质钻探可分为回转钻探、冲击钻探等多种钻探方法,各种钻探方法的适用范围见表 9.2.1。

3. 工程地质钻探的技术要求

（1）施工要求

表 9.2.1　钻探方法的适用范围

钻探方法		钻进地层					勘察要求	
		黏性土	粉土	砂土	碎石土	岩石	直观鉴别、采取不扰动试样	直观鉴别、采取扰动试样
回转	螺旋钻探	++	+	+	−	−	++	++
	无岩芯钻探	++	++	++	++	++	−	−
	岩芯钻探	++	++	++	++	++	++	++
冲击	冲击钻探	−	+	++	++	−	−	−
	锤击钻探	++	++	++	+	−	++	++
震动钻探		++	++	++	+	−	+	++
冲洗钻探		+	++	++	−	−	−	−

注:"++"代表适用;"+"代表部分适用;"−"代表不适用。

① 钻探口径和钻具规格应符合现行国家标准的规定。成孔口径应满足取样、测试和钻进工艺的要求。

② 钻进深度和岩土分层深度的量测精度,不应低于±5 cm。

③ 应严格控制非连续取芯钻进的回次进尺,使分层精度符合要求。

④ 对需要鉴别地层天然湿度的钻孔,在地下水位以上应进行干钻;当必须加水或使用循环液时,应采用双层岩芯管钻进。

⑤ 岩芯钻探的岩芯采取率,对完整和较完整岩体应不低于 80%,较破碎和破碎岩体应不低于 65%;对需重点查明的部位(滑动带、软弱夹层等)应采用双层岩芯管连续取芯。

⑥ 当需确定岩石质量指标 RQD 时,应采用 75 mm 口径(N 型)双层岩芯管和金刚石钻头。

⑦ 定向钻进的钻孔应分段进行孔斜测量;倾角和方位的量测精度要求分别为 ± 0.1° 和 ±0.3°。

(2)记录和编录要求

① 钻探的野外记录应由经过专业训练的人员承担,且应按钻进回次逐段真实、及时填写,严禁事后追记。

② 岩土的特征和定名除任务书有明确要求外,一般采用肉眼鉴别和手触方法现场描述记录。

③ 为便于钻探成果的编制,现场应画出钻孔野外柱状图或分层记录表示。

(3)岩土芯样处理

岩土芯样可根据工程要求保存一定期限或长期保存,亦可拍摄彩色照片纳入勘察成果资料。

9.2.4 物探

物探是地球物理勘探的简称,是利用岩土间的导电性、磁性、重力场特征等物理性质的差异探测场区地下工程地质条件的勘探方法的总称。其中,利用岩土间的电学性质差异而进行的勘探称电法勘探;利用岩土间的磁性变化而进行的勘探称磁法勘探;利用岩土间的地球引力场特征差异而进行的勘探称重力勘探;利用岩土间传播弹性波的能力差异而进行的勘探称地震勘探。此外,还有利用岩土的放射性、热辐射性质的差异而进行的地球物理勘探方法。

物探虽然具有速度快、成本低的优点,但由于其仅能对物理性质差异明显的岩土进行辨别,且勘察过程中无法对岩土进行直接的观察、取样及其他的试验测试,因此,主要用于一般岩土工程特定的工程地质环境中精度要求较低的早期勘察阶段对大型构造、空区、地下管线等的探测。

9.3 岩土工程测试

岩土工程勘察除了要查明工程地质环境中的工程地质条件外,还应为工程设计提供大量的设计参数。为了获得这些参数,必须进行大量的现场和室内的岩土工程测试工作。因此,岩土工程测试工作也是岩土工程勘察的重要组成部分。岩土工程测试工作包括试验设计、取样、试验操作和资料整理等几个步骤。

9.3.1 试验设计

岩土工程测试的所有工作都是按照试验设计进行的,在试验设计中应注意以下几点:

1. 根据工程设计对参数的要求合理设计试验工作量

一方面,岩土的物理力学性质指标种类繁多,对具体工程而言,并不一定需要对所有的指标都进行测定;另一方面,工程地质环境中所包含的岩土层也非常多,并不一定需要对所有的岩土层都进行指标测定。在试验设计上，应以每一个计算岩土层都有取样点，每一个计算指标都有试验数据为准。

2. 合理设计试验方法

对于岩土工程测试而言，每一个试验指标的测试方法是多种多样的，既可以通过现场测试，也可以通过室内试验测试，每一种测试方法都各有优缺点。一般地说，现场测试的数据比较可靠，但试验成本较高；室内试验数据的可靠性较差，但试验成本较低。在实际工程中，只要选择可以满足具体工程的设计规范要求的试验方法即可。

9.3.2　取样

取样就是为岩土的物理力学性质指标试验采取试件。由于工程岩土的工程特性非常复杂，特别是土的工程特性与其所处的状态关系极为密切，因此，取样是岩土工程测试工作中的关键工作之一。在取样过程中应满足所取试样要有代表性和取样方法要与试验设计要求相一致两个方面的要求。

在实际工程中，对土样的采取有原状样和扰动样或重塑样之分。所谓原状样是指采取试样过程中保持试样的天然结构的原状试样，而扰动样或重塑样则是指采取试样过程中试样的天然结构已受到破坏的试样。前者一般用于承受荷载的工程岩土物理力学性质指标的测定，后者则主要用于将岩土作为基础材料使用的工程岩土物理力学性质指标的测定。显然，对于比较坚硬的岩芯来说采取原状样是比较容易的，而对于天然结构强度很低的土来说，要采取原状样则很难做到。因为在岩土工程勘察的钻探过程中，钻进的动力、试样脱离母体后的应力条件的变化及采样过程中取土器切入土层时造成的土试样周围的压缩变形都有可能引起土试样的扰动。因此，从严格意义上讲，土样采取过程中的扰动是不可避免的。《岩土工程勘察规范（2009 年版）》（GB 50021—2001）将土试样按采取过程中受扰动程度分成了表 9.3.1 所示的 4 个质量等级，并对各类土样可以试验的指标范围作出了规定。

表 9.3.1　土试样质量等级

等级	扰动程度	试验内容
I	不扰动	土类定名、含水量、密度、强度试验、固结试验
II	轻微扰动	土类定名、含水量、密度
III	显著扰动	土类定名、含水量
IV	完全扰动	土类定名

注：1. 不扰动是指原位应力状态虽已改变，但土的结构、密度和含水量变化很小，能满足室内试验各项要求。

2. 除地基基础设计等级为甲级的工程外，在工程技术要求允许的情况下可用 II 级土试样进行强度和固结试验，但宜先对土试样受扰动程度作抽样鉴定，判定用于试验的适宜性，并结合地区经验使用试验成果。

为保证取样工作的规范化，在《岩土工程勘察规范（2009 年版）》（GB 50021—2001）中对土样采取作了比较详细的说明。在实际取样过程中，为保证土样少受扰动，应注意以下几点：

① 合理选择钻进和取样方法，具体的方法应根据土层的特点按表 9.3.2 选用。

表 9.3.2 不同等级土试样的取样工具和方法

土样质量等级	取样工具和方法		适用土类										
			黏性土					粉土	砂土				砾砂、碎石土、软岩
			流塑	软塑	可塑	硬塑	坚硬		粉砂	细砂	中砂	粗砂	
I	薄壁取土器	固定活塞	++	++	+	－	－	+	+	－	－	－	－
		水压固定活塞	++	++	+	－	－	+	+	－	－	－	－
		自由活塞	－	+	++	－	－	+	+	－	－	－	－
		敞口	+	+	+	－	－	+	+	－	－	－	－
	回转取土器	单动三重管	－	++	++	++	+	++	++	++	－	－	－
		双动三重管	－	－	－	+	++	－	－	－	++	++	+
	探井(槽)中刻取块状土样		++	++	++	++	++	++	++	++	++	++	++
II	薄壁取土器	水压固定活塞	++	++	+	－	－	+	+	－	－	－	－
		自由活塞	+	++	++	－	－	+	+	－	－	－	－
		敞口	++	++	++	－	－	+	+	－	－	－	－
	回转取土器	单动三重管	－	+	++	++	+	++	++	++	－	－	－
		双动三重管	－	－	－	+	++	－	－	－	++	++	++
	厚壁敞口取土器		+	++	++	++	++	+	+	+	+		
III	厚壁敞口取土器		++	++	++	++	++	++	++	++	++	+	－
	标准贯入器		++	++	++	++	++	++	++	++	++	++	－
	螺纹钻头		++	++	++	++	+	+	－	－	－	－	－
	岩芯钻头		++	++	++	++	++	++	+	+	+	+	+
IV	标准贯入器		++	++	++	++	++	++	++	++	++	++	－
	螺纹钻头		++	++	++	++	+	+	－	－	－	－	－
	岩芯钻头		++	++	++	++	++	++	++	++	++	++	++

注:1. "++"代表适用;"+"代表部分适用;"－"代表不适用。

2. 采取砂土试样应有防止试样失落的补充措施。

3. 有经验时,可用束节式取土器代替薄壁取土器。

② 取土钻孔的孔径要适当,即取土器与孔壁之间要有一定的间距,避免下放取土器时切削孔壁,挤进过多的废土。尤其在软土钻孔中,经常有缩径现象,特别应注意加大取土器与孔壁的间隙。

③ 钻孔应保持孔壁垂直,以避免取土器切刮孔壁。

④ 取土前的一次钻进不宜过深,以免下部拟取土样部位的土层受扰动。并且在正式取土前,把已受一定程度扰动的孔底土柱清理掉,避免过多废土进入取土器顶部挤压土样。

⑤ 取土深度和进土深度等尺寸,在取土前都应准确测量。

⑥ 取土器在使用前应仔细检查,保证其清洁、完好。

⑦ 提升和拆卸取土器时均应细致稳妥。

⑧ 在土样封存、运输和开土做试验时应严防振动、日晒、雨淋和冻结。

9.3.3 试验操作

岩土取样工作虽然重要,但岩土的物理力学性质指标的测定最终还是通过试验的实际操作来完成的。因而,试验操作过程的得当与否对试验结果的准确性有至关重要的影响。为保证试验工作的规范化,我国专门制定了有关部门的试验规范,现行的规范主要有《工程岩体试验方法标准》(GB/T 50266—2013)和《土工试验方法标准》(GB/T 50123—2019)。在以上两个规范中,对各类岩土的各种物理力学性质指标测定的操作方法都作出了非常详细的规定。

9.4 岩土工程勘察设计

9.4.1 岩土工程勘察设计的内容

岩土工程勘察设计就是对查明拟建工程场地及其周围环境中未知的工程地质条件所需做的岩土工程勘察工作的设计。一般应根据拟建工程的结构设计对工程地质资料的需要情况,进行岩土工程勘察工作的以下设计:

① 要求达到的目的。

② 要求查明和评价的主要工程地质问题。

③ 要求提供的岩土参数。

④ 勘察工作内容、方法及工作量。一般包括:

a. 工程地质测绘和调查的目的、内容、范围、比例尺等。

b. 各种工程地质勘探的目的,勘探点和勘探线的数量、位置,勘探点的勘探方法、勘探深度、地下水位测量要求等。

c. 原位测试的目的,测试项目、数量、位置及方法要求等。

d. 长期观测的目的,观测项目、观测点布置、观测时间及方法要求等。

e. 岩土物理力学性质指标试验的目的、试验项目、规格、数量、试样采取和试验方法要求等。

⑤ 各项勘察工作的技术要求或应遵循的规范等技术标准。

⑥ 对特殊岩土和专门地质条件的勘察要求。

⑦ 对勘察工作的建议。

⑧ 对提交成果的要求。

⑨ 工作进度要求。

⑩ 其他需要说明的问题。

实际进行岩土工程勘察设计时,可根据工程的类别、设计阶段、场地条件和勘察区域内的已有工程地质资料的情况,选择其中的全部或部分内容进行编写。

岩土工程勘察设计既是岩土工程勘察工作的基础,也是检查和监督岩土工程勘察质量的主要依据,它还直接控制了岩土工程勘察的投资总额。高质量的岩土工程勘察设计应该既充分考虑拟建工程的结构设计对工程地质资料的需要,又最大程度地节省岩土工程勘察投资。至于具体工程的详细设计要求,不同的规范有不同的规定,在实际工程中应在根据工程的类别选择合适的勘察规范后,再按照所选规范的具体规定和业主的要求进行。

9.4.2 岩土工程勘察任务书

岩土工程勘察任务书是指业主在岩土工程勘察设计已经完成,并已确定了承担岩土工程勘察任务的承包商之后,给承包商下达岩土工程勘察任务时的委托书。其内容应包括:

① 工程名称、地点及任务来源。

② 勘察阶段、等级及目的。

③ 工程概况:工程的类型、规模、结构特点,荷载的大小和分布情况,基础的形式和埋置深度,工程场地的地形、地貌和地质特征,以往勘察工作及资料概况等。

④ 勘察工作内容、方法及工作量。此项内容可以按照 9.4.1 中的第④条内容编写,也可以直接将《岩土工程勘察规范(2009 年版)》(GB 50021—2001)作为勘察要求的附件。

⑤ 应提交资料的形式、内容、比例尺及数量等。

⑥ 工作进行程序、进度要求及需注意的问题。

⑦ 勘探点的平面布置图、勘探线的预想剖面图、勘探孔的预想柱状图。

实际工作中拟定任务书时,应根据勘察设计要求及场地的具体条件选择其中有关项目编写。

9.5 岩土工程勘察成果

岩土工程勘察成果是对岩土工程勘察工作的说明、总结和对勘察区域内工程地质条件的综合评价及相应图表的总称。它一般由岩土工程勘察报告及附件两个部分组成。

9.5.1 岩土工程勘察报告

1. 岩土工程勘察报告的要求

岩土工程勘察报告是岩土工程勘察成果中的文字说明部分,主要对岩土工程勘察工作进行总结和说明,并对勘察区域内的工程地质条件进行综合评价。它应达到以下要求:

① 原始资料应进行整理、检查、分析,并确认无误后方可使用。

② 内容完整、真实,数据正确,图表清晰,结论有据,建议合理,重点突出,有明确的工程针对性。

③ 便于使用和长期保存。

2. 岩土工程勘察报告的内容

岩土工程勘察报告的内容应根据任务要求、勘察阶段、工程特点和地质条件等具体情况编写,通常包括:

① 勘察目的、任务要求和依据的技术标准。

② 拟建工程概况。

③ 勘察方法和勘察工作布置。

④ 场地的地形、地貌、地层、地质构造特征,岩土的类别、性质及其均匀性。

⑤ 各项岩土的物理性质指标,岩土的强度参数、变形参数、地基承载力的建议值。

⑥ 地下水埋藏情况、类型、水位及其变化。

⑦ 土和水对建筑材料的腐蚀性。

⑧ 可能影响工程稳定的不良地质作用的描述和对工程危害程度的评价。

⑨ 场地稳定性和适宜性的评价。

3. 岩土工程勘察报告的格式

(1)序言

① 勘察工作的依据、目的和任务,工程概况和设计要求,勘察沿革等。

② 勘察工作起止时间、勘察方法、完成的工作量、采用的技术标准、应用的测量图纸及其控制系统。

③ 勘探和原位测试的设备和方法。

④ 岩土物理力学性质指标试验采用的仪器设备、测试方法和质量评价。对于大、中型勘察项目的岩土试验,宜编写专门的"岩土试验报告"作为报告的附件。

⑤ 需要说明的其他有关问题。

(2)地形地貌

勘察区域的地形地貌特征,各地貌单元的类型及其分布特征。重点对与工程有关的微地貌单元进行说明。

(3)地层

地层的分布、产状、性质、地质时代、成因类型、成层特征等。

(4)地质构造

场地的地质构造稳定性和与工程有关的地质构造的位置、规模、产状、性质、现象、相互关系,并分析其对工程的影响。对影响工程稳定性的地质构造,还应提出灾害防治措施的建议。

(5)不良地质现象

不良地质现象的性质、分布与发育程度、形成原因,提出灾害防治措施的建议。

(6)地下水

地下水的类型、赋存条件、水位和补、径、排特征,含水层的渗透系数;地下水活动对不良地质现象的发育和基础施工的影响;地下水的侵蚀性。

(7)地震

划分场地土和工程场地类别,确定场地中对抗震有利、不利和危险地段,判定饱和砂土和粉土在地震作用下的液化情况。

(8)岩土物理力学性质

分析各岩土单元的特性、状态、均匀程度、密实程度和风化程度等,提出物理力学性质指标的统计值。

(9)岩土工程评价

① 根据场地岩土层性质及其对工程的影响,对各岩土单元进行综合评价,提出工程设计所需的岩土技术参数。

② 结合工程特点、基础形式推荐持力层,分析施工中应注意的问题。

③ 根据场地条件,评价工程场地的稳定性。

④ 分析不良地质现象对工程的危害性,提出整治方案建议。

⑤ 根据工程要求、地基岩土性质和地质环境条件,提出地基处理方案的建议。

⑥ 分析工程活动对地质环境的影响。

⑦ 设计与施工中应注意的问题及下阶段勘察应注意的事项。

9.5.2　岩土工程勘察报告的附件

岩土工程勘察报告的附件主要是指报告附图、附表和照片图册等。一般包括:

1. 工程地质平面图

以地形图或地形地质图为底图,标明地貌单元,各类勘探点、剖面线的位置和编号,地层的时代,岩土性质和产状,构造的位置、产状和性质,不良地质现象的位置和性质,工程地质分区,图例,比例尺等。有时还附有综合地层柱状图表等,并附勘探点坐标、高程数据表。

2. 工程地质剖面图

图上画出该剖面的编号、方位、岩土分布、地下水位、地质构造等。

3. 钻孔柱状图

表示该钻孔所穿过的地层的综合性图表。图中一般应表示出地层的地质年代、埋藏深度、厚度、顶和底标高、特征描述、取样和测试的位置、实测标准贯入击数,地下水水位标高和测量日期,以及有关的物理力学指标随钻孔深度的变化曲线等。

柱状图的比例尺一般为 1∶100~1∶500。

4. 原位测试图表

标准贯入、静力触探、动力触探、十字板剪切试验、旁压试验、荷载试验、波速试验等原位测试成果的图表。

5. 岩土试验图表

各岩土单元的物理力学性质指标统计表、孔隙比与压力关系曲线、应力-应变关系曲线、颗粒级配曲线等。

6. 特殊地质条件或为满足特殊需要而绘制的专门图表

软土、基岩或持力层顶板等高线图、风化岩的标准贯入击数等值线图、地下水等水位线图、不良地质现象分布图、特殊土的土工试验图表等。

7. 岩芯照片图册

本章知识工程应用要点

① 岩土工程勘察的根本任务是查明工程地质环境中的工程地质条件和不良地质现象,预测工程施工和使用过程中可能发生的地质灾害并提出相应的对策和措施,为工程建设提供完整的工程地质资料。因此,岩土工程勘察工作是工程建设的基础工作。

② 岩土工程勘察工作是需要花费大量时间和金钱的工作,为了节省投资,岩土工程勘察的精度应以满足相应的工程建设阶段的设计要求为基础,也就是说工程量的布置要与工程建设阶段的设计要求相适应,对大型工程的岩土工程勘察应分阶段进行。

③ 岩土工程勘察应按规范进行。由于工程的类别较多,各地区的工程地质条件差别也较

大,因此,岩土工程勘察规范的种类也较多,具体工程所适用的规范应根据建设工程的类别、所属行业和地区的特点及业主有无特殊需要等综合确定。此外,岩土工程勘察规范是对此前的岩土工程勘察工作过程中的经验和教训的总结,随着工程建设经验的不断丰富,岩土工程勘察规范可能进行修订和完善。因此,任何的岩土工程勘察规范都具有很强的阶段适用性,在实际工作中应随时注意岩土工程勘察规范的变化,及时采用最新的岩土工程勘察规范。

④ 由于工程岩土的种类繁多,岩土的工程地质特征差异很大,对于不同的岩土应采用不同的勘察和试验方法才能取得较好的勘察效果,因此,岩土工程勘察前的施工准备过程中,应认真研究勘察场地的前人资料,事先了解勘察场地岩土的工程地质特征。

⑤ 由于岩土工程勘察工作影响因素非常多,且人为因素对勘察成果的影响很大,因此无论是在勘察资料的整理,还是在勘察资料的使用过程中都应结合当地的类似工程的资料仔细分析、认真推敲,合理选取工程设计参数。

⑥ 岩土工程勘察成果中有相当多的内容是人为推测的,推测结果的正确与否应通过施工勘察进行检验。所以,施工勘察是工程施工过程中的重要环节,当施工勘察结果与原勘察报告有较大差异时应查找原因,必要时还应进行补充勘察及设计修改。

思　考　题

1. 岩土工程勘察的主要任务是什么?
2. 岩土工程勘察应查明的工程地质条件有哪些?
3. 岩土工程勘察的方法有哪些?
4. 岩土工程勘察的步骤有哪些?
5. 岩土工程勘察报告应包括哪些内容?
6. 岩土工程勘察报告的附件应包括哪些内容?
7. 我国现行的岩土工程勘察规范有哪些? 在实际工程中应如何选用?
8. 什么是施工勘察,有何意义?

附录 A

土的物理性质指标测定试验

A.1　土的密度测定试验

由于黏性土和无黏性土的工程特性存在较大差异,因而对不同的土应采用不同的密度测定方法,常用的土的密度测定方法有环刀法、蜡封法、注水法和灌砂法,其中环刀法适用于黏性土密度的测定,蜡封法适用于易破裂土和形状不规则的坚硬土密度的测定,注水法和灌砂法适用于无黏性土密度的测定。环刀法、注水法和灌砂法测定土的密度的方法与环刀法、注水法和灌砂法测定土的重度完全相同,只是数据处理的方法不同。或者可以由环刀法、注水法和灌砂法测出的土的重度换算得出土的密度。由于环刀法、注水法和灌砂法测定土的重度已在 4.7.2 节中作了介绍,此处不再重复,以下仅对蜡封法进行介绍。

1. 仪器设备
蜡封设备及熔蜡加热器。

2. 操作步骤
① 取具有代表性的试样,清除表面浮土及尖锐棱角。系上细线,称试样质量,精确至 0.01 g。

② 持线将试样缓缓浸入过熔点的蜡液中,浸没后立即提出,检查试样周围的蜡膜。当有气泡时应用针刺破,并用蜡液补平,冷却后称蜡封试样质量。

③ 将蜡封试样挂在天平的一端,浸没于盛有纯水的烧杯中,测定蜡封试样在纯水中的质量,并测定纯水的温度。

④ 取出试样,擦干蜡面上的水分,称蜡封试样质量。当浸水后试样质量增加时,应另取试样重做试验。

3. 数据处理
蜡封法测定土的密度的数据处理公式如下:

$$\rho = \frac{m}{\dfrac{m_1 - m_{1w}}{\rho_{lt}} - \dfrac{m_1 - m}{\rho_l}} \qquad (A.1)$$

式中　m——试样质量,g;

　　　m_1——蜡封试样质量,g;

　　　m_{1w}——蜡封试样在纯水中的质量,g;

　　　ρ_{lt}——纯水在 t℃时的密度,g/cm^3;

ρ_1——蜡的密度，g/cm^3。

4. 注意事项

蜡封法密度试验应进行两次平行测定，当两次测定的差值不大于 0.03 g/cm^3 时，取两次测值的平均值作为土的密度测定值。当两次测定的差值大于 0.03 g/cm^3 时，还应补做平行试验，直到满足两次测定的差值不大于 0.03 g/cm^3 为止。

A.2　土粒比重的测定试验

土粒比重指土烘干至恒重后，土粒质量与土粒体积相同的 4 ℃纯水质量的比值，是土体直接测量的物理指标之一。

$$G = \frac{m_s}{V_s \rho_{w4}} \tag{A.2}$$

式中　G——土粒比重；

　　　V_s——土粒体积，cm^3；

　　　m_s——土粒质量，g；

　　　ρ_{w4}——4℃时水的密度，g/cm^3。

土粒比重测试包括测量土粒质量、土粒体积和水温 3 个参数。因为土粒质量和水温容易测量，所以本试验集中介绍土粒体积测试的方法。土粒体积采用排开液体体积方法测得。根据测试过程中使用的手段不同，分为下列三种测试方法。

① 比重瓶法　适用于粒径小于 5 mm 的土粒体积的测定。

② 浮称法　适用于粒径大于 5 mm 且粒径大于 20 mm 土粒的体积分数小于 10%的土粒体积的测定。

③ 缸吸筒法　适用于粒径大于 5 mm 且粒径大于 20 mm 土粒的体积分数大于 10%的土粒体积的测定。

1. 比重瓶法

（1）仪器设备

① 比重瓶　容量 100 mL 或 50 mL，有毛细式与长颈式两种。

② 其他设备　砂浴或可调电加热器；分析天平：称量 200 g，分度值 0.001 g；真空抽气设备、恒温水槽；温度计：测定范围 0~50℃，精确至 0.5℃；烘箱、蒸馏水、中性液体、小漏斗、干毛巾、小洗瓶、瓷钵及研钵；孔径为 5 mm 及 2 mm 的筛等。

（2）操作步骤

① 土样制备　取代表性的风干土样约 100 g，充分研散并过筛。将过筛风干的土样及洗净的比重瓶在 100~105 ℃下烘干，取出并置于干燥器内冷却至室温称量后备用。

② 测定干土的质量　称烘干土 15 g 通过漏斗倒入已知质量的烘干比重瓶中，然后在分析天平中称瓶加上土的质量，减去瓶的质量即得土粒质量 m_s。

③ 煮沸或抽气排气

a. 注蒸馏水于盛有土样的比重瓶中至半满，轻摇比重瓶使土粒分散，将瓶置于砂浴上煮沸。煮沸时，若为砂土及粉砂土煮沸时间应不少于 30 min，黏土及粉质黏土应不少于 1 h，以充分排除气体。

b. 将盛有土样及半满蒸馏水的比重瓶放在真空抽气缸中,接上真空泵,真空度应接近一个大气压,直至摇动到无气泡溢出为止,抽气时间一般为 1~2 h。

④ 测定瓶加水加土的质量

a. 若用煮沸排气法,煮沸完毕时,取出比重瓶冷却至室温,注蒸馏水于比重瓶中。然后将比重瓶置于恒温水槽内,待温度稳定、瓶内上部悬液澄清后,取出比重瓶。

b. 若为毛细式比重瓶,应注蒸馏水至瓶口,塞上瓶塞,使多余的水自毛细管中溢出。瓶塞塞好后,瓶内不应留有空气,如有应再加水重新塞好。将瓶外水分擦干后称重,得瓶、水、土总质量 m_1(即悬液加瓶的质量),称完后立即测定瓶内悬液温度。如为长颈式比重瓶,应加蒸馏水于刻度处,擦干瓶外水分后称重。

⑤ 测定瓶加水之质量 倒掉瓶中悬液,洗净比重瓶,灌满蒸馏水加盖,恒温约 15 min,使瓶内蒸馏水温度与悬液的温度一致。检查瓶内有无气泡,若有,需排除。然后擦干瓶外水分称重,得瓶加水的质量 m_2。

⑥ 按下式计算土粒比重,精确至 0.01。

$$G = \frac{m_s}{m_2 + m_s - m_1} \times G_{wt} \tag{A.3}$$

式中 m_s——土粒质量,g;

　　m_1——瓶加水加土质量,g;

　　m_2——瓶加水质量,g;

　　G_{wt}——t℃时蒸馏水的比重,可由表 A.1 查得。

⑦ 本试验需进行两次平行测定,取其算术平均值。

表 A.1　不同温度时水的比重

水温/℃	4.0~12.5	12.5~19.0	19.0~23.5	23.5~27.5	27.5~0.5	30.5~33.0
水的比重	1.000	0.999	0.998	0.997	0.996	0.995

(3)试验记录及结果整理

试验记录及结果整理见表 A.2。

表 A.2　比重瓶法土粒比重试验记录及结果整理表

试样编号	比重瓶号	水温/℃	水的比重 G_{wt}	比重瓶质量 m_0/g	瓶、干土总质量 m_0'/g	土粒质量 m_s	瓶、水、土总质量 m_1/g	瓶加水的质量 m_2/g	土粒比重 G	比重均值 G_s	备注

2. 浮称法

(1)仪器设备

① 铁丝筐　孔径小于 5 mm,直径约 10~15 cm,高约 10~20 cm。

② 浮称天平　称量 2 000 g,分度值 0.2 g,见图 A.1。

③ 其他设备　烘箱、温度计、孔径 5 mm 及 20 mm 的分析筛等。

（2）试验步骤

① 取代表性土样 500~1 000 g,彻底冲洗,使表面无尘土和其他污物。

② 将试样浸在水中一昼夜后取出,立即放入铁丝筐,缓缓浸没于水中,并在水中摇晃,直至无气泡溢出为止。

③ 称铁丝筐和试样在水中总质量 m_2。

④ 称铁丝筐在水中的质量 m_1,并立即测量容器中水的温度,精确至 0.5 ℃。

⑤ 取出试样烘干,称量,得到干土质量 m_s。

⑥ 按下式计算土粒比重:

$$G = \frac{m_s}{m_s - (m_2 - m_1)} \times G_{wt} \qquad （A.4）$$

⑦ 本试验需进行两次平行试验,取算术平均值作为最后结果。

（3）试验记录及结果整理

试验记录及结果整理表见表 A.3。

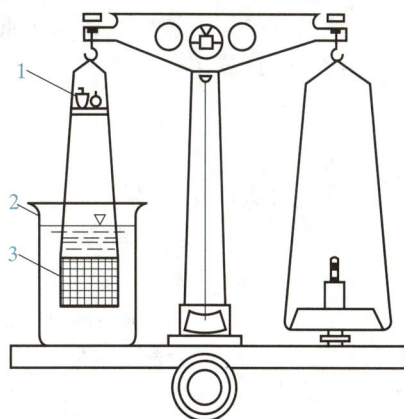

1—平衡砝码;2—盛水容器;
3—盛粗粒土的铁丝筐。

图 A.1　浮称天平

表 A.3　浮称法土粒比重试验记录及结果整理表

试样编号	水温 /℃	水的比重 G_{wt}	烘干土质量 m_s/g	铁丝筐在水中质量 m_1/g	铁丝筐和试样在水中质量 m_2/g	土粒比重 G	比重均值 G_s	备注

3. 缸吸筒法

（1）试验仪器

① 缸吸筒:见图 A.2;台秤:称量 1 000 g,分度值 5 g。

② 量筒:容量 2 000 cm³;烘箱;温度计;孔径 5 mm 和 20 mm 的分析筛等。

（2）操作步骤

① 取代表性土样 1 000~7 000 g,将试样彻底冲洗,直至颗粒表面无尘土及其他污物。

② 将试样浸在水中一昼夜后取出,晾干表面水分,称量得到晾干试样质量 m_1,称量筒质量 m_0。

③ 注清水入缸吸筒,至管口有水溢出时停止注水。待管口不再有水流出后,关闭管夹,将试样缓缓放入缸吸筒中,边放边搅,至无气泡溢出时为止,搅动时勿使水溅出筒外。

④ 待缸吸筒中水面平静后,开管夹,让试样排开的水通

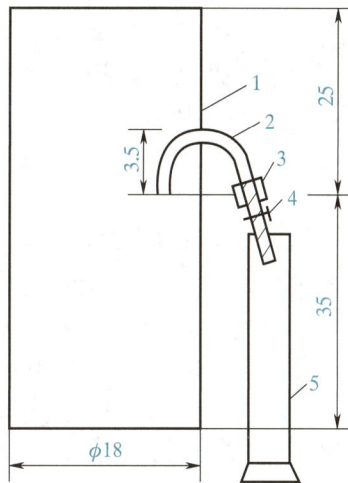

1—缸吸筒;2—缸吸管;3—橡胶管;
4—管夹;5—量筒。

图 A.2　缸吸筒

过缸吸管流入量筒中。称量筒加排开水质量 m_2，量测筒内水温，准确至 0.5 ℃。

⑤ 取出缸吸筒内试样，烘干、称重，得到土颗粒质量 m_s。

⑥ 按下式计算土粒比重：

$$G = \frac{m_s}{(m_2 - m_0) - (m_1 - m_s)} \times G_{wt} \qquad (A.5)$$

⑦ 进行两次试验，结果取算术平均值。

（3）试验记录及结果整理

缸吸筒法试验记录及结果整理见表 A.4。

表 A.4 缸吸筒法土粒比重试验记录及结果整理表

试样编号	水温/℃	水的比重 G_{wt}	烘干土质量 m_s/g	晾干土质量 m_1/g	量筒质量 m_0/g	量筒加排开水质量 m_2/g	土粒比重 G	比重均值 G_s	备注

4. 注意事项

① 煮沸或抽气排气时，必须防止悬液溅出瓶外，火力要小，并防止煮干。

② 在用比重瓶法测定土粒体积时，必须注意所排出的液体体积能代表固体颗粒的真实体积。土中含有气体，试验时必须将它排尽，否则影响测试精度，可用煮沸法或抽气排出土内气体。所用的液体一般为蒸馏水。若土中含有大量的可溶盐类、有机质、胶体时，则可用中性液体，如煤油、汽油、甲苯和二甲苯，此时必须用抽气法排气。

A.3 土的含水量测定试验

湿土在温度 105～110 ℃ 的长时间烘烤下，土中水分完全蒸发，土样减轻的质量与完全干燥后土样的质量之比值，即为湿土的含水量，以百分数表示，即

$$w = \frac{m - m_s}{m_s} \times 100\% \qquad (A.6)$$

式中 w——土的含水量，%；

m——湿土的质量，g；

m_s——烘干土质量，g。

测定含水量的方法很多，其区别是使土样干燥的方法不同，常用的有下列几种方法：

① 烘干法 将土样置于烘箱中烘烤除去水分。烘干法只能在试验室中有烘箱设备的条件下进行，一般适用于有机质含量小于 5% 的土，若有机质含量为 5%～10%，仍允许用此法，但须注明有机质含量。

② 酒精燃烧法 将酒精倒入土样中，燃烧除去水分。此法适用于野外勘察及施工控制等大量测含水量的情况。酒精燃烧法速度较快，故又称快速法。

③ 砂土炒干法 砂土中结合水少,可以将它放在铝盒中置于电炉上炒干,直至完全干燥,测其含水量。

含水量试验的上述方法适用于无机土(有机质含量低于5%),对于有机质土和有机土,在温度较高时会发生分解,使测得的含水量偏高,从而造成试验误差。有机质含量超过5%的有机质土和有机土,采用65~70 ℃温度下烘干至恒重的方法测其含水量。

1. 烘干法

(1)仪器设备

① 铝盒,分度值0.01 g的天平,干燥器。

② 电热烘箱或红外线烘箱。

(2)操作步骤

① 测湿土的质量 先称铝盒的质量m_0。选取代表性的土样约15 g,放入铝盒内,盖紧盒盖,称铝盒加湿土的质量m_1。

② 烘干土样 打开盒盖,将盛有土样的铝盒放入电热烘箱或红外线烘箱,在温度105~110 ℃下烘6 h以上至恒定。如用红外线快速干燥箱,烘约30~40 min即可。

③ 测干土的质量 自烘箱中取出铝盒盖上盒盖,立即放入干燥器中,冷却后称盒加干土之质量m_2,减去铝盒质量m_0即得干土质量。

④ 按下式计算含水量,试验记录及结果整理表见表A.5。

$$w = \frac{m_1 - m_2}{m_2 - m_0} \times 100\% \qquad (A.7)$$

⑤ 每一土样须做两次平行测定,取其算术平均值。允许平行差值如下:

含水量	允许平行差值
<10%	0.5%
10%~40%	1.0%
>40%	2.0%

2. 酒精燃烧法

(1)仪器设备

① 铝盒,称量200 g、分度值0.01 g的天平,纯度高于95%的酒精。

② 其他:滴管、火柴、调土刀。

(2)操作步骤

① 先称铝盒的质量m_0,取代表性试样(黏性土5~10 g,砂性土20~30 g)放入铝盒内,盖好盒盖,称盒加湿土质量m_1,精确至0.01 g。

② 将酒精注入放有试样的铝盒中,至酒精超过试样面为止。轻轻敲击铝盒,使酒精与土样充分混合均匀。

③ 点燃盒中酒精,烧至火熄灭。

④ 让试样冷却数分钟,按步骤②再重复燃烧两次。当第三次火焰熄灭后,立即盖好盒盖,称量盒加干土质量m_2,精确至0.01 g。

⑤ 按式(A.7)计算含水率,试验记录见表A.5。

3. 砂土炒干法

（1）仪器设备

① 铝盒；天平，称量 200 克，分度值 0.01 g。

② 电炉，搅棒。

（2）操作步骤

① 称铝盒的质量 m_0，取砂土若干，置于铝盒中称铝盒加湿土的质量 m_1。

② 将盛有湿砂土的铝盒置于电炉上，用搅棒拌炒，直至砂土发白松散。

③ 冷却后称量，得铝盒加干土质量 m_2。

④ 按式（A.7）计算砂土含水量，试验记录见表 A.5。

4. 含水量试验记录及结果整理表

表 A.5 含水量试验记录及结果整理表

试样编号	试样名称	盒号	盒质量 m_0/g	盒加湿土 m_1 质量/g	盒加干土质量 m_2/g	湿土质量/g	干土质量/g	含水量/%	均值/%

5. 注意事项

① 打开土样后，应立即取样称湿土质量，以免水分蒸发。

② 土样必须按要求烘烤至质量恒定，否则影响测试精度。

③ 烘干的试样应冷却后称量，防止热土吸收空气中的水分，并避免天平受热不均影响称量精度。

A.4 界限含水量测定试验

黏性土由一种状态过渡到另一种状态的分界含水量称为土的稠度界限。工程中常用的稠度界限有液限和塑限。液限为土从液性状态转变为塑性状态时的分界含水量；塑限为土从塑性状态转变为半固体状态时的分界含水量。测定液限的试验方法有锥式液限仪法、碟式液限仪法和光电式联合测定仪法；测定塑限试验方法有搓条法和光电式联合测定仪法。

1. 锥式液限仪法测定黏性土的液限

质量为 76 g、锥角为 30° 的锥式液限仪，在 5 s 内锥体沉入土样的深度为 17 mm（水利部规范为 10 mm）时，对应的试样含水量为液限含水量。

（1）仪器设备

① 锥式液限仪。

② 其他设备　天平，分度值 0.01 g；筛，孔径 0.5 mm；瓷钵和橡皮头研棒；烘箱；干燥器；铝盒、调土杯及调土刀。

（2）操作步骤

① 取天然含水量的土样 50 g 捏碎过筛，若天然土样已风干，则取样 80 g 研碎过 0.5 mm 筛。

加蒸馏水调成糊状,盖上湿布或放入保湿器内 12 h 以上,使水分均匀分布。

②将准备好的土样再仔细拌匀一次,然后分层装入试杯中,用手掌轻拍试杯,使杯中空气逸出,土样填满后,用调土刀抹平土面,使之与杯缘齐平。

③放锥:

a. 在平衡锥尖部涂上一薄层凡士林,以拇指和食指执锥柄,使锥尖与试样面接触并保持锥体垂直,松开手指,使锥体在其自重作用下沉入土中,注意放锥时要平稳,避免产生冲击力。

b. 放锥 5 s 后,观察锥体沉入土中的深度,以土样表面与锥接触处为准,若恰为 17 mm(锥上有标志),则认为这时的含水量为液限。若锥体入土深度大于或小于 17 mm 时,表示试样含水量大于或小于液限。此时应挖去沾有凡士林的土,取出全部试样放在调土杯中,使水分蒸发或加蒸馏水重新调匀,直至锥体下沉深度恰为 17 mm 为止。

④测液限含水量:将所测得的合格试样,挖去沾有凡士林的部分,取锥体附近试样少许(约 15~20 g)放入铝盒中测定其含水量,此含水量即为液限。

本试验须做两次平行测定,计算精确至 0.1%,取算术平均值,两次平行差值不得大于 2%。

2. 碟式液限仪法测定黏性土的液限

碟式液限仪法是在规定的试样碟中盛土,在土中以特制开槽器开一宽 2 mm 的槽,以一定的能量(落高 10 mm)让土样碟与硬橡胶基座碰撞,这一过程中,土向槽内移动。当槽两侧土靠拢长度为 13 mm,撞击次数恰为 25 次时,对应的试样含水量定义为液限。

(1)仪器设备

①碟式液限仪 由铜碟、支架及底座组成(图 A.3),底座为硬橡胶制成。

②开槽器 刀口宽 2 mm,刀高 10 mm,刀侧面夹角 60 度,刀口圆弧半径22 mm。

(2)碟式液限仪法试验步骤

①将制备好的试样充分调拌均匀,铺于铜碟前半部,用调土刀将铜碟前沿试样刮成水平,使试样中心厚度为 10 mm,用开槽器经蜗轮的中心沿铜碟直径将试样划开,形成 V 形槽。

②以每秒两转的速度转动摇柄,使铜碟反复起落,坠击于底座上,记录击数,并在槽的两边取不少于 10 g 试样,放入称量盒内,测定含水量。

③将不同水量的试样,重复步骤①、②测定槽底两边试样合拢长度为13 mm 所需的击数及相应的含水量,试样宜为 4~5 个,槽底试样合拢所需要的击数宜控制在 15~35 之间。

④以击次为横坐标,含水量为纵坐标,在单对数坐标纸上绘制击次与含水量关系曲线,取曲线上击次为 25 所对应的含水量为试样的液限。

3. 搓条法测定黏性土的塑限

土处于塑态时可塑成任意形状也不产生裂纹,处于固态时很难搓成任意形状,即使勉强搓成时,土面易发生裂纹或断折等现象。这两种物理状态特征作为塑态和固态的界限,即当黏性土搓成一定粗细的土条表面开始出现裂纹时的含水量,即为塑限。塑限的测定正是据此来进行的。

(1)仪器设备

①铝盒、调土刀、调土杯、滴瓶;瓷钵及橡皮头研棒;天平(分度值0.01 g)。

②烘箱、干燥器、电热吹风器;筛(孔径 0.5 mm);毛玻璃板(约 300 mm×200 mm)。

(2)操作步骤

①制备土样 按液限试验制备试样,但加的水量要少,使土团不沾手。

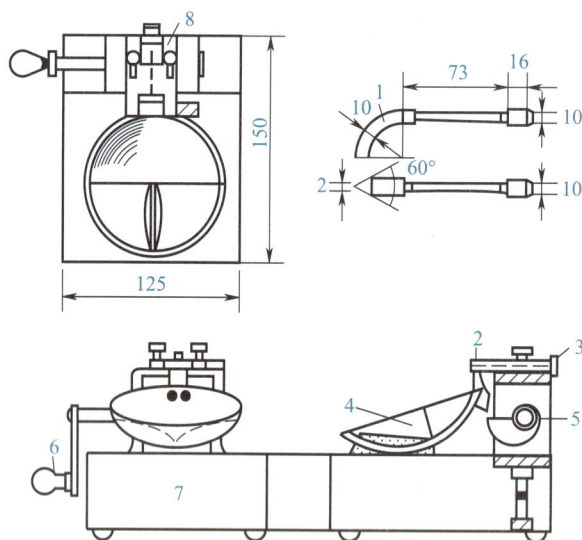

1—开槽器;2—销子;3—支架;4—铜碟;

5—蜗轮;6—摇柄;7—底座;8—调整板。

图 A.3 碟式液限仪

② 搓条 取一小块试样在手中揉捏至不沾手,用手指捏成椭球形,置于毛玻璃板上,用手掌轻轻搓滚,手掌用力要均匀,土条长度不能超过手掌宽度,土条不能出现空心现象,当土条搓至直径为 3 mm 时产生裂纹并开始断裂,此时的含水量恰为塑限。若土条搓至 3 mm 仍未产生裂纹,表示该试样含水量高于塑限,应将土条重新揉捏,再搓滚。若土条直径大于 3 mm 就断裂,表示其含水量低于塑限,应重新取土揉捏搓滚,直至达到标准为止。

③ 每搓好一合格的土条后,应立即将它放在铝盒里,盖上盒盖,避免水分蒸发,直到土条达3~5 g时止。

④ 测塑限含水量:将放在铝盒中的土条称量,烘干后再称干土的质量,计算含水量。

⑤ 本试验须做两次平行测定,取其算术平均值,计算精确至 0.1%,两次平行差值黏土、粉质黏土不得大于 2%,粉砂土不大于 1%。

4. 液、塑限联合测定法

(1)仪器设备

① 液、塑限联合测定仪(图 A.4),包括带标尺的圆锥仪、电磁铁、显示屏、控制开关和试样杯。

② 圆锥质量为 76 g,锥角为 30°;试样杯(内径为 40 mm,高度为30 mm)。

③ 天平 称量 200 g,分度值 0.01 g。

(2)试验步骤

① 本试验宜采用天然含水量试样,当土样不均匀时,采用风干试样,当试样中含有粒径大于0.5 mm 的土粒和杂物时,应过 0.5 mm 筛。

② 当采用天然含水量土样时,取代表性土样 250 g;采用风干试样时,取0.5 mm 筛下的代表性土样 200 g,将试样放在橡皮板上用纯水将土样调成均匀膏状,放入调土皿,浸润过夜。

③ 将制备的试样充分调拌均匀,填入试样杯中,填样时不应留有空隙,对较干的试样应充分搓揉,密实地填入试样杯中,填满后刮平表面。

④ 将试样杯放在联合测定仪的升降座上,在圆锥上抹一薄层凡士林,接通电源,使电磁铁吸住圆锥。

⑤ 调节零点,将屏幕上的标尺调在零点,调整升降座、使圆锥尖接触试样表面,指示灯亮时圆锥在自重下沉入试样,经 5 s 后测读圆锥下沉深度,取出试样杯,挖去锥尖入土处的凡士林,取锥体附近不少于 10 g 的试样,放入称量盒内,测定含水量。

⑥ 将全部试样加水或吹干并调匀,重复步骤(③~⑤)分别测定第 2 点、第 3 点试样的圆锥下沉深度及相应的含水量。液、塑限联合测定应不少于 3 点。圆锥入土深度宜为 3~4 mm、7~9 mm、15~17 mm。

⑦ 以含水量为横坐标,圆锥入土深度为纵坐标,在双对数坐标纸上绘制关系曲线(图 A.5),3 点应在一直线上(如图 A.5 中 A 线)。当 3 点不在一直线上时,通过高含水率的点和其余两点连成两条直线,在下沉为 2 mm 处查得相应的两个含水量,当两个含水量的差值小于 2% 时,应以两点含水量的平均值与高含水量的点连一直线,如图中 B 线所示,当两个含水量的差值大于或等于 2% 时,应重做试验。

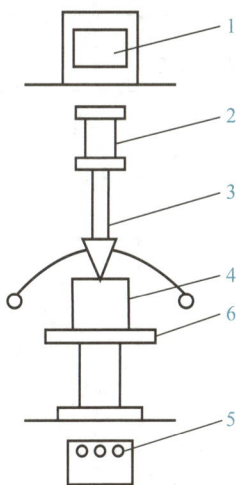

1—显示屏;2—电磁铁;3—带标尺的圆锥仪;
4—试样杯;5—控制开关;6—升降座。

图 A.4　液、塑限联合测定仪示意图

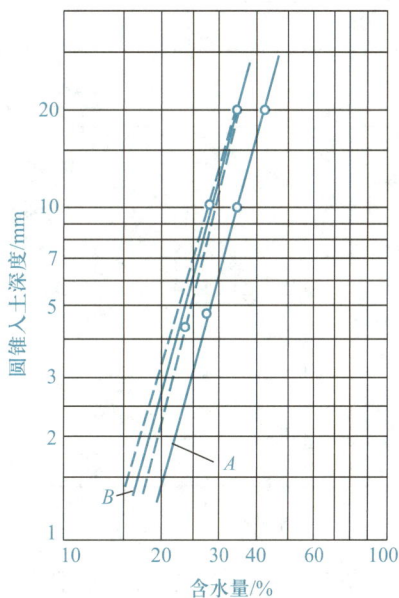

图 A.5　圆锥下沉深度与
含水量关系曲线

⑧ 在含水量与圆锥下沉深度的关系图上查得下沉深度为 17 mm 所对应的含水量为液限,查得下沉深度为 2 mm 所对应的含水量为塑限,取值以百分数表示,精确至 0.1%。

⑨ 塑性指数应按下式计算:

$$I_P = w_L - w_P$$

⑩ 液性指数应按下式计算:

$$I_L = \frac{w_0 - w_P}{I_P}$$

5. 试验记录及结果整理

用测得的液限与塑限计算塑性指数,并按塑性指数分类定出土名。用测得的液限、塑限、天然含水量计算液性指数,并评价土所处的稠度状态。

用碟式液限仪法测定黏土的液限和用搓条法测定黏性土的塑限试验记录及结果整理表见表 A.6。液、塑限联合测定法试验记录和结果整理表见表 A.7。

表 A.6   液限或塑限测定试验记录和结果整理表

试样编号	击数	盒号	湿土质量/g	干土质量/g	含水量/%	平均含水量/%	液限 w_L/%	塑限(搓条法)w_P/%	塑性指数 I_P	土样分类

表 A.7   液、塑限联合测定试验记录及结果整理表

试样编号	圆锥下沉深度/mm	盒号	湿土质量/g	干土质量/g	含水量/%	平均含水量/%	w_{L17}/%	w_{L10}/%	w_P/%	I_{P17}	I_{P10}	土样分类

6. 注意事项

① 搓滚土条时必须用力均匀,以手掌轻压,不得作无压滚动,应防止土条产生中空现象,所以搓滚前土团必须经过充分的揉捏。

② 土条在数处同时产生裂纹始达塑限,如仅有一条断裂可能由于用力不均匀而产生。产生的裂纹必须呈螺纹状。

土的压缩试验

土体的压缩是指土体在外力作用下体积发生缩小的现象。土体固结是指土体在外力作用下体积随时间变化的过程。因此,压缩、固结是两个既有区别又有密切联系的概念。压缩试验的目的是获得土体体积变化与所受外力之间的关系,在一维模型中,用压缩曲线来表示,在 $e\text{-}p$ 曲线上,可得到压缩系数 a_v,在 $e\text{-}\lg p$ 曲线上可得压缩指数 C_c。

1. 试验原理和计算公式

（1）压缩试验

在侧向不变形的条件下,试样在荷载增量作用下,孔隙比的变化可用无侧向变形条件下的压缩公式表示为

$$s = \frac{e_1 - e_2}{1 + e_1} \times H \tag{B.1}$$

式中　s——土样在 Δp 作用下的压缩量,cm;

　　　H——土样在 p_1 作用下压缩稳定后的厚度,cm;

　e_1,e_2——土样厚为 H 时的孔隙比和在 Δp 作用下压缩稳定后的孔隙比。

孔隙比 e_2 对应的压力为 $p_2 = p_1 + \Delta p$,由公式（B.1）得到的表达式为

$$e_2 = e_1 - \frac{s}{H} \times (1 + e_1) \tag{B.2}$$

由上述公式可知,只要知道土样在初始条件下的高度 H_0 和孔隙比 e_0,就可以计算出每级荷载 p_i 作用下的孔隙比 e_i。由 (p_i, e_i) 可以绘出 $e\text{-}p$ 曲线或 $e\text{-}\lg p$ 曲线。

（2）固结试验

固结试验的目的是获得在一定大小的外力作用下土体体积的变化与外力作用时间的关系,在一维固结模型中,采用太沙基一维固结理论描述时,得到固结系数。

试样的固结过程就是试样在某一固结压力作用下,试样沉降量随时间增长的过程。从 p 加上的瞬间 $t=0$ 至任一时刻 t 的沉降量用 $s(t)$ 表示。由太沙基一维固结理论有

$$U = f(T_v) \tag{B.3}$$

$$U = \frac{s(t)}{s} \tag{B.4}$$

式中　U——厚度为 H 的土样的平均固结度;

　　　T_v——时间因子,$T_v = \dfrac{C_v \cdot t}{\overline{H}^2}$;

$s(t),s$——t 时刻的沉降量和最终沉降量;

C_v——固结系数,$C_v = \dfrac{k(1+e)}{\gamma_w \times a}$;

$\overline{H}$——最大排水距离,固结试验时因试样的顶、底面同时排水,$\overline{H} = \dfrac{1}{2}H$;

H——试样厚度。

根据太沙基一维固结理论,式(B.3)的理论解在 $U - \sqrt{T_v}$ 坐标下有图 B.1 所示形状的曲线。

图 B.1 中,$U < 53\%$ 范围内,$U - \sqrt{T_v}$ 关系为一直线,将直线延长,交 $U = 90\%$ 的水平线于 b 点,水平线 ab 与 $U - \sqrt{T_v}$ 曲线交于 c 点。根据几何关系可以证明:

$$\frac{ac}{ab} = 1.15 \tag{B.5}$$

过 $U = 0$ 的 d 点,连接 dc,得到:任一水平线 omn 在 db 线和 dc 线上的交点为 m,n,有以下关系:

$$\frac{on}{om} = \frac{ac}{ab} = 1.15 \tag{B.6}$$

在固结试验中,测出一系列数据 $[t_i, s(t_i)]$ 后,可画出图 B.2 所示的曲线。由公式(B.4)知 $s(t_i)$ 与 U 成比例,由 T_v 的定义知,T_v 与 t 成比例。因此图 B.2 中,$s(t)$ 与 $\sqrt{t}$ 有与图 B.1 中的 U 与 $\sqrt{T_v}$ 相似的关系,即:任作一水平线 $o'm'n'$,使得 $\dfrac{o'n'}{o'm'} = 1.15$,连接 $d'n'$ 并延长交 $s(t) - \sqrt{t}$ 曲线于 c' 点,那么 c' 点的坐标必为 $(s_{90}, \sqrt{t_{90}})$,从而计算出 t_{90}。

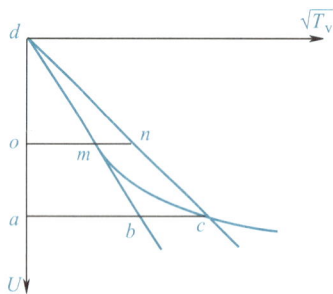

图 B.1　$U - \sqrt{T_v}$ 理论关系曲线　　图 B.2　$s(t) - \sqrt{t}$ 试验曲线

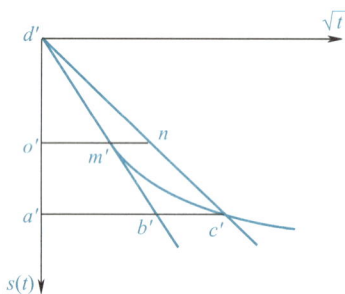

由式(B.3)得到,$U = 90\%$ 时,$T_v = 0.196$,代入时间因数的定义式得到:

$$C_v = \frac{0.196 \overline{H}^2}{t_{90}} \tag{B.7}$$

式中　t_{90}——$U = 90\%$ 对应的固结时间,由图 B.2 用作图法得到。

2. 试验仪器及试验步骤

(1)试验仪器

① 固结仪　见图 B.3,常用试验面积为 30 cm² 和 50 cm²,试样高 2 cm。

② 加压设备　不同型号仪器的最大压力不同,一般按其最大压力划分有以下几种:

400 kPa,800 kPa,1 600 kPa,3 200 kPa。

③ 竖向变形量测表　一般采用量程 10 mm,精度 0.01 的机械百分表或电测位移传感器。

④ 其他辅助设备　秒表,刮土刀,钢丝锯,天平,含水量量测设备等。

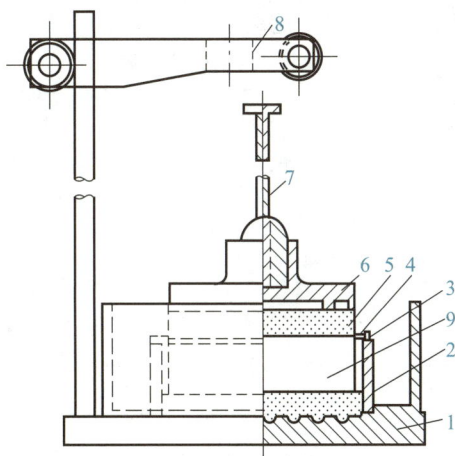

1—水槽;2—护环;3—环刀;4—导环;5—透水板;
6—加压盖板;7—位移计导杆;8—位移计架;9—试样。

图 B.3　固结仪示意图

（2）试验步骤

① 按工程需要取原状土或制备所需状态的扰动土土样,整平其两端。

② 将环刀内壁涂一薄层凡士林,刀口向下放于土样上端,用两手将环刀竖直下压,再用削土刀修削土样外侧,边压边削,直到土样突出环刀上部为止。然后将上、下两端多余的土削至与环刀平齐。

③ 擦净环刀外壁土屑,测试样密度,测定试样含水量。对扰动土试样,需要饱和时,可采用抽气饱和法饱和。

④ 放置好下透水石、下滤纸,将带有环刀的试样和环刀一起刃口向下小心放入护环,装入固结仪容器内,放置滤纸、上透水石、护环、加压盖板,置于加压框架下,对准加压框架正中。

⑤ 为保证试样与仪器上下各部件之间接触良好,应施加 2 kPa 的预压荷载,装好量测压缩变形的百分表,使指针读数为接近满量程的整数。

⑥ 分级加压,按加压梯度加载,一般为 12.5 kPa,25.0 kPa,50.0 kPa,100 kPa,200 kPa,400 kPa,800 kPa,1 600 kPa,3 200 kPa。第一级荷载应小于自重应力,且不能使试样挤出,最后一级应力应大于自重应力与附加应力之和。

⑦ 若要得到 e-lg p 曲线,测量原状土的前期固结应力时,前几级荷载的加载梯度应小于 1（取 0.25 或 0.5）,最后一级应力应使 e-lg p 曲线出现直线段。

⑧ 对于饱和土,试验过程中水槽内的水应能浸没试样。若要进行固结试验,测定固结系数,在要测定的某级荷载加上后,按下列时间记录量测沉降百分表读数:15″,1′,2′15″,4′,6′15″,9′,12′15″,16′,20′15″,25′,30′15″,36′,49′,64′,100′,200′,24h。若仅进行压缩试验,则只需测读每级荷载加上后 24 h 的沉降百分表读数,然后加下一级荷载。对于渗透系数小于 10^{-5} cm/s 的土,

可用每小时沉降量不大于 0.005 mm 作为压缩稳定标准,达到稳定标准后,加下级荷载。

⑨ 试验结束,吸去容器中的水,拆除仪器各部件,取出试样,测定含水量。

(3)试验记录、试验结果和附加说明

压缩试验记录见表 B.1,固结试验记录见表 B.2。

表 B.1 压缩试验记录

试样初始高度 H_0 = ____,试样初始含水量 w_0 = ____,试样面积 A = ____

试样初始孔隙比 e_0 = ____,试样密度 ρ_0 = ____,土粒比重 G_s = ____

加载历时 /h	压力 /kPa	仪器变形量/mm	轴向变形百分表读数 /mm	试样压缩量/mm	压缩后试样高度 /mm	孔隙比 e_i	压缩系数 /MPa

表 B.2 固结试验记录

项目	压力							
	时间	读数	时间	读数	时间	读数	时间	读数
总变形量/mm								
仪器变形量/mm								
试样变形量/mm								
孔隙比								

3. 注意事项

① 在高压压缩试验中,仪器的变形量不能忽略。

② 滤纸浸湿后的变形量较大,因此,压缩试验要求使用薄滤纸或用孔径较细的透水石而不用滤纸,但这时易使透水石淤堵。

③ 压缩试验中,使加载杠杆始终保持水平。

④ 固结试验仅详细记录需要固结系数的那几级荷载条件下的沉降量,其他荷载条件只记录稳定沉降量。

附录 C

土的抗剪强度试验

C.1 直接剪切试验

直接剪切试验的原理是根据库仑定律,即土的内摩擦力与剪切面上的法向压力成正比,将同一种土制备的几个土样,分别在不同的法向压力下,沿固定的剪切面直接施加水平剪力,得其剪坏时剪应力,即为抗剪强度 τ。然后根据剪切定律确定土的抗剪强度指标 φ 和 C。

直接剪切仪按施加剪力的方式不同,分为应变控制式和应力控制式两种。应变控制式是通过弹性钢环变形控制剪切位移的速率;应力控制式是通过杠杆用砝码控制施加剪应力的速率,测相应的剪切位移。目前多以应变控制为主,应力控制式施加砝码时易引起冲击力,使用不多,只适宜做慢剪或长期强度试验。

按其在荷载作用下压缩及受剪时土样的排水情况不同,试验方法可分 3 种:快剪法、慢剪法和固结快剪法。直接剪切试验的仪器设备有以下几种。

① 直接剪切仪　应变控制式直剪仪(图 C.1)。

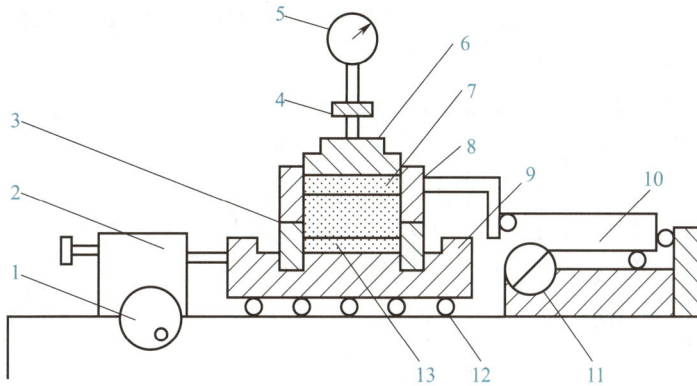

1—剪切传动机构;2—推动器;3—下盒;4—垂直加压框架;5—垂直位移计;
6—传压板;7—透水板;8—上盒;9—储水盒;10—量力环;
11—水平位移计;12—滚珠;13—试样。

图 C.1　应变控制式直剪仪

② 其他设备　天平、修土刀、环刀、推土器、凡士林、滤纸或蜡纸、秒表、直尺、测角器等。
直接剪切试验的试样制备按下列步骤进行:

① 按工程需要,从原装土样中切取原状土样或制备给定干密度及含水量的扰动土样。

② 按密度试验和含水量试验的方法测定试样的密度和含水量。对扰动土需要饱和时,可采用抽气饱和法进行。

③ 每组试验至少制备 4 个试样,在 4 个不同垂直压力作用下进行剪切试验。垂直压力的大小据现场工程的土层深度确定,一般可取为 100 kPa,200 kPa,300 kPa,400 kPa。对于软黏土应采用较小的垂直压力,以免产生挤出现象。

1. 快剪法操作步骤

快剪法即在试样上施加垂直压力后,立即加水平剪切力。在整个试验中,不允许试样的原始含水量有所改变,即在试验过程中孔隙水压力保持不变,操作步骤如下。

① 对准上、下盒,插入固定销,在下盒内放入下透水石、不透水塑料膜,将试样对准剪切盒口,将试样慢速推入剪切盒,移去环刀,放置上不透水塑料膜和上透水石。

② 转动手轮,使上盒前端钢珠刚好与量力环接触,将量力环中百分表读数调零。顺序加上传力盖板、钢珠、压力框架。

③ 施加垂直压力后,立即拔除固定销,开动秒表,以每分钟 4~12 周的速度(每一周剪位移 0.2 mm)匀速转动手轮,使试样在 3~5 min 内剪坏。剪坏标准为:

a. 量力环中量表(百分表)指针不再前进,或有明显后退。

b. 百分表指针不后退时,以位移为 4 mm 对应的剪应力为抗剪强度,此时使剪切位移达到 6 mm 即可。

④ 剪切完毕后,倒转手轮,移去垂直压力,重复①~③的步骤对其余的试样进行试验。

2. 固结快剪法操作步骤

① 装试样基本同快剪,但试样上、下不透水塑料膜要换成透水滤纸。

② 施加垂直力 P 后,使试样在法向应力 $\sigma = P/A$ 作用下排水固结。若系饱和试样,在施加 P 5 min 以后,往剪切盒中注水;若系非饱和试样,在剪切盒周围包以湿棉花,防止水分蒸发。

③ 按照压缩试验的标准,当试样在 σ 作用下压缩稳定后,测记试样压缩变形量。

④ 按快剪试验的第② ~④的步骤加剪力使试样剪坏。

3. 慢剪法操作步骤

① 同固结快剪第① ~③的步骤施加法向应力和量测压缩变形量。

② 当试样固结完成后,采用不大于 0.02 mm/min(1 周/10 min)的剪切速率进行剪切。

③ 重复步骤① 、②进行 4 个试样的剪切试验。

4. 试验记录及结果整理

① 试验记录见表 C.1。

② 成果整理:

a. 计算各级垂直荷载下土的抗剪强度 τ,以峰值抗剪强度为准,必要时绘制剪应力与剪切位移关系曲线选择抗剪强度:

$$\tau = CR \tag{C.1}$$

式中 C——量力环校正系数,MPa/0.01 mm;

R——量力环测微表读数,0.01 mm。

b. 绘制 τ-σ 关系曲线:以抗剪强度 τ 为纵坐标,垂直压力 σ 为横坐标,绘制 τ-σ 关系曲线,

根据图上各点连成直线,直线的倾角为土的内摩擦角 φ,直线在纵坐标轴上的截距为土的黏聚力 C。

表 C.1 直接剪切试验记录表

试验方法:_____   初始孔隙比:_____

剪切速率:_____   初始含水量:_____

法向应力								
固结变形量								
剪前孔隙比								
钢环系数								
手轮转数	剪切位移	钢环读数/0.01 mm	剪应力/kPa	钢环读数/0.01 mm	剪应力/kPa	钢环读数/0.01 mm	剪应力/kPa	钢环读数/0.01 mm	剪应力/kPa
抗剪强度/kPa								
抗剪强度指标	$C = $ _____ , $\varphi = $ _____ 。							

5. 注意事项

① 仪器应定期校正检查,保证加载准确。

② 每组几个试样应是同一层土,密度差值不应超过允许误差。

③ 同一组试样应在同一台仪器中进行,以消除仪器误差。

④ 应力式直剪仪加砝码时应稳妥,避免振动。

C.2 三轴剪切试验

根据试验过程中排水条件的不同,将三轴试验分为不固结不排水剪(UU)、固结不排水剪(CU)和固结排水剪(CD)3 种类型。三轴剪切试验用的试验仪器有以下几种。

① 三轴剪力仪 常用的为应变控制式三轴剪力仪、应力控制式三轴剪力仪、应力路径三轴仪、K_0 固结三轴仪。本书介绍应变控制式三轴剪力仪,如图 C.2 所示。

② 其他设备 击实筒、饱和器、切土盘、切土器、切土架、分样器、承模筒、天平、量表、橡胶膜等,除此以外还要用到含水量试验的所有设备。

1. 三轴剪切试验准备

(1)检查仪器

① 周围量测压力的压力表精度为±1%,轴向偏应力量测钢环精度为±1%,据试样抗剪强度的大小选用不同量程的仪表。

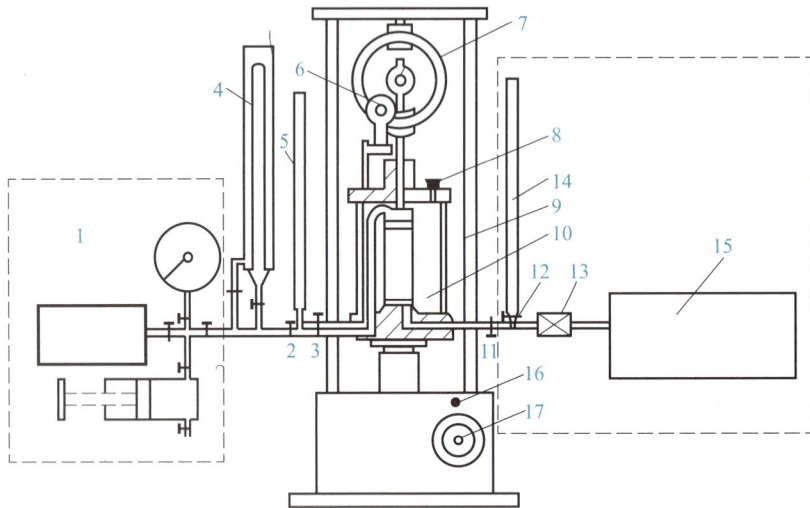

1—周围压力系统；2—周围压力阀；3—排水阀；4—体变管；5—排水管；
6—轴向位移表；7—测力计；8—排气孔；9—轴向加压设备；10—压力室；11—孔压阀；
12—量管阀；13—孔压传感器；14—量管；15—孔压量测系统；16—离合器；17—手轮。

图 C.2　应变控制式三轴剪力仪

② 检查孔压量测系统的管路是否有气泡，若有一定要排净。

③ 检查通水管路是否畅通，活塞在轴套内滑动是否正常，各连接处是否漏水，检查橡胶膜是否漏气。

（2）试样制备

三轴剪切试验试样有原状土样和扰动土样两种。

① 原状土样制备　对于较软的土样，先用钢丝锯或削土刀切取稍大于规定尺寸的土柱，放在切土盘的上下圆盘之间，再用钢丝锯或削土刀紧靠侧板，由上往下细心切削，边切边转动圆盘，直到被切成规定的试样为止，然后再按试样高度的要求，削平上下两端。对于较硬的土样，先用钢丝锯或削土刀切取一稍大于规定尺寸的土柱，放在切土架上，用切土器切削。将切土器的刀口对准土样，边削边压切土器，削好后将试样取出，按要求高度将两端削平。

② 扰动土样的制备按以下步骤进行：

a. 选取一定质量的代表性土样，经风干、碾碎、过筛，测出风干含水量，按要求含水量算出需加水量。

b. 将需加水量喷洒在土料上，拌匀后装入塑料袋，然后置于密封容器内至少 20 h，使含水量均匀。取出土料复测含水量，若实测含水量与要求含水量差值在 1% 以内，则符合要求，否则重新配土。

c. 击实筒在使用前洗净、风干，内侧涂一薄层凡士林，然后分层击实，一般分 5 层，每层中加入需要的土并击实到给定高度后，将表面刨毛，再加下一层土料击实。击完后整平试样两端，取出称其质量，一组试样间的干密度差值与要求干密度的差值均不得大于 0.02 g/cm^3。

（3）饱和试样

三轴剪切试验常用抽气饱和法和水头饱和法两种。

① 抽气饱和法　将试样装入饱和器,置于抽气缸内,盖紧后抽气。当抽气缸内真空度达到接近一个大气压后,对粉土再抽 30 min 以上,黏土再抽 1 h 以上,然后徐徐注入清水,并使真空度保持稳定。待饱和器完全淹没于水中后,解除真空,让试样在抽气缸内静置 10 h 以上。

② 水头饱和法　对于粉土或砂土,可直接在仪器上用水头饱和。方法是在试样安装完毕后,给试样施加 20 kPa 的围压,提高试样底部进水管的水面,降低顶部排水管的水面,使试样两端水位差在 1 m 左右,水自下向上通过试样,从而使空气从顶部排出,达到饱和的目的。

（4）试样安装

① 从饱和器中取出试样(若不需饱和的试样即为切好或制好的试样),用游标卡尺量测试样直径和试样高度。直径测量时,要量测试样的两端和中部 3 个位置的直径,按下式计算试样平均直径:

$$D_0 = \frac{1}{4}(D_1 + 2D_2 + D_3) \tag{C.2}$$

式中　D_1,D_2,D_3——试样上、中、下部位直径。

② 将试样顶、底部放上滤纸,若有需要还可以在试样四周贴上滤纸条,放好上、下透水石后,置于仪器底座上。

③ 将橡胶膜套在承模筒内,两端向外翻出,用吸球从吸嘴吸气,使橡胶膜贴紧承模筒,然后将承模筒套在试样外,放气,翻起橡胶膜,取出承模筒。用橡胶筋将橡胶膜分别扎紧在仪器底座和试样帽上。

④ 装上压力室外罩,将轴压传力杆提高,然后使传力杆对准试样帽中心,均匀地旋紧螺栓,将量力环对准传力杆。

⑤ 开排气孔,向压力室内充水,当压力室内装满水时,关闭排气孔。

2. 不固结不排水剪(UU)

（1）试验原理

① 在每个试样的周围施加相同的初始固结应力 σ_0,待其固结完成后,量测试样轴向变形量 Δl_0 和体积变化 ΔV_0。

② 对各个试样分别施加不同的围压增量 $\Delta\sigma_3$,在 $\Delta\sigma_3$ 作用期间不允许试样固结排水,量测由 $\Delta\sigma_3$ 产生的孔隙水应力 $u = \Delta u_1$。

③ 施加竖向应力 q(q 自零开始增加,至试样破坏时达到最大值 q_{max})。施加 q 的过程中不允许试样排水。在加 q 的过程中,量测 q 的数值、由 q 产生的轴向应变 ε_1 和孔隙水应力 $u = \Delta u_1 + \Delta u_2$($\Delta u_2$ 为由 q 产生的孔隙水应力)。

不固结不排水剪(UU)过程中的应力状态为

$$总应力 \begin{cases} \sigma_1 = \sigma_0 + \Delta\sigma_3 + q \\ \sigma_3 = \sigma_0 + \Delta\sigma_3 \end{cases} \tag{C.3}$$

$$有效应力 \begin{cases} \sigma_1' = \sigma_1 - u = \sigma_1 - \Delta u_1 - \Delta u_2 \\ \sigma_3' = \sigma_3 - u = \sigma_3 - \Delta u_1 - \Delta u_2 \end{cases} \tag{C.4}$$

由 UU 试验量测得到孔隙应力系数:

$$
\begin{cases}
B = \dfrac{\Delta u_1}{\Delta \sigma_3} \\[2mm]
A = \dfrac{\Delta u_2}{-q} = \dfrac{u - \Delta u_1}{q} \\[2mm]
\overline{A} = \dfrac{A}{B} \\[2mm]
\overline{B} = B \left[A + (1-A)\dfrac{\Delta \sigma_3}{\Delta \sigma_1} \right]
\end{cases}
\tag{C.5}
$$

式中　σ_1, σ_3, u——大主应力、小主应力和孔隙水应力；

$\Delta \sigma_1, \Delta \sigma_3$——大主应力增量、小主应力增量，$\Delta \sigma_1 = q$；

$\Delta u_1, \Delta u_2$——$\Delta \sigma_3$，$\Delta \sigma_1 (q)$ 产生的孔隙水应力，剪切过程中孔隙水应力 $u = \Delta u_1 + \Delta u_2$；

$A, \overline{A}, B, \overline{B}$——4 个孔隙应力系数。

（2）试验步骤

① 4 个试样加相同的初始围压（原状超固结土样 σ_0 等于自重应力 σ_s，原状正常固结土样 $\sigma_0 = 0.75\sigma_s$）。待试样在 σ_0 作用下固结完成后，关闭排水管，在 4 个试样上施加不同的围压增量 $\Delta \sigma_{3i}$（$i = 1$ 到 4），量测每个试样由围压增量 $\Delta \sigma_{3i}$ 产生的孔隙水应力 Δu_{1i}。

② 继续关闭排水管，开动马达，接上离合器，对试样进行剪切，剪切速率取每分钟 0.5% ~ 1.0% 应变。每隔一定垂直应变测记轴向量力环读数，垂直变形量表读数，孔隙水应力读数。

③ 试验结束条件：当轴向量力环读数出现峰值，再剪 3% ~ 5% 的垂直应变或轴向应变达到 20% 后，试验结束。关闭马达，关闭围压控制阀，拨开离合器，倒转手轮，打开排气孔，排除压力室中的水，拆除压力室外罩，脱去试样外橡胶膜，描述试样破坏后的形状。

（3）主要计算公式

设试样高度为 h_0，直径为 d_0。在初始固结应力 σ_0 作用下固结完成后，试样的高度为 h_{01}，直径为 d_{01}。在施加轴向应力过程中，设任一时刻 t_i，轴向力量测钢环的百分表读数为 R_{1i}，轴向变形百分表读数为 R_{2i}（钢环系数为 C，轴向变形百分表起始读数为 0），有如下计算公式。

任一时刻 t_i 试样面积 S_i：

$$
S_i = \frac{V_{01}}{h_{01} - R_{2i}} = \frac{\pi d_{01}^2 h_{01}}{4(h_{01} - R_{2i})}
\tag{C.6}
$$

任一时刻 t_i 竖向应力 q_i：

$$
q_i = \frac{C R_{1i}}{S_i}
\tag{C.7}
$$

式中　V_{01}, d_{01}, h_{01}——剪切前试样的体积、直径和高度；

R_{1i}, R_{2i}——剪切时轴压量测钢环量表和试样轴向变形量表读数。

3. 固结不排水剪

（1）试验原理

先给 4 个试样施加不同的围压 σ_3，让试样在 σ_3 作用下固结排水（该步骤为将施加初始固结应力 σ_0 和围压增量 $\Delta \sigma_3$ 两步合并），在 σ_3 作用下试样固结完成后，施加轴向应力 q。施加应力过程中不允许试样排水,即试样在剪切过程中测得孔隙水应力 u 为 q 产生的孔隙水应力 Δu_2。试样在剪切过程中应力状态为

$$总应力 \begin{cases} \sigma_1 = \sigma_3 + q \\ \sigma_3 = \sigma_3 \end{cases} \tag{C.8}$$

$$有效应力 \begin{cases} \sigma_1' = \sigma_1 - u \\ \sigma_3' = \sigma_3 - u \end{cases} \tag{C.9}$$

式中各符号意义同前。

(2)试验步骤

① 完成装样步骤后,将排水管放置到使管内水位与试样中心高度相同。将与孔压管连接的量管水面置于与试样中心高度相同,用调压筒调整零位指示器的水银面对应于毛细管指示线,记下孔压表初始读数,然后关闭与孔压管连接的量管阀。

② 关闭排水管阀,开围压阀,施加围压。围压大小与实际工程荷载相适应,也可按 100 kPa,200 kPa,300 kPa,400 kPa 施加。量测各试样由围压 σ_{3i} 产生的孔隙水应力 u_{1i}。计算孔隙水应力系数 $B = \dfrac{u_{1i}}{\sigma_{3i}}$。上升底座至测力钢环量表刚开始走动为止,将轴向变形量表调零。

③ 关闭孔压管,记录排水量管初始读数 v_0,打开排水阀,使试样固结排水。待孔隙水压力 u_{1i} 消散到零时,固结完成,测记排水量管读数 v_1。固结排水量即为:$\Delta v = v_1 - v_0$。上升底座到轴力测力环量表开始走动时,记下轴向变形表读数 R_1,计算试样固结沉降量 $h_c = R_1 - R_0$,固结沉降量也可用公式计算:$h_c = h_0 \left(1 - \dfrac{\Delta v}{3v_0}\right)$($v_0$,$h_0$ 分别为试样初始体积和高度)。

④ 若要量测固结过程中排水量、孔隙应力与固结时间的关系,则要用与固结试验相似的方法记录不同时刻的排水管读数和孔隙应力读数。

⑤ 按试样土性,设置合适的剪切应变速率(一般为每分钟 0.5% ~ 1.0% 轴向应变)。开动马达,接上离合器,每隔一定的竖向变形记一次轴力量力环读数、轴向变形量表读数、孔隙应力读数。

⑥ 试验结束条件:当试验进行到满足不固结不排水剪试验的第③条规定的试验结束条件时,按不固结不排水剪试验相同的规定结束试验并拆除试样。

(3)主要计算公式

设试样初始高度为 h_0,直径为 d_0。在围压 σ_{3i} 作用下固结完成后,试样竖向变形量为 Δh_{ci},固结排水量为 ΔV_{ci},固结后试样高度和直径分别为

$$\begin{cases} h_{ci} = h_0 - \Delta h_{ci} \\ d_{ci} = \sqrt{\dfrac{4(V_0 - \Delta V_{ci})}{\pi h_{ci}}} \end{cases} \tag{C.10}$$

式中 h_{ci},d_{ci}——试样在围压 σ_{3i} 作用下固结完成后的高度和直径;

Δh_{ci},ΔV_{ci}——试样在围压 σ_{3i} 作用下固结过程中的沉降量和排水量。

在剪切过程中,设 t_j 时刻围压为 σ_{3i} 的试样轴向力量测钢环读数为 R_{1ij},轴向变形量测百分表读数为 R_{2ij},孔隙水应力为 u_{ij}。则 t_j 时刻围压为 σ_{3i} 的试样高度和面积为

$$\begin{cases} h_{ij} = h_{ci} - R_{2ij} \\ S_{ij} = \dfrac{V_0 - \Delta V_{ci}}{h_{ci} - R_{2ij}} = \dfrac{V_{ci}}{h_{ij}} \end{cases} \quad (\text{C}.11)$$

轴向应力和轴向应变为

$$\begin{cases} q_{ij} = \dfrac{C_i R_{1ij}}{S_{ij}} \\ \varepsilon_{ij} = \dfrac{R_{2ij}}{h_{ci}} \end{cases} \quad (\text{C}.12)$$

总应力

$$\begin{cases} \sigma_{3ij} = \sigma_{3i} \\ \sigma_{1ij} = \sigma_{3i} + q_{ij} \end{cases} \quad (\text{C}.13)$$

有效应力

$$\begin{cases} \sigma'_{3ij} = \sigma_{3i} - u_{ij} \\ \sigma'_{1ij} = \sigma_{1ij} - u_{ij} \end{cases} \quad (\text{C}.14)$$

式中　S_{ij},h_{ij}——围压为 σ_{3i} 固结后的试样 i 剪切时任一时刻 t_j 的面积、高度;

ε_{ij},q_{ij}——固结后试样 i 剪切时任一时刻 t_j 的轴向应变和轴向应力;

σ_{3ij},σ_{1ij}——固结后的试样 i 剪切过程中任一时刻 t_j 的小、大主应力;

σ'_{3ij},σ'_{1ij}——固结后的试样 i 剪切过程中任一时刻 t_j 的小、大有效应力。

4. 固结排水剪

（1）试验原理

先给 4 个试样施加不同的围压 σ_3,让试样在 σ_3 作用下固结排水,在 σ_3 作用下试样固结完成后,施加轴向应力 q。施加应力 q 的过程中让试样充分排水,使试样内始终不产生明显的孔隙水压力。为此,对应变控制三轴仪要求施加应力 q 的速度非常慢,以保证由 q 产生的孔隙水应力能及时消散。这样,固结排水剪试验过程中总应力与固结不排水剪试验表达式完全相同,有效应力等于总应力。

（2）主要计算公式

固结排水剪因在剪切过程中不产生孔隙应力,所以计算公式与固结不排水试验计算公式 C.10 ~ C.14 相同,只是孔隙水压力为零,总应力与有效压力相等。

（3）试验步骤

① 按固结不排水剪的步骤①~④进行装样、施加围压和量测试样在围压作用下固结的各项读数。

② 固结完成后,继续打开排水管,采用很慢的轴向应变速率（每分钟0.012% ~ 0.003%轴向应变）,施加轴向应力剪切。剪切过程中观测孔压表读数,要求在整个剪切过程中不产生明显的孔隙水压力。每隔一定轴向应变记轴向测力环读数、轴向变形量表读数。

5. 试验记录

不固结不排水剪试验记录见表 C.2;固结试验记录见表 C.3;固结排水剪试验记录见表 C.4;

根据数据绘制 3 种试验方式剪切过程中应力-应变关系曲线。

表 C.2 不固结不排水剪试验记录表

周围应力 σ_3/kPa										
初始固结应力/kPa										
围压增量 $\Delta\sigma_3$/kPa										
$\Delta\sigma_3$ 产生的孔隙应力/kPa										
孔隙应力系数										

轴向变形/mm	轴向应变/%	钢环读数/0.01 mm	横截面面积/cm²	轴压增量/kPa	孔压/kPa	钢环读数/0.01 mm	横截面面积/cm²	轴压增量/kPa	孔压/kPa

钢环系数/$[kN \cdot (0.01mm)^{-1}]$										
破坏时轴压增量/kPa										
破坏时大主应力/kPa										
破坏时孔隙应力/kPa										

表 C.3 固结试验记录表

试样状态				
参数	起始的	固结后	剪切后	
直径 D/mm				固结应力：_____
高度 H/mm				固结沉降量：_____
面积 S/mm²				固结排水量：_____
体积/cm³				
含水量/%				

表 C.4 固结排水剪试验记录表

围压 σ_3/kPa											
固结排水量/mm³											
固结沉降量/mm											
固结后高度/mm											
固结后面积/cm²											
轴向变形/mm	轴向应变/%	钢环读数/0.01 mm	横截面面积/cm²	轴压增量/kPa	排水管读数/cm³	排水量/cm³	钢环读数/0.01 mm	横截面面积/cm²	轴压增量/kPa	排水管读数/cm³	排水量/cm³
钢环系数/[kN·(0.01mm)⁻¹]											
破坏时轴压增量/kPa											
破坏时大主应力/kPa											

附录 D

土的渗透试验

测定土的渗透系数有常水头试验和变水头渗透试验两种方法。常水头试验适用于渗透系数比较大的无黏土;变水头渗透试验适用于渗透系数较小的黏性土。

1. 常水头渗透试验

常水头渗透试验装置如图 D.1 所示。试验时,由于供水瓶不断补充水,使土样上端水位保持不变,出水口位置可调。一旦固定好出水口位置,上下端水头差就固定了。当达到稳定渗流后,三个测压管中水头即为定值。测压管间渗透长度均为 10 cm,设从测压管后标尺读出的测压管的水头分别为 H_1, H_2, H_3,可得在 L 长度上平均水头差为

$$h = (H_1 - H_3)/2 \tag{D.1}$$

用量筒量测渗透量,若 Δt 时段内测得的渗流量为 ΔQ,则渗流速度为

$$V = \Delta Q / (\Delta t \cdot A) \tag{D.2}$$

渗透系数为

$$k = \frac{\Delta Q \cdot L}{\Delta t \cdot A \cdot h} \tag{D.3}$$

式中 L——渗流路径;

ΔQ——渗流量;

A——试样面积;

h——水头差。

(1)仪器设备

① 渗透仪 圆柱形试样筒总高 40 cm,内径 9.44 cm,金属透水板顶面到圆筒顶面高 32 cm。三个测压管孔相邻中心距 $L = 10$ cm。

② 附属设备 量筒、秒表、天平等。

(2)操作步骤

① 按图装好仪器,检查各管与试样筒接头是否漏水。将调节管与供水管相连,由仪器底部冲水至水位达到金属透水板顶面时,放入滤纸,关止水夹。

② 取代表性风干土样 3~4 kg,称重估读至 1 g,测定风干含水量。

③ 将试样分层装入仪器,据预定孔隙比控制试样密度。每层装完后从调节管进水至试样顶面。最后一层应高出上测压管孔 3~4 cm。待最后一层试样饱和后,继续使水位上升至圆筒顶面。将调节管卸下,使管口高于圆筒顶面,观察三个测压管水位是否与孔口平齐。

④ 量测试样顶面至筒顶余高,计算出试样高度。称量剩余土样,计算出装入土质量,计算出

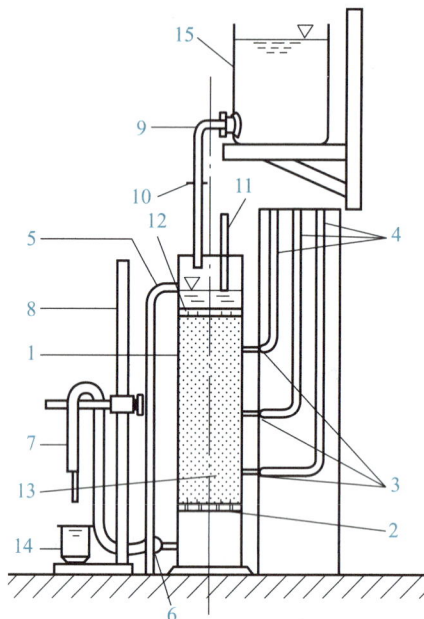

1—金属圆筒;2—金属透水板;3—测压孔;4—测压管;5—溢水孔;
6—渗水孔;7—调节管;8—滑动架;9—供水管;10—止水夹;
11—温度计;12—砾石层;13—试样;14—量杯;15—供水瓶。
图 D.1 常水头渗透试验装置

试样干密度和孔隙比。

⑤ 供水管向圆筒顶面供水,使水面始终保持与顶面平齐,同时降低调节管高度,形成自上向下的渗流。固定调节管在某一高度。过一段时间以后,三个测压管水位达到稳定值,表明形成稳定渗流场。

⑥ 记录三个测压管水头 H_1,H_2,H_3。测压管 a 和 b 的水头差为 $h_1=H_1-H_2$,测压管 b 和 c 的水头差为 $h_2=H_2-H_3$。计算渗径长度为 $L=10\ \text{cm}$ 的水头差 $h=(h_1+h_2)/2=(H_1-H_3)/2$(a,b,c 分别为图 D.1 中从左至右的测压管)。

⑦ 开动秒表,用量筒接取经过一段时间 Δt 的渗流量 ΔQ,量渗透水的水温。

⑧ 改变调节管高度,渗透稳定后,重复步骤⑥,⑦,平行进行 5~6 次试验。

⑨ 按公式(D.3)计算每次量测得的水温 $t℃$ 时的渗透系数 k_{ti}。

⑩ 计算渗透系数均值:

$$k_{\text{t}}=\frac{1}{N}\sum k_{\text{t}i} \tag{D.4}$$

⑪ 按下式折算到 20 ℃时的渗透系数 k_{20}:

$$k_{20}=k_{\text{t}}\frac{\eta_{\text{t}}}{\eta_{20}} \tag{D.5}$$

式中　$\eta_{\text{t}},\eta_{20}$——$t$ ℃和 20 ℃时水的动力黏滞系数,见表 D.1。

表 D.1 水的动力黏滞系数

水温/℃	水的动力黏滞系数$\eta_t/10^3\mathrm{Pa\cdot s}$	水温/℃	水的动力黏滞系数$\eta_t/10^3\mathrm{Pa\cdot s}$	水温/℃	水的动力黏滞系数$\eta_t/10^3\mathrm{Pa\cdot s}$
5.0	1.545	13.0	1.230	21.0	1.008
6.0	1.501	14.0	1.200	22.0	0.980
7.0	1.455	15.0	1.170	23.0	0.960
8.0	1.412	16.0	1.140	24.0	0.940
9.0	1.372	17.0	1.111	25.0	0.916
10.0	1.338	18.0	1.033	26.0	0.896
11.0	1.300	19.0	1.057	27.0	0.876
12.0	1.256	20.00	1.030	28.0	0.859

（3）试验记录及结果整理

试验记录和结果整理表见表 D.2。

表 D.2 常水头渗透试验记录及结果整理表

试样高度：_____ 干土质量：_____ 测压管间距：_____

试样面积：_____ 土粒比重：_____ 试样孔隙比：_____

试验次数	时间/s	测压管水位			水头差/cm			水力梯度	渗流量/cm³	渗透系数/(cm·s⁻¹)	水温/℃	水温20℃时的渗透系数/(cm·s⁻¹)	平均渗透系数/(cm·s⁻¹)
		a管	b管	c管	h_{12}	h_{23}	均值						
1													
2													

2. 变水头渗透试验

变水头渗透试验装置如图 D.2 所示。试验时,与试样底部相连的玻璃测压管内充一定高度的水,自试样底向试样顶渗透,从土样顶部的出水口流出。当达到渗透稳定时,测压管内的水渗入土样的量应等于出水口排水量,即渗流量。设时刻 t_1 测压管中水位与出水口水位差为 h_1,到 t_2 时刻水头差降为 h_2。设在(t_1,t_2)时段内某一时刻 t,进出口水头差为 h,经过 $\mathrm{d}t$ 时段后,测压管中水位降低 $\mathrm{d}h$,若测压管内截面积为 a,土样横截面面积为 A,土样高度为 L,t 时刻,土样中的平均水力梯度为

$$i=\frac{h}{L} \tag{D.6}$$

$\mathrm{d}t$ 时段内的渗流量为:$\mathrm{d}Q=-a\mathrm{d}h$,由此得到渗流速度为

$$v=\frac{-a\times\mathrm{d}h}{\mathrm{d}t\times A} \tag{D.7}$$

由式(D.6)和式(D.7)得

$$\frac{-a \times \mathrm{d}h}{\mathrm{d}t \times A} = k \times \frac{h}{L} \qquad (\text{D.8})$$

时间从 t_1 时刻到 t_2 时刻,进出口水头差从 h_1 到 h_2 代入上式作定积分得

$$\int_{h_1}^{h_2} -\frac{\mathrm{d}h}{h} = \frac{k}{a} \times \frac{A}{L} \int_{t_1}^{t_2} \mathrm{d}t \qquad (\text{D.9})$$

积分得到变水头渗透试验的渗透系数计算公式如下:

$$k = 2.3 \frac{a \times L}{A(t_2 - t_1)} \times \lg \frac{h_1}{h_2} \qquad (\text{D.10})$$

(1)仪器设备

① 渗透仪,见图 D.2,试样高 $L = 4$ cm,试样截面面积 30 cm^2。

② 辅助设备:切土器、100 cm^3 量筒、秒表、温度计、削土刀、凡士林等。

(2)操作步骤

① 试样制备,变水头渗透试验的试样分原状样和扰动样,制备方法有:

a. 原状样   根据要测定的渗透系数方向,用环刀在垂直或平行土层面方向切取原状试样,试样两端削平即可,禁止用修土刀反复涂抹。放入饱和器内抽气饱和。

b. 扰动样   当干密度较大($\rho_d \geq 1.4$ g/cm^3)时,用饱和度较低($S_r \leq 80\%$)的土压实或击实办法制样;当干密度较低时,使试样泡于水中饱和后,制成需要干密度的饱和试样。

② 将盛有试样的环刀套入护筒,装好各部位止水圈。注意试样上下透水石和滤纸按先后顺序装好,盖上顶盖,拧紧顶部螺栓,不得漏水透气。

③ 把装好试样的渗透仪进水口与水头装置相连,注意及时向测压管中补充水源,补水时,关闭进水口。

④ 在向试样渗透前,先由底部排气嘴出水,排除底部空气,至排气嘴无气泡时,关闭排气嘴,水自下向上渗流,由顶部出水管排水。

⑤ 待出水管有水流出后,开始测定试验数据。记录 $t = t_1$ 时,上下游水头差 h_1;$t = t_2$ 时,上下游水头差 h_2。改变测压管中水位,进行 5~6 次平行试验,量测渗透水温 $t(℃)$。

⑥ 由测压管内径 a、试样截面面积 A、试样高度 L、每次试验记录的 (t_{1i}, h_{1i}),(t_{2i}, h_{2i}) 代入公式(D.10)计算出水温 $t(℃)$ 时的渗透系数 k_{ti}。由 k_{ti} 代入公式(D.4)计算平均渗透系数 k_t。由 k_t 代入公式(D.5)计算出 20 ℃时的渗透系数 k_{20}。

(3)试验记录及结果整理

试验记录与结果整理表见表 D.3。

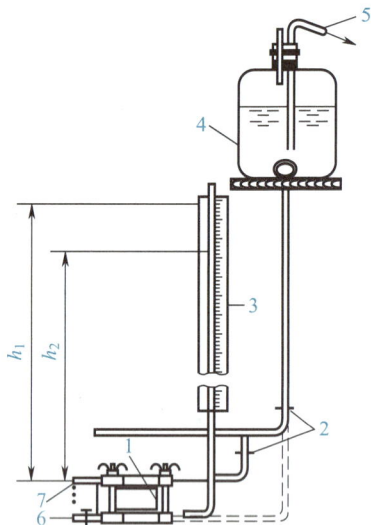

1—渗透容器;2—进水管夹;3—变水头管;
4—供水瓶;5—接水源管;6—排气管;
7—出水管。

图 D.2   变水头渗透试验装置

表 D.3　变水头渗透试验记录及结果整理表

试样高度：_____　试样密度：_____
试样面积：_____　试样孔隙比：_____

试验次数	时间/s	测压管水位/cm		渗透系数/$(cm \cdot s^{-1})$	水温/℃	水温 20 ℃时的渗透系数/$(cm \cdot s^{-1})$	平均渗透系数/$(cm \cdot s^{-1})$
		h_1	h_2				
1							
2							
3							

3. 注意事项

（1）变水头试验中，若发现水流过快或出水口有混浊现象，应立即检查容器有无漏水或试样中是否出现集中渗流，若有，重新制样试验。

（2）渗透试验一定要用无气水做试验，否则，试验过程中水中的气泡会在试样内集中，使测得的渗透系数随渗透时间的延长不断减小，产生不允许的试验误差。试验过程中，由于渗透力的作用，使土的干密度发生变化，从而使渗透系数发生变化，因此渗透试验的时间不能太长，水头差不能太大。

参 考 文 献

[1] 胡厚田,白志勇,赵晓彦,等.土木工程地质[M].4 版.北京:高等教育出版社,2022.

[2] 石振明,黄雨.工程地质学[M].3 版.北京:中国建筑工业出版社,2018.

[3] 王桂林.工程地质学[M].3 版.北京:中国建筑工业出版社,2012.

[4] 张倬元,王仕天,王兰生,等.工程地质分析原理[M].4 版.北京:地质出版社,2016.

[5] 施斌,阎长虹.工程地质[M].北京:科学出版社,2017.

[6] 赵树德.土力学[M].北京:高等教育出版社,2001.

[7] 中华人民共和国住房和城乡建设部.岩土工程基本术语标准:GB/T 50279—2014[S].北京:中国计划出版社,2015.

[8] 中华人民共和国建设部.岩土工程勘察规范(2009 年版):GB 50021—2001[S].北京:中国建筑工业出版社,2009.

[9] 中华人民共和国住房和城乡建设部.土的工程分类标准:GB/T 50145—2007[S].北京:中国计划出版社,2008.

[10] 中华人民共和国住房和城乡建设部.工程岩体分级标准:GB/T 50218—2014[S].北京:中国计划出版社,2015.

[11] 中华人民共和国住房和城乡建设部.工程岩体试验方法标准:GB/T 50266—2013[S].北京:中国计划出版社,2013.

[12] 中华人民共和国建设部.土工试验方法标准:GB/T 50123—2019[S].北京:中国计划出版社,1999.

[13] 中华人民共和国住房和城乡建设部.建筑地基基础设计规范:GB 50007—2011[S].北京:中国计划出版社,2012.

[14] 中华人民共和国住房和城乡建设部,中华人民共和国国家质量监督检验检疫总局.建筑抗震设计规范(2016 年版):GB 50011—2010[S].北京:中国建筑工业出版社,2010.

[15] 陕西省计划委员会.湿陷性黄土地区建筑标准:GB 50025—2018[S].北京:中国建筑工业出版社,2004.

[16] 中华人民共和国住房和城乡建设部.膨胀土地区建筑技术规范:GB 50112—2013[S].北京:中国建筑工业出版社,2013.

[17] 中华人民共和国住房和城乡建设部.堤防工程设计规范:GB 50286—2013[S].北京:中国计划出版社,2013.

[18] 中华人民共和国住房和城乡建设部.建筑边坡工程技术规范:GB 50330—2013[S].北京:中国建筑工业出版社,2014.

[19] 中华人民共和国住房和城乡建设部.水利水电工程地质勘察规范:GB 50487—2008[S].北京:中国计划出版社,2009.

[20] 中华人民共和国住房和城乡建设部.地基动力特性测试规范:GB/T 50269—2015[S].北

京：中国计划出版社,2016.

[21] 中华人民共和国住房和城乡建设部.岩土锚杆与喷射混凝土支护工程技术规范:GB 50086—2015[S].北京:中国计划出版社,2016.

[22] 中华人民共和国住房和城乡建设部.建筑地基基础工程施工质量验收标准:GB 50202—2018[S].北京:中国计划出版社,2018.

[23] 国家铁路局.铁路桥涵地基和基础设计规范:TB 10093—2017[S].北京:中国铁道出版社,2017.

[24] 中华人民共和国交通运输部.公路桥涵地基与基础设计规范:JTG 3363—2019[S].北京:人民交通出版社,2019.

[25] 中华人民共和国住房和城乡建设部.建筑工程地质勘探与取样技术规程:JGJ/T 87—2012[S].北京:中国建筑工业出版社,2012.

[26] 中华人民共和国建设部.建筑桩基技术规范:JGJ 94—2008[S].北京:中国建筑工业出版社,2008.

[27] 中华人民共和国住房和城乡建设部.建筑地基处理技术规范:JGJ 79—2012[S].北京:中国建筑工业出版社,2013.

[28] 中华人民共和国住房和城乡建设部.冻土地区建筑地基基础设计规范:JGJ 118—2011[S].北京:中国建筑工业出版社,2009.

[29] 中华人民共和国住房和城乡建设部.建筑基坑支护技术规程:JGJ 120—2012[S].北京:中国建筑工业出版社,1999.

[30] 中华人民共和国交通运输部.水运工程岩土勘察规范:JTS 133—2013[S].北京:人民交通出版社,2014.

[31] 中华人民共和国交通运输部.公路路基设计规范:JTG D30—2015[S].北京:人民交通出版社,2015.

[32] 中华人民共和国交通运输部.公路工程地质勘察规范:JTG C20—2011[S].北京:人民交通出版社,2011.

[33] 国家铁路局.铁路工程地质勘察规范:TB 10012—2019[S].北京:中国铁道出版社,2019.

[34] 国家铁路局.铁路工程不良地质勘察规程:TB 10027—2022[S].北京:中国铁道出版社,2022.

[35] 国家铁路局.铁路工程特殊岩土勘察规程:TB 10038—2022[S].北京:中国铁道出版社,2012.

[36] 中华人民共和国住房和城乡建设部.冻土工程地质勘察规范:GB 50324—2014[S].北京:中国计划出版社,2015.

读者意见反馈

为收集对教材的意见建议,进一步完善教材编写并做好服务工作,读者可将对本教材的意见建议通过如下渠道反馈至我社。

咨询电话　400-810-0598

反馈邮箱　gjdzfwb@pub.hep.cn

通信地址　北京市朝阳区惠新东街4号富盛大厦1座
　　　　　高等教育出版社总编辑办公室

邮政编码　100029

防伪查询说明

用户购书后刮开封底防伪涂层,使用手机微信等软件扫描二维码,会跳转至防伪查询网页,获得所购图书详细信息。

防伪客服电话 　(010)58582300

高等学校工程应用型土建类系列教材